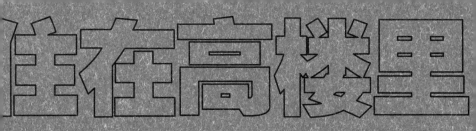

住在高楼里

卡布里尼-格林住宅和美国公共住房的命运

[美] 本·奥斯汀 著 杨宏 译

上海文化出版社

住在高楼里

卡布里尼-格林住宅和美国公共住房的命运

[美]本·奥斯汀 著 杨 宏 译

上海文化出版社

穿过瓦砾和流言，穿过这个被紧锁、被遗弃、被玷污、被罪恶洗劫的发霉的城市；他挥舞着手杖，如同它是被送给游客的、进入这座城市的钥匙；一位圣洁的见证者从外邦来到这里，来拯救你，专程来拯救你。纳撒尼尔沉思着，他们走过政府开发的项目——就在瑞秋的房子旁边——还有那些时髦的黑人青年，他们在门口友好地交谈着，显然不知道自己的家远在约旦河对岸。

　　　　　　——利昂·福雷斯特①，《布拉德沃思孤儿》(The Bloodworth Orphans)

---

① 利昂·福雷斯特(Leon Richard Forrest, 1937—1997)，非裔美国小说家，在芝加哥南部长大，从 1973 年起在西北大学任教，直到 60 岁离世。本书注释均为译者注，后文不再标明。

它不仅是建筑物。

它不是一个地方，

而是一种感觉。

既然我们都承认，

在卡布里尼长大是一种祝福……

卡布里尼被拆除了，但故事尚未结束。

毫无疑问，卡布里尼是上帝的恩赐。

——迈克尔·麦克莱恩（Michael McClarin），卡布里尼-格林住宅居民

把城市建起来；

然后把它拆毁；

再把它建起来；

让我们寻找一座城市。

——卡尔·桑德堡①，《风城》（The Windy City）

---

① 卡尔·桑德堡（Carl Sandburg，1878—1967），美国诗人、历史学家、小说家、民谣歌手、民俗学研究者，曾三次获得普利策奖。"风城"是芝加哥的别名。

序

　　自古以来,住宅的演变直接影响着人们的生活和城市形态,芒福德的《城市发展史》对此有专论。古罗马贵族住在富丽堂皇的平层合院中,广大平民蜗居在砖木搭建、设施匮乏的高密度多层集合住宅(insulae)里。中世纪,3 层左右的联排住宅成为主要居住类型。19世纪豪斯曼改造巴黎时,造型古典、配套完善的 6 层公寓塑造了城市街道景观。20 世纪,城市人口急剧扩张,造成住房极度短缺。现代主义建筑运动将大众的居住问题作为关注的重点,新技术、新材料使住宅的结构和功能得到质的提升,并史无前例地出现了高层住宅(high-rise housing),给城市和居民生活带来前所未有的改变。

　　我国有悠久的居住传统,各地独具特色的民居争奇斗艳,虽形式各异但多数都是低层合院住宅,住宅类型的演进相对缓慢。直到近现代,城市中才出现多层乃至高层的现代住宅。而在短短的近几十年间,已有上亿人住到高层住宅里。

　　《住在高楼里:卡布里尼-格林和美国公共住房的命运》一书出版于 2018 年,作者本·奥斯汀是著名的城市规划和建筑领域记者。他身居芝加哥,用 8 年时间持续跟踪采访,生动鲜活地再现了芝加哥最具争议的卡布里尼-格林公共住宅及其居民的故事,揭示了美国公共住房制度的命运。该书一出版,即被《书单》(*Booklist*)等杂志及芝加哥和圣路易斯公共图书馆评为 2018 年最佳图书,也被星球人网站(Planetizen)评为年度十佳规划书籍。

　　在南方非裔人口北上的大迁徙,以及"二战"后生产力转移等多重因素的影响下,低收入人群的居住问题受到重视。20 世纪 40 年代,联邦政府推动大规模城市更新计划,清除贫民窟。芝加哥市政府拆除了靠近卢普区、离黄金海岸仅数个街区的意大利移民聚集的贫民窟,在 70 英亩(28.33 公顷)的土地上,基于现代主义超大型街区规划,一次性建起由 23 栋高层组成的卡布里尼-格林住宅。

卡布里尼公共住宅的建设初衷并不是一个慈善或人道主义项目,芝加哥住房管理局的目的是重新振兴贫民窟地区。因此,它最初对申请入住者有严格的审查程序,以保障居民能够支付相应的运营维护费用。这里一共住了 2 万居民,80% 是非洲裔美国人,20% 是白人。书中的主人公之一多洛雷丝·威尔逊一家正是在经过全面的婚姻、收入、持家、育儿等能力审查后,于 1956 年获准入住的第一批家庭。他们搬进了 19 层高的克利夫兰北大道 1117 号大楼,分到十四层一套三室一厅的公寓,公寓配有冰箱、煤气炉、地采暖、24 小时热水及耐火砖墙壁等设施,只需支付微薄的房租和水电费。政府负责维修,还有工人修剪花草,"所有的东西都散发着新鲜的气味"。建筑师之一阿姆斯塔特也自豪地说:"我们把人从最糟糕的房子里搬出来,安置在真正体面的地方,我们在做一件伟大的事情。"

然而,公共住宅不是童话,后续在卡布里尼-格林发生的各种故事或说事故是建筑师意想不到的。书中有十分鲜活的描述,各种出于好意、顺理成章的政策造成无可挽回的后果。卡布里尼成为所有公共住宅相关问题的代名词。许多人宁愿排队等待,也不愿入住卡布里尼现成的空房;新来的住户是比之前更贫穷、更不稳定的家庭。面对如此糟糕的状况,市政府也做过努力,比如开展改造试点,提升全方位现代化安防等。女市长简·伯恩上任后,甚至身先士卒,和丈夫一起带着保安搬进公寓,但仅住了三周就不得不落荒而逃。之后,住房的日常维护愈发艰难,形成恶性循环。芝加哥城市联盟呼吁要结束高楼"暴政",拆除这些问题高层公共住宅。

居民自己也在努力改善社区的状况。这里就是他们自己的家。

多洛雷丝站出来担任租户委员会主席,带领邻居们自发组成监督整顿队伍,通过义卖等方式筹措资金,用廉价的材料和设备自己动手修葺和改善环境、强化治安,并对居民进行自我赋能培训。他们还成立了居民管理公司,完成大楼的整修,他们的事迹被布什总统赞为"国家典范"。

然而这仅是个例,拆除卡布里尼和芝加哥其他高层公共住宅空前地成为社会共识。1999年,子承父业的小戴利市长上任,推出全面城市更新计划——芝加哥将拆除全部1.8万套高层公共住宅,即便它们是老戴利市长任上建造的政绩工程。清理后的土地上将建设公私合作的混合收入开发项目,只有三分之一的公寓留给公共住宅,从而打破过去的"集中贫困"。

尽管部分社区居民组成"保卫公共住房联盟",通过各种方式试图让更新计划停摆,但最终在2011年,所有的高层住宅被夷为平地。多洛雷丝们搬到郊区翻新的公共住宅中,回忆起在卡布里尼生活的几十年,黯然神伤。

本书最大的特点是对居民经历和情感的真实记录。从社区最初的盛景到衰败和拆除,本书记录了青少年在社区中成长、受教育、经历帮派与犯罪的真实经历,讲述了社区成员和政府官员数次试图让公寓走上正轨,但最终都无力挽救,只能眼睁睁地看着它们被拆除的故事。作者展现了一个人性视角、丰富立体的公共住宅世界,也指出人们对公共住宅的矛盾心理:这里肮脏、犯罪猖獗,但它也是许多心存感恩的居民的家园,这些居民大多是非裔美国人。对于如何重新建构公共住房,作者并没有给出明确的答案,但他确实提供了独特的视角和深刻的警示,充分展现了住房问题的复杂性。

公共住宅的大规模建设是20世纪西方发达国家的普遍现象,改变了城市的面貌和人们的生活。1961年,简·雅各布斯在《美国大城市的死与生》中,批判美国城市更新和郊区化是一个错误。1972年,位于美国圣路易斯市、由33座11层塔楼组成的普鲁特-艾戈公共住宅项目在建成 18 年后被爆破拆除,电视画面上灰尘和碎片像蘑菇云一样升起,媒体报道连篇累牍。美国著名建筑评论家查尔斯·詹克斯宣布:现代主义建筑已经死亡。20 世纪 80 年代,巴黎郊区也曾发生过公共居住区的暴乱。针对公共住宅问题,美国及时刹车转向,调整为以住房补贴和配建可负担住房等多模式操作的"希望六号"工程,1993—2010 年间共拆除 9.8 万套公共住宅,其中大量是高层住宅区。虽然新建的仍然是面对广大低收入家庭的可负担住房,但大多为低层联排住宅。卡布里尼-格林令人唏嘘动容的故事就是这段历史的生动写照。

《住在高楼里:卡布里尼-格林和美国公共住房的命运》是天津滨海规划设计读书群 2019 年线上读书活动精心挑选的一本英文原版新书,由高级规划师杨宏在一个多月的时间里逐章领读。选择这本书,是为了帮助规划师从人的角度更好地理解和思考住房政策和规划。杨宏在此基础上做了大量扩展阅读,完成全书的翻译,并增加了背景介绍和手绘图纸,成为现在的中文版,让更多国内读者有机会了解美国社会对 20 世纪公共住宅的反思。

建筑大家梁思成、林徽因一直非常重视住宅问题。梁思成 1945 年写信给梅贻琦校长提议清华大学成立建筑系,信中谈到:"居室为人类生活中最基本需要之一,其创始与人类文化同古远,无论在任何环境之下,人类不可无居室。居室与民生息息相关,小之影响个人身心之健康,大之关系作业之效率,社会之安宁与安全。"抗战胜利时,林徽因在病榻上写完《现代住宅设计的参考》,文中指出:"随着时代的发展,以往建筑学不重视住宅问题必将改变。"中华人民共和国成立后,林徽因在清华大学首开住宅设计课程。改革开放以来,我国通过市场化手段解决了长期存在的住房短缺问题,梁思成"居者有其屋"的愿景化为现实。

目前,我国住房和房地产领域仍然存在众多的矛盾和问题。结合国家"用改革创新的办法""推动保障性住房建设,促进房地产市场平稳健康发展和民生改善"的要求,我们正在研究探讨现代住房制度深化改革和政府引导、市场化运作的宜居型配售保障房的建议,让广大工薪阶层买得起、住得上好房子,"推动建立房地产转型发展新模式",真正满足人民对美好生活的向往,助力第二个百年目标和中华民族伟大复兴中国梦的实现。

霍兵　天津市政府参事
朱雪梅　原天津市城市规划设计研究总院副总规划师

目录

序

上　约旦河对岸的家

1　芝加哥贫民窟的画像 / 3
2　红楼与白楼 / 22
3　躲猫猫 / 46
4　战士帮 / 62
5　市长的临时住所 / 83

中　卡布里尼-格林住宅的哈莱姆·沃茨·杰克逊

6　卡布里尼-格林说唱 / 105
7　集中效应 / 117
8　这是我的人生 / 132
9　信念指引我们前进 / 145
10　恐怖如何运作 / 159
11　丹特雷尔·戴维斯路 / 176

下　土地上的轮回

12　卡布里尼芥末和萝卜叶 / 203

13　如果不住在这里……那么要住在哪儿? / 218

14　转型 / 231

15　老城,新城 / 248

16　他们来自项目 / 269

17　人民的公共住房管理局 / 283

18　未来的芝加哥社区 / 298

致谢 / 313

参考书目和资料说明 / 317

译后记 / 333

上

约旦河对岸的家[①]

---

① 《圣经》中，上帝许给犹太人的福地在约旦河边。灵歌中，非裔美国人常引用它来象征苦难中的黑人憧憬的自由土地。后文的"应许之地"（promised land）也指此典故。

1 芝加哥贫民窟的画像

　　毗邻卢普区,距密歇根湖 1.6 公里,芝加哥河湍流向北急转弯之处,隐匿着一处与芝加哥这座城市的历史同样悠久的地方。2016 年,这里被评为芝加哥最宜居的地区之一。几代人以前,在近北区成为住宅区一个世纪之后,芝加哥住房管理局(Chicago Housing Authority)的调查员走在狭窄的街道上,每走一步,都更加确定这里是一个无可救药的贫民窟。芝加哥住房管理局的调查队员小心躲让着卡车和垃圾堆,还要避免掉进住宅前面开挖的放置煤炭的壕沟。1950 年,正值战后经济加速发展期,这座美国"第二大城市"的一切看起来都是那么落后。所有房子几乎都是百年前建造的,其中许多本是 1871 年芝加哥大火后低成本建造的临时建筑,却成为居民的长期住所。调查员在笔记本上记录了社区的窘困:2325 户居民中,近半数没有浴室,许多没有独立厕所;除了个别几户之外,多数家庭还在靠煤炉取暖。过去的几十年里,25 个街区中涌入 3600 个家庭,人口增长了 50%,住宅却只新增了 1 栋。公寓由脆弱的隔断分割成多个单元。"抱歉啊,让你看到这种样子,"一个家庭主妇在迎接调查员进入自己家的隔间时不好意思地说,"但是我们自己都几乎没地方住了,更别说放其他东西了。"不仅如此,就这些缺乏防火措施的房子,房东们还漫天要价,租金涨了 70%。

　　一年后,芝加哥住房管理局发布报告,《卡布里尼拓展区:芝加哥贫民窟画像》(*Cabrini Extension Area: Portrait of a Chicago Slum*)以耸人听闻的细节描绘了这个即将被拆除的街坊。"破旧、黢黑、摇摇欲坠的房子,歪歪扭扭的屋脊拼出疯狂的天际线。烟囱倾斜,屋檐下陷,破窗用抹布遮挡,掉了把手的门恣意敞开。这里的住宅几乎都没有后院,因为大多数本应建一栋住宅的地块上都盖了两栋房子。"连报告的封面也反映出贫民窟的脏乱,错视效果的图片让街区看起来像是烧焦了,仿佛这本书是从污秽的小巷里捡来的;标题选用加粗的涂鸦字体,"卡布里尼"(Cabrini)中,第二个"i"字上的点由一只蟑螂代替。

1950年,芝加哥住房管理局的员工并非纸上谈兵之徒,他们自诩为做善事的自由主义者,其中许多人来自社会福利机构。他们对近北区的描述实属有意为之,他们认为芝加哥的贫民窟正在杀死其居民。此地火灾、新生儿死亡、肺炎和肺结核的发生概率都是城里其他地区的数倍。住房管理局还指出,恶劣的居住条件还导致离婚、少年犯罪和违法行为高发。管理局的员工们视自己的工作为一项救援任务:他们要将城市从衰败中拯救出来。"住宅具有魔力,"住房管理局局长伊丽莎白·伍德①说,"给这些人体面的住房,让其中有能力的人有机会得到更好的工作。99%的人都会响应我们的号召。"

伍德不大像处于民主党政党机器②中的芝加哥政府官员。她曾在瓦萨学院教授诗歌,出版了一本小说,描述一名不幸的已婚妇女如何把不幸转嫁给自己的孩子(一位评论者说,这是对受迫害儿童的心理学研究)。她来到芝加哥的一家福利机构工作,但发现这份工作毫无影响力。比起草草记录绝望的客户提出的需求,她还想为城市作出更多贡献。1937年芝加哥住房管理局成立时,她出任局长。私营开发商未能满足该机构为所有人提供一个"体面、安全和卫生"的家的最低要求。近北区是芝加哥住房管理局眼中困于贫穷的可悲案例。伍德并不担心新公共住房项目规模过大,可能让该地区的整体租金下降,而是担心现有项目的规模还不足以对抗这片区域的贫困问题和年久失修。她说:"如果我们的设想不够大胆,就只能落实一系列小项目,如同一个个被烟雾、噪声和废气压垮的贫民窟荒野中的孤岛。"

---

① 伊丽莎白·伍德(Elizabeth Wood, 1899—1993),1937—1954年任芝加哥住房管理局首任局长。
② 政党机器是19世纪60年代在美国城市中兴起的一种政党政治,候选人为获得选民及其支持者的选票和资助,许诺向其提供政治公职、授予政府特许权等利益交换。

伍德和她的团队希望扩建的一个"岛屿"就位于近北区的贫民窟附近。1942年,芝加哥住房管理局建设了弗朗西丝·卡布里尼住宅(Frances Cabrini Homes),其中包括586幢兵营式的2～3层建筑。根据联邦法规,公共住房的建造必须按照最低标准,使用的材料和设计要明显劣于商品住房。卡布里尼的联排住宅简单、朴素,像一排排停着的拖拉机拖车。然而,因为身处被忽视的滨河地区,它们反而代表着秩序和现代化。芝加哥住房管理局宣称:"(它们)像是在向衰败的现状宣战。"卡布里尼住宅的每户人家都有煤气炉、电冰箱、独立浴室和空调。建筑用耐火砖建造。项目的布局让家长可以在自己的公寓里看见公共庭院里玩耍的孩子们。"当你走进芝加哥的这个公共住房项目时,就像走入了不一样的世界,"芝加哥住房管理局在早期的公共住房宣传册中夸耀道,"俯瞰窗外,草坪、灌木、树木,满目皆绿。令人愉悦、爬满葡萄藤的建筑和谐地矗立在一起,阳光、空气和玩耍的孩子拥有广阔的天地。目之所及都是花园,头顶的天比贫民窟里的更蓝,阳光比贫民窟里的更温暖。"

20世纪上半叶时,近北区的主要居民基本上都是意大利人。但一小片黑人聚居地也逐渐在那里成形。"一战"后,联邦政府限制海外移民,芝加哥河畔的工厂出现了用工荒。那时,当地多数居民正试图搬离饱受污染的工业区和摇摇欲坠的房子,非裔美国人便乘机搬入此地。

这在种族隔离的芝加哥并不常见。随着非裔美国人离开南方,芝加哥非裔美国人的数量在1910—1920年间翻了一番,从4.4万人增加到10.9万人,并在接下来的10年、20年里各翻了一番。1950年,当地非裔人口达到约50万人。20世纪40年代,几乎所有新移民都搬到南区,形成所谓的"黑人地带"(Black Belt),那是一条从市中心商业区向南延伸的广阔带状土地。

即使没有太多负担得起的选择,在芝加哥河北支流①沿岸定居的欧洲

---

① 芝加哥河北支流(Chicago River's North Fork),也被称作"盖瑞河"(Guarie River),发源于距离芝加哥市中心北面约65公里远的帕克城(Park City)。芝加哥河共有三条分支,呈"Y"字形汇集于沃尔夫角(Wolf Point)。

人,还是可以自由地在城市各处找寻商品房。整个40年代,芝加哥总共有8000套存量住房,全市的房屋空置率降至不足1%。但非裔美国人被困在一个完全封闭的房地产系统中。白人街坊制定了带有种族色彩的规定,禁止房主向非裔美国人出售房屋。一度芝加哥85%的房源都受制于此。即使在1948年美国最高法院宣布取缔这一规定后,执行和追索仍旧收效甚微。与此同时,街坊里还出现了一些不再遮掩的对立,例如策划袭击和投掷燃烧弹,形势依旧无甚改观。联邦政府认为现存的黑人街坊对保险抵押的风险太大,并在地图上用红色标出这些地区。"红线政策"①意味着非裔美国人几乎不能在自己租住的街坊购买房产,除非签订掠夺性的"先租后买"合同。在这种合同里,购房者每月需支付高额租金,但是并不获得相应份额的产权。如果在支付尾款前被驱逐,或出现任何违规,他们将失去房子、首付和此前所付的全部月供。非裔美国人在逃离了南部反复无常的"吉姆·克劳法"(Jim Crow Laws)②之后,被"应许之地"的愿景吸引到芝加哥,却赫然发现在北方,他们的权力再次受到不公正、不可预测的投机性住房系统的挑战。

非裔街坊的房东们同时拥有对其房产的压倒性需求和垄断市场。他们不仅对破旧的房屋收取高额租金,还把公寓拆分成许多"小厨房公寓"③。这种做法在当时过度拥挤的芝加哥颇为普遍,在"黑人地带"格外盛行。在同样的户型内,房屋的居住人数和租金都呈现出指数级增长。一个六口之家的无电梯住房如果被一分为二,就能容纳十二口人,要是拆

---

① 美国大萧条时期,罗斯福总统为经济复苏推行新政,成立房主贷款公司(The Home Owners Loan Corporation),为城市居民提供房屋贷款。1930年,该公司推出"红线政策"(Redlining)。他们根据分类对社区采取不同的房贷政策,分类越差,房贷利率越高,甚至不发放房贷。其中,处在困境中的社区会被标上红色。数据显示,超过三分之二的该类社区主要由少数族裔社群构成,这使本就处于贫困中的少数族裔更难获得房产置业,是明显的种族歧视政策。直到1968年,这项政策才被废除。

② 吉姆·克劳法,泛指1876—1965年间美国南部各州以及边境各州对有色人种(主要针对非裔美国人,但同时也包含其他族群)实行种族隔离制度的法律,强制公共设施必须依照种族的不同而隔离使用,造成黑人长久以来处于经济、教育及社会上较为弱势的地位。

③ 小厨房公寓(kitchenette),指20世纪中期在芝加哥和纽约的非裔美国人社区中流行的一种小公寓。房东经常把独户住宅或大公寓单元分成小单元,以容纳更多的家庭。

分成一室公寓,就能容纳更多住户。房东毫无维护自己位于南区的房产的经济动力;当然,鉴于他们的住房位于红线之内,银行也不会为其维护提供贷款。

太多的家庭挤在空气不流通的木构房子里,人们被迫使用私自改造的取暖和烹饪设备,裸露的电线在临时搭建的隔断墙和横梁间四下延伸,连接到一两处过载电路上,火灾频发。因为"小厨房公寓"狭窄的门道与隔断均由易燃材料制成,又缺少窗户和安全出口,一旦发生火灾,往往导致致命后果。"小厨房公寓是我们的监狱,是不上法庭就被执行的死刑,是一种不仅危害个人,而且持续攻击我们所有人的新形式集体暴力。"1927年从密西西比经孟菲斯来到芝加哥的理查德·赖特[1]在《1200万黑人之声》(*12 Million Black Voices*)中哀叹道:"小厨房公寓是一个漏斗,将我们粉碎的生活引向城市的人行道,流向毁灭和死亡,并从中牟利。"

"二战"后的头几年里,据说大约6000公顷的芝加哥土地被"战争"摧毁,占整座城市面积的十分之一;25万套住房不符合标准,占芝加哥住房总量的四分之一。不同背景的芝加哥人都需要政府公共住房的帮助,而南区的黑人贫民窟中,这种需求最大。"由于在当前的住房市场中占据不利地位,黑人成为高租金的主要受害者。"《卡布里尼拓展区:芝加哥贫民窟画像》报告总结道。

多洛雷丝·威尔逊

多洛雷丝·威尔逊(Dolores Wilson),一名二十多岁、饱受南区租房生活之苦的黑人女性,一名土生土长的芝加哥人,是赖特书中的1200万人之一。20世纪50年代初,她和丈夫休伯特(Hubert)是五个孩子的父母,最小的1岁,最大的8岁。"五个流鼻涕的孩子到处跑,"多洛雷丝总是

---

① 理查德·赖特(Richard Wright, 1908—1960),美国黑人小说家、评论家,生于密西西比州纳奇兹的一个贫困家庭,1947年迁居巴黎。其作品以美国黑人题材、种族歧视主题而闻名于世。

佯装恼火。威尔逊一家挤在草原南大道①6000号街区一间一室户地下室公寓里,紧挨着噪声不断的捷运和无轨电车行经的第61大街。五个1岁到8岁的孩子睡在靠墙的拉出式沙发床上;她和休伯特则睡在对面靠墙放的另一张床上。"那样(局促)的布局,"多洛雷丝说,"我都不敢相信自己又生了一个孩子。"淋浴安装在厨房里。房间里仅有的一扇窗对着一条小巷。为了上厕所,他们得走出房门,穿过走廊,经过洗衣房,最终抵达与地下室另一家租户共用的厕所。

在这栋建筑中,多洛雷丝从未感觉到安全。一天晚上休伯特在外值班,一名男子试图破窗而入。"噢,上帝!"看到闯入者想尽办法摇晃着爬入室内时,多洛雷丝大哭起来。孩子就睡在1.8米之外。她一边设法掏出休伯特留给她的小手枪,一边报警,举着电话的手不停地颤抖,举着枪的手也是如此。应答的警察告诉她,她可以向闯入者开枪,但必须等到他进入公寓之后。万幸的是,闯入者看到她之后走掉了。

多洛雷丝不是一个爱抱怨的人——更确切地说,她以诙谐、温和的态度反抗现实,始终关注生活中最好的一面。她按自己喜欢的方式布置公寓:在5元店里买材料,为镜子和唯一的窗户裁剪红色盖布和窗帘,并找到红色的盘子和红格子桌布与之搭配。"无论在哪里,"她总喜欢说,"一旦沾上你的指纹,这里就成了你的家。"多洛雷丝·威尔逊看上去总是愉快开朗,声音像糖果般柔和、高亢。她会因沮丧或恼怒而大笑,之后又解释说,她的笑容并无讥讽之意。她总是叫别人"亲爱的",尽管时常略带挖苦。"我尽量和每个人和睦相处,对那些和我处不好的人也是如此。"

多洛雷丝曾小心翼翼地说:"感谢上帝给我栖身之所。"每个人都需要它。但是当寒冷穿透墙壁,或是本该为一家遮风挡雨的建筑中潜藏杀机时,情况就十分严峻了。芝加哥最主流的黑人报纸《芝加哥保卫者报》

---

① 草原南大道(South Prairie Avenue),位于芝加哥近北区南部。在1871年芝加哥大火后的复苏时期,许多该市最重要的家庭搬到这条街上。但到20世纪初,草原大道地区被仓库和工厂占据。随着21世纪的去工业化和历史保护思潮,时尚建筑回归,历史建筑也得到修复和翻新。同时,新的住房开发也使这地区复苏。

(*The Chicago Defender*)持续统计了南区房屋因火灾造成的损失。该报在多篇报道中写道："黑人妇女和儿童正如老鼠一般,在不适合人类居住的破旧房屋中被烧死,而这些房屋早就应该由负责官员列为火灾隐患。"多洛雷丝经常听到消防车的警报声。她知道,自己的房子一旦着火,他们很可能无法活着逃出地下室。

　　威尔逊一家在街坊范围内几度搬迁,但其他房屋的质量也好不到哪去。他们的选择十分有限。房东们要么嫌她有太多的孩子,要么嫌半大小子们爱惹麻烦。多洛雷丝和休伯特向一个承诺提供高品质公寓清单的地产中介付了 10 美元①,拜访了中介提供的每一处公寓,却只见到另一栋有火灾隐患的南区建筑。她反复核对信息,地址和她在线圈记事本上记录的一模一样。面前的 6 套房子一字排开,不是木头烂了就是缺砖少瓦。室内,地板下垂、墙皮起翘,天花板也是漏的,石膏和其他粉末会对孩子的健康有害。十几个小厨房单元同时散发出炒蔬菜和其他食物的味道,把她吓得后退了一步。"我想进去烧一个菜,但是不想住在这里,"她说,"如果他们烧菜都那么吵,往后的噪声可想而知。"10 美元对于他们来说不是笔小钱,但是经过几次这样的探访,多洛雷丝不得不接受,自己被骗了。

　　多洛雷丝·赞德斯(Dolores Zanders),1929 年在芝加哥库克郡医院(Chicago's Cook County Hospital)出生,也在草原南大道 6000 号街区长大。她的外祖母是一位冒险家,一位有钱的女人,在不同的州生下四个孩子。多洛雷丝的母亲最初来自煤都俄亥俄州东部,她跟随家人搬到了芝加哥。她的父亲则跟随一个兄弟从佐治亚州北上而来。她的父母在高中相识,他们住进草原南大道的公寓时,街区中的最后一个犹太家庭②正要搬走。多洛雷丝是他们的五个孩子之一,一家人在那里生活得很好。多洛雷丝的母亲是当地民主党政党机器的选区长;父亲在大萧条时期依然从事熨衣工和裁缝的工作。他总是穿着裤线平整的裤子,鞋子擦得锃亮,

① 20 世纪 50 年代,美国非白人家庭的平均总年收入为 2000 美元左右。
② 19 世纪 70 年代至 20 世纪 20 年代,大量东欧犹太人移居芝加哥,并于 20 世纪 40 年代至 50 年代逐渐迁出其原聚居区。

戴着一顶斜向一边的缎带礼帽。多洛雷丝几乎没见过父亲穿工作服的样子。"他总是一尘不染,特别时髦。"要是她或姐妹在父亲的西服外套上发现一根线头,就会帮他摘下来。

多洛雷丝14岁时与休伯特相识,那时她刚从贝奇·罗斯小学(Betsy Ross Elementary)毕业。一家人通常会去公寓对面的浸礼宗教堂做礼拜,但偶尔也会往西走四个街区,去她姑姑瑞亚主持的、名叫"人性升华"(Uplifting of Humanity)的成圣会教堂。休伯特在唱诗班唱歌,是个左撇子,他浑厚的男低音吸引了多洛雷丝的目光。当休伯特鼓起勇气打电话向多洛雷丝提出约会邀请时,她的父母拒绝了。想到多洛雷丝杏圆的眼睛和机智幽默的性格,休伯特又试了一次。多洛雷丝的母亲同意他们外出,但是精确计算了他俩坐火车到市中心的电影院,看完预告片、一部动画片、一套双片联映,然后返回家的时间。"别耍滑头,"她命令道,"看电影,然后就坐捷运回来。"如果他们约会晚归了几分钟,因为害怕面对多洛雷丝的父母,休伯特不得不放弃绅士风度,不送她上楼。有一次,休伯特给多洛雷丝买了件毛衣,父亲让她还了回去。他禁止多洛雷丝收礼物——他认为男孩希望得到性作为回报。"你最好不要和他发生性关系,"她的母亲说,"但是如果发生了,一定要使用避孕套。"她的父母明确表示,没有比怀孕更不道德的事情了,甚至禁止多洛雷丝与那些"随便"的女孩交往。当多洛雷丝的姐姐怀孕时,父亲强迫她接受了一段不快乐的婚姻。

多洛雷丝的父母害怕她对感情太认真,不允许她和任何一个男孩保持稳定关系。整个高中期间,她不仅和休伯特约会,还约会过乔治、克利福德、奥蒂斯、弗兰克和波。从她的公寓往南公园大道(South Parkway,后来改叫马丁·路德·金大道)散步,不一会儿就能走到广阔的华盛顿公园(Washington Park)。她和不同的男朋友坐在长椅上或者围着泻湖散步,要不就是在运动场边上看比赛。多洛雷丝曾经有些喜欢弗兰克·詹金斯,但后来明白自己更爱休伯特。尽管他们同龄,但休伯特看起来比其他几个人更成熟。他还能把多洛雷丝逗笑,说些荒诞不经的故事,两个人的笑点出奇一致。大伙都说,他们一起插科打诨,甚至可以在电台办个喜剧节目。为了补贴家用,休伯特在高一时退学了。只要不犯法,他什么活都愿意干。他帮人们把煤铲进地下室,从湖上挖冰,搬运冰箱,铺地砖。

直到休伯特和她谈起大萧条,多洛雷丝才意识到自己的家庭有多么幸运。在芝加哥,过去几年中有40%以上的工人失业,全市有15万可负担住房[①]的缺口,需求不断增长,却没有任何新建住宅。市中心,格兰特公园(Grant Park)外围出现了一个由成百幢棚屋组成的"胡佛村"[②],它们均由硬纸板、废建材和油毡搭建而成。"在其他地方,建筑工程可能停滞不前,但在这儿,它蓬勃发展,"被选出的棚户区"区长",一位失业的矿工兼铁路司闸员这样告诉记者。在南区,多洛雷丝一直在父亲的洗衣店里干洗衣服,当父亲应征加入海军后,母亲还在飞机制造厂找到一份工作。与此同时,休伯特已经"吃遍"了以各种方式烹调的猪颈骨[③],炸的、煮的、烧的、烤的。他家有一套逼仄的小公寓,全家都依靠印着"禁止出售"的政府救济品生活。

多洛雷丝的父亲认为休伯特配不上她,她一点也不觉得奇怪。父亲总是衣装笔挺地站在公寓的大窗户前,将擦得锃亮的皮鞋踩在窗台上,一看到休伯特便说,"流浪汉皮特[④]来啦",将他比作连环漫画里的人物。他还编了一首嘲弄的打油诗:"休伯特在街区里漫步,穿着一身工作服,肩上扛一把铁锹,嘴角叼着雪茄尾,手黑脸黑赛煤球。"

1947年,多洛雷丝18岁,刚报名就读伍德罗·威尔逊学院(Woodrow Wilson Junior College),休伯特负责接她放学。有一天,当他们抵达草原大

---

① 可负担住房(affordable housing)是指由国家或地方政府根据公认的住房负担能力指数进行判定后,认为家庭收入在中位数或以下的人群能够负担得起的住房。

② 胡佛村(Hooverville)指无家可归者修建的棚户区,名字源于大萧条初期时任美国总统的赫伯特·胡佛,一般建立在城市中接近免费餐补发放点的地方。

③ 猪颈因为有许多淋巴结和腺体,美国人很少食用,售价低。在大萧条期间,美国的很多失业家庭仅能购买便宜的猪颈作为肉食来源。

④ 流浪汉皮特(Pete the Tramp)是美国漫画《流浪汉皮特》的主人公,作者是著名漫画家和插画家C.D.拉塞尔(1895—1963),作品灵感来自他在布莱恩特公园为无家可归者绘制的素描。

道后,他不肯下车。休伯特静静地盯着自己的大腿,胸口起伏着。他大汗淋漓,看起来像是要融化了。接下来,他一脸严肃地问多洛雷丝是否愿意嫁给他。这下多洛雷丝窒息了,她感觉自己的心脏病快要发作了。但很快,他俩都笑了起来,迅速选定了婚礼日期,开始畅想多年后他们家庭生活中的种种大事。突然,一个想法让多洛雷丝愣住了:谁去把这个消息告诉她父母呢?

"你去,"休伯特说。

"呃,你去。"

多洛雷丝和休伯特·威尔逊带着五个孩子住在一间地下公寓里,从来没有考虑过离开南区,更不用说搬到近北区了。当初结婚时,除了"黑人地带"或者西区(West Side)中那些已经被美国南方移民占据的街坊之外,他们认为自己在城市里别无选择。更何况,卡布里尼联排住宅周边的那片贫民窟,在芝加哥简直臭名昭著。早在 19 世纪中叶,芝加哥河北支流沿岸的定居点就是一个不受欢迎的安居之地。那里危险而肮脏,工人们在驳船和火车间搬运货物,在仓库、制革厂、肉类加工厂、机械车间和小工厂里工作。1857 年,这座城市的第一家铁厂就建在那里;到了 1870 年,芝加哥北部轧钢厂雇用了 1500 名工人,生产的钢轨铺满整个国家。距联排住宅仅一个街区的河岸上,坐落着一个大型煤气厂,源源不断的煤填入饥饿的火炉。烧煤产生的气体储存到大桶里,但剩下的焦油、焦炭和其他废气又排回肮脏的河流。黑烟一直笼罩着街坊,这里也因此而得名"烟谷"。到处都是硫磺的味道,加工过的气体迸发出明亮的火焰,冲上天空。这也是后来此处被称为"小地狱"(Little Hell)的原因。

因无力负担其他地区的房租而搬到这里的新移民,还给近北区起了新的绰号。19 世纪 50 年代,爱尔兰人在这里定居后,近北区便被称为"基尔古宾"(Kilgubbin),这些因马铃薯饥荒①逃离故土的难民就来自爱尔兰

---

① 即爱尔兰大饥荒,发生于 1845 年至 1852 年间。在 7 年内,英国统治下的爱尔兰人口锐减了将近四分之一,其中除了饿死、病死者,也包括因饥荒而移居海外的爱尔兰人。受英国教会的压迫及爱尔兰大饥荒的影响,从 1845 年到 1854 年,约有 150 万爱尔兰人流亡到美国。

科克郡(County Cork)的基尔古宾。1865年,这里是芝加哥最大的"寮屋村"之一。据《芝加哥时报》(Chicago Times)记载,这片土地"几年前,除了成群的大鹅、小鹅、猪和老鼠外,还涌入数千名年龄、习性各异的居民。这是罪犯安全的藏身地,没有强大的支援,警察不敢贸然进入,哪怕只是越过边界"。爱尔兰人有时会将自己的新家当作菜地。德国人紧随其后,像小农户一样,用小货车拉走自己种的农产品。接下来是瑞典人,他们比前任住户更穷,人口也更多。附近的芝加哥大道被称为"瑞典百老汇",甚至发行了八种不同的瑞典语报纸。到了下个世纪的头几年,这里以惊人的速度变成了"小西西里"(Little Sicily)。大约1.3万名来自意大利南部的移民涌入,从爱尔兰人手中接管了住宅和店面。这一街坊很快成为全市第二大的意大利人聚居地。

最特殊的是,这个贫穷的街坊距离芝加哥最昂贵的地产项目非常近。在南区,"黑人地带"是一个独立的世界。但是在"小地狱"以东仅十个街区的湖畔,坐落着这座城市最豪华的酒店和俱乐部、密歇根大道(Michigan Avenue)上的高端商店,以及与传统高档独栋住宅相邻的豪华公寓。人们只需沿河步行几分钟,穿过满是垃圾的胡同和泥泞的小巷,掠过头顶交错的晾衣绳,就能从贫穷的第三世界走到富裕的第一世界。湖畔大道(Lake Shore Drive)的黄金海岸街坊里住着行业巨头和慈善家们。而在不到1.6公里外的"小西西里",本地报纸在1915年写道,"目光暗沉、狡黠的男人带着难以捉摸的表情,警惕地站在地下通道或者走廊的黑暗中"。社会学家哈维·佐尔博在1929年出版的《黄金海岸和贫民窟》①中,着重关注了城市极化地区之间极短的物理距离,并以一连串冲击感官的文字描绘出滨河地区的与众不同。

> 肮脏狭窄的街道,鼠犬成群满是垃圾的小巷,拴在手推车上的山羊,荒凉的公寓,难以散去的工业雾霾,路边的市场,商店的

---

① 《黄金海岸和贫民窟》(The Gold Coast and the Slum),作者是社会学家哈维·佐尔博(Harvey Zorbaugh),副标题为"芝加哥近北区的社会学研究"(A Sociological Study of Chicago's Near North Side)。

外文招牌,街上的外国面孔,街头小贩嘈杂的吆喝声,铁路和高架桥的叮当声和轰鸣声,天主教大教堂的钟声,军乐队的演奏声和节日烟火的噼啪声,炸弹或左轮手枪不时响起的低沉轰鸣声,孩子们在街上玩耍的呼喊声,断断续续的奇怪演讲,烟灰的味道,还有河边巨大"煤气制造厂"的煤气味,它熊熊燃烧的火焰使夜晚的天空变得暗淡,在很久之前,为这个地区带来"小地狱"的外号——每个来到这里的人都会对此处特有的景象、声音、气味留下深刻印象,这里就是"外国"和贫民窟。

贫穷和临近城市中心的地理位置,使近北区贫民窟成为芝加哥主要的犯罪高发地之一。对犯罪的轰动性报道夸大并助长了犯罪情况。佐尔博把这个意大利街坊描述成"充斥着帮派战争、爆炸特写、激进情节、堕落女孩、自杀者、爆炸和谋杀的奇异世界"。就在如今橡树街(Oak Street)和剑桥大道(Cambridge Avenue)的交叉口,或者是离橡树街和克利夫兰大道(Cleveland Avenue)再向东一个街区的地方,坐落着一家干洗店、一家染发店、一家犹太干货店和一个以音乐现场为特色的西西里酒吧。传说在 20 年里,这儿每年都会发生十几起凶杀案。据说有一百多起未被侦破的凶杀案发生在臭名昭著的"死亡角"(Death Corner)。意大利黑手党应该为"小西西里"的暴力事件负责,尤其是在禁酒令期间,不过,此处还有一个被称为"黑手"①的神秘组织。1908 年,有传言说"黑手"组织在毗邻"死亡角"的詹纳小学(Jenner Elementary)的地下室放置了一枚硝化甘油炸弹,定于下午两点引爆。实际上炸弹并不存在,但学生们无视老师、冲下楼梯、互相踩踏,母亲们从没有热水的公寓里冲过来抢救孩子的情形,在下个世纪依然存在。狡诈的"黑手"组织被描绘成幽灵或超自然的掠食者。许多街坊的街道都高出地面几英尺,据说罪犯就埋伏在地下煤棚或半地下室里。据媒体报道,在一起发生在"死亡角"的无耻凶杀案中,罪犯

---

① 黑手(Black Hand),主要由西西里岛移民和意大利黑手党分子组成的美国帮派,活跃于 1890 年到 1920 年间纽约、芝加哥、新奥尔良、堪萨斯城等城市的意大利社区。

开枪打死了一名男子,等待警察赶到,趁证人向警察提供证词时暗枪打死了证人,然后逃之夭夭。还有传言说,"黑手"会俯下身子亲吻受害者的嘴,以确保他们的鬼魂不会再来纠缠。

1933 年,富兰克林·罗斯福在就任总统的第一年成立了联邦住房部门(Federal Housing Division),隶属于公共工程署①。当时,盈利性房地产市场的缺陷,已经在大规模的驱逐和抵抗中,在无家可归者的营地和无数像"小西西里"那样的街坊中暴露无遗。1937 年,罗斯福在第二次当选总统的就职演说中讲道:"我看到这个国家三分之一的人住不好、穿不好、吃不好。我们衡量进步的标准不是让那些富人变得更富,而是要保障穷人的基本需求。"经过激进的贫民窟改革者和现代化住房支持者长达几十年的耻笑和游说后,政府终于动用自身资源,向近似于人道主义危机的现状宣战。在随后的四年中,公共工程署建设了 51 个公共住房开发项目,芝加哥就有 3 个。1937 年,经过两年的详细讨论,国会通过了效力更广的法案,建立了一个专门的联邦住房机构。芝加哥和其他城市成立了自己的住房管理部门,负责本地事务。在伊丽莎白·伍德的领导下,芝加哥住房管理局需要为新的公共住房项目选址,恶名昭著"小地狱"赫然在列。

1942 年,弗朗西丝·卡布里尼联排住宅完工时,数百名联邦、州和芝加哥市的官员参加了在栗子街(Chestnut Street)和剑桥大道交叉口举办的落成典礼。"一头红发,如同地中海肤色海洋中的炉渣",市长爱德华·凯利(Edward Kelly)宣布,这 586 套公共住房"象征着芝加哥的未来。我们不能再忍受这个一半是宫殿、一半是贫民窟的国家。这个项目为战后衰败地区的大规模改造树立了一个榜样"。

"死亡角"附近的圣菲利普·贝尼津教区(Saint Philip Benizi Parish)的神父路易吉·詹巴斯蒂亚尼(Father Luigi Giambastiani)是"小西西里"

---

① 公共工程署(Public Works Administration),罗斯福新政期间成立的通过兴建公共工程项目解决就业问题的政府机构。

街坊的领导人之一，他提议以弗兰切斯卡·卡布里尼修女的名字来命名这片联排住宅。卡布里尼是一位 1889 年定居美国，为意大利穷人服务的修女，她为芝加哥建立了一座学校和一座医院，并在全国建立了六十余家类似机构。1917 年，她于芝加哥去世。詹巴斯蒂亚尼神父对媒体说："对你来说，她只是个社会工作者，但对我们来说，她是一位圣人。"1946 年，在罗马教廷的授意下，卡布里尼修女成为第一位封圣的美国公民，她是移民者的主保圣人。

年轻的工薪家庭拥有优先申请卡布里尼联排住宅的资格，因为他们在开放市场中常常遭受拒绝。为了获得申请资格，已婚夫妇必须通过严格的面试，并确保每年的收入能够满足最低租金要求。新的公共住房不是为失业、不稳定、不体面的贫困家庭准备的。财政补贴不是慈善或人道主义援助，这些开发项目的初衷是重振贫民窟的活力，而不是复制另一个贫民窟。然而，在卡布里尼联排住宅开工前几天，日本偷袭了珍珠港。"小西西里"和周边的许多工厂都变成军工厂。面对城市可负担住房的短缺，芝加哥住房管理局同意在新开发项目中优先服务退伍军人和军工家庭；作为交换，管理局应当保障建材的定量供给，并继续推进建造计划。根据原来的计划，租户可按照自己的收入每月支付 24 至 37 美元的租金（电、热水和供暖费用包含其中）租用一套三居室公寓。然而，为了安置收入更高的军工工人，芝加哥住房管理局几乎将每套公寓租金对应的最高年收入标准翻了一倍，从一年 900 美元提高到一年 2100 美元。当时，三分之一的芝加哥家庭与"小地狱"中几乎每个家庭的年收入都低于 1000 美元。他们不太可能在"芝加哥的未来"中找到属于自己的家。

多洛雷丝·威尔逊

多洛雷丝和休伯特结婚前，休伯特被警察逮捕了。他被指控抢劫了南区街区的一家干洗店。他的家人向警方作证，说休伯特和他们当时都在家，但一个邻居指认他是小偷，说她在三楼看到楼下的暗巷里有个人，长得有点像休伯特。对警察来说,这就足够了。为了让亲人找不到他,他们把休伯特从一个警察局转移到另一个。在其中一个警察局,警察把他的手腕铐在椅子扶手上,要他承认自己没有犯下的罪行。当他拒绝时,两个白人警察站在他两边倒数,并同时扇了他一记耳光。此后三十多年的人生中,这一痛击造成的头疼始终困扰着他。

多洛雷丝有时会想起警察给父老乡亲带来的痛苦,想到芝加哥警察是如何滥用权力的,尤其是在城市的黑人街坊,她会轻微地颤抖,说不出话来。在他们的街坊,有一个叫西尔维斯特·华盛顿(Sylvester Washington)的黑人警官,不过大家都叫他"双枪皮特"(Two-Gun Pete),因为他总是把一对珍珠手柄的马格南左轮系在腰带上,就像一个古老的西部枪手。有一次,多洛雷丝带着一群孩子去参加巴德·比利肯游行①,这是由《保卫者报》赞助的、南区一年一度的活动。多洛雷丝让孩子们排成一队去买冰激凌。"双枪皮特"推了推站在队伍前面的男孩,只是想看他们像多米诺骨牌一样倒下。一天晚上,休伯特带着太阳镜回家,"双枪皮特"拦住了他。"月亮对你来说太亮了吗?"警察呵斥道。他把休伯特脸上的太阳镜打了下来,然后再命令他将它捡起来。当休伯特弯腰时,"双枪皮特"从后面踢了他一下,然后再次打下休伯特脸上的太阳镜,让他去捡。当时,"双枪皮特"已光明正大地在公务中杀了9个人,警局非但没有处罚他,还给他升了职。休伯特知道即将发生什么,他可不想给"双枪皮特"的履历增光添彩。警察一脚将他踹到了地上。

休伯特因抢劫干洗店被关了起来,他的家人不得不雇一名律师,以免他反复被羁押转运。多洛雷丝烤了饼干送进牢房。休伯特咬下去的时候,发现舌头上有一张小纸片,上面写着"我爱你"。最终,真相是多洛雷丝的另一名追求者波闯进了干洗店。波被捕后,休伯特摆脱了罪名。

这对夫妇为他们的第一个孩子取名为休伯特,但是人们都叫小休伯

---

① 巴德·比利肯游行(Bud Billiken Parade),全美规模最大、历史最悠久的非裔美国人游行和节日。自1929年起,在每年8月的第二个周末举行。

特"幸运凯凯",因为当他迈出人生第一步时,多洛雷丝的弟弟就叫他"凯凯"。然后,迈克尔、黛比、谢里尔和肯尼降生了。有两个孩子出生在公寓里,县里的医生只是在孩子降生后剪断了脐带。多洛雷丝和休伯特的家庭不断壮大,他们需要住在比地下室更好的地方,需要拥有自己的房子。他们得知遥远的南区有一块地即将开工,要从零开始建造新住宅。在姑妈的帮助下,当项目还只有一张平面图时,多洛雷丝就付了首付。她的姐姐和嫂子也购买了同一个项目。他们各自挑选户型,不停地推测、讨论房子究竟长什么样,思考自己该如何进入前门、走进客厅,就像电视里演的那样。然而休伯特染上了亚洲流感。他在建筑工地上班,连着两天都没法起床。第三天,没等烧退下来,他就强迫自己回去上班,但是老板已经把他开除了。最终,威尔逊一家因未能按时支付月供而失去了房产。她的姐姐和嫂子也很快退出了。失去首付款并没有给多洛雷丝带来太多困扰,她从来不会对金钱太在意,但是失去梦寐以求的家让她伤心。最后,多洛雷丝耸耸肩说,流感毁掉了他们的新家:"为什么世界上总有毫不相干的事,把你的生活搞得一团糟?"

对于多洛雷丝来说,她一定会在未来搬进公共住房,问题是哪个新项目更吸引她。"对孩子们来说,公共住房是最佳选择。"她说。南区专门为黑人居民建造的小区艾达・贝尔・韦尔斯住宅①已经没有空房了。1941年,韦尔斯住宅完工时,有1.8万人申请1622套住房。第一夫人埃莉诺・罗斯福来参观,房子竣工时甚至举办了游行,游行队伍挥舞着标语:"更好的生活,更好的健康,更好的市民"。在第47街布朗兹维尔街坊的教堂,多洛雷丝填写了芝加哥住房管理局的申请表,社工要求她出示婚姻登记和夫妻双方都有工作的书面证明。"你不得不去证明一切。"多洛雷丝回忆道。面试询问了他们的租房和工作经历、凯凯的成绩和家庭资产。机构的另一个人参观了他们的公寓,观察她如何持家。她不知道他们在笔

---

① 艾达・贝尔・韦尔斯住宅(Ida B. Wells Homes),芝加哥住房管理局的一个公共住房项目,位于芝加哥南区布朗兹维尔街坊的中心,最初建于1939年至1941年,供非裔美国人租住。2002年至2011年间,它被相继关闭和拆除。

记本上记下了什么,她只关心自己是否通过了测试。选拔面试是资格证:证明在城市成群的穷苦劳动者中,他们拥有向上跃升的潜力。在新的住房项目中,芝加哥住房管理局会给最佳花园颁奖,对乱扔垃圾者罚款。拥有公共住房的名额,仿佛是通往中产阶级的一次飞跃。

起初,多洛雷丝想去南区郊区的阿尔盖尔德花园[①]。它是在战争期间建造的,与卢普区相隔 130 个街区,这样,非裔美国人就可以在卡卢梅湖[②]附近的钢厂工作。以前是空地的阿尔盖尔德花园拥有 1500 套住宅,占地 60 公顷,如同一个独立的、全是黑人的村庄。这个公众住房项目如此庞大和孤立,以至于它拥有自己的诊所、图书馆、教堂,自己的杂货店和药店、托儿所和中小学。多洛雷丝的一个姑妈在那里拥有一栋紧凑的上下两层的联排住宅,还有一块小前庭草坪和一个后院。她的姑妈很喜欢这套房子,多洛雷丝则希望拥有自己的花园。在草原大道的地下室公寓里,他们几乎看不到光,她也不敢把窗子开得太大,生怕巷子里的异物刮进来。但是阿尔盖尔德太过偏僻,它差不多挨着印第安纳州,不通电车或火车,公交服务也不完善。多洛雷丝说:"当我准备去什么地方时,我可不想等一班可能一小时都不会来的公交车。"

正是那时,她把目光投向了卡布里尼。1950 年,卡布里尼拓展区调查结束后,芝加哥住房管理局将沿街的贫民窟夷为平地,拆除了 2325 套不合格房屋,在原址上盖起 15 栋独立塔楼,层高分别是 7 层、10 层、19 层,共有 1925 套公寓。最初,管理局计划建造 16 栋建筑,其中最高的只有 9 层和 16 层。但为了进一步加快速度和降低成本,他们增加了楼层,并取消了一整栋楼。几乎完全相同的高层建筑设计加快了工程进度,降低了成本。塔楼全无装饰,拥有现代主义基座和一排排窗。酒红色的砖块镶嵌

① 阿尔盖尔德花园(Altgeld Gardens),位于芝加哥市域范围的南区区域,属行政辖区远东南区下的里弗岱尔社区,它是芝加哥最大的非裔美国人居住区,也是帮派活动的中心。美国前总统奥巴马早年曾在此从事社区工作。

② 卡卢梅湖(Lake Calumet),芝加哥重要港口之一。1921 年,伊利诺伊州立法机关通过《卡卢梅湖港法案》,授权芝加哥在卡卢梅湖建造深水港,标志着现代芝加哥港的诞生。1941 年,芝加哥计划委员会制定了卡卢梅湖地区工业发展计划。

在裸露的白色清水混凝土框架中，看起来像是格子纸。由于外檐的色彩，这15栋塔楼在当地被称为"红楼"（Reds）。

尽管高层建筑造成了400套公寓的净损失，但小区仅占用了14公顷总面积的13%，因而备受赞美。塔楼被巨大的广场和草坪环绕。承建方用卡车运来1.9万立方米的泥土，种植了1万棵灌木和500棵树，再用2000平方米的链状栅栏将它们保护起来。芝加哥大道和迪威臣街（Division Street）之间的几个街区被封闭起来、禁止穿行，重新形成一个巨大的、仅供行人通行的超级街区。除了住房、学校和社区中心，商业、交通和其他用途的设施均被排除在外。这是纯粹的现代主义城市规划，受到瑞士-法国建筑师勒·柯布西耶"公园中的塔楼"①的前卫理念影响。1958年，当所有15座塔楼全部投入使用时，卡布里尼拓展区成为芝加哥最大的高层公共住房小区，是许多其他即将动工的项目的样板。"那时候，我们以为自己在扮演上帝的角色，"项目建筑师之一劳伦斯·阿姆斯塔特（Lawrence Amstadter）说，"我们把人从那些最糟糕的房子里搬出来，安置在真正体面的地方。我们认为自己在做一件伟大的事，做了许多创新设计。"

新项目的传单好像读出了多洛雷丝的心声。"对于那些预算有限、无法负担私营企业建造或出租的体面、安全和卫生的住宅的家庭……（卡布里尼）离卢普区只有1.6公里，或者10分钟的车程。"它靠近"近北区的公园和沙滩……方便在密歇根湖游泳和钓鱼""就在蒙哥马利·沃德②的大型零售商场附近"。拉腊比街（Larrabee Street）的公交车直通市中心，你可以步行到100家不同的工厂求职。卡布里尼拓展区没有设计内廊；相反，每层楼都有一个外廊。伊丽莎白·伍德将那些户外连廊称为"空中的人行道"。芝加哥住房管理局指出，在一个拥有数百个单元的高层建筑

---

① 1933年，勒·柯布西耶在他的著作《光辉城市》（The Radiant City）中提出用大片绿地环绕摩天大楼以取代拥挤的旧城区的设想，该理念也被称作"公园中的塔楼"（towers in the park），后来在美国"城市更新"时期的大规模公共住房项目设计中被广泛应用。

② 蒙哥马利·沃德（Montgomery Ward），美国芝加哥的一家大百货公司。

中,每个家庭都可以"随时来到室外"。"在母亲的注视下,小孩子适合在19层的外廊玩耍……对于以前不得不从地下室出来才能沐浴日光的家庭来说,它为新生活增添了渴望。"

芝加哥住房管理局承诺,在现有的600套联排住宅外,这里还将增建近2000套公共住房,为这一长期被忽视的地区带来好处。更多的公共住房意味着更多的现代化建设、零售业、娱乐和服务。芝加哥住房管理局在广告上说:"高层公寓楼将会与卡布里尼现有的联排住宅和花园住宅相融合。"广告还宣称:"2500户入住居民塑造温馨的家庭,这将改变整个街坊!"多洛雷丝家里的每个人都住在南区,但卡布里尼的生活理念深深吸引着她。"住在近北区,就是靠近一切!"她像唱赞美诗一样重复道。

2 红楼与白楼

DW 多洛雷丝·威尔逊

1956 年,威尔逊夫妇是首批入住卡布里尼拓展区 19 层高层住宅的家庭之一。他们被安排到一套位于 14 楼的公寓里,身边的一切都散发着新油漆的味道。多洛雷丝从未到过空中那么高的地方。她强迫自己走到公寓外的走廊边缘,也就是伍德口中的"空中的人行道"上,一边向下看,一边紧紧抓住齐胸高的栏杆。车看起来不比玩具大多少。"我差点晕过去。"她回忆道。那是搬来的第一天。"过一会儿,你就会习惯这一切。"很快,她就喜欢上这里的绝佳视野,在这儿能看到芝加哥连绵起伏的天际线和模糊的、融入地平线的蓝灰色湖面。正如芝加哥住房管理局的广告一样,她舒展身体,躺在被称之为外廊的地方,享受着微风,孩子们在她的身边玩耍。苍蝇、蚊子和路上的噪声都到不了 14 楼。她开始为那些还挤在地下室的邻居们感到难过。

和所有新的卡布里尼塔楼一样,威尔逊家住的那栋建筑也以其地址命名。大楼门洞上方,用沉闷的块状字体写着"克利夫兰北大道 1117号"。建筑师劳伦斯·阿姆斯塔特原本打算安装金属数字和字母,他解释道,实际上那样做成本更低。但是,有人告诉他,金属会给人带来一种昂贵的假象。"大家把公共住房看作福利事业,"他说,"一定要看起来经济实惠。"这项事业有确保低收入人群只能享受基本福利待遇的严格要求。这对多洛雷丝来说不算什么。"这个项目太好了!"她说道。她的意思是,这里干净、安全,看上去十分气派。他们现在共有五个房间,有一间大客厅、一间厨房，还有独立使用的卫生间。三间卧室，她和休伯特睡一间，儿子们睡一间，女儿们睡在第三间。这里有冰箱、灶台、冷热水。墙面平整，地板和屋顶都完好无缺。

每当气温降到零下时，多洛雷丝的母亲都会打来电话，关心女儿是不是光脚待在公寓里。一旦隔壁房间的休伯特喊道她没穿鞋，她就会立刻让他闭嘴。这里不是南区的出租屋。楼里的暖气穿过地板，包围着他们。外面，寒冷的空气从湖面或草原上滚滚而来，袭击高层住宅，但大楼内的温度已经超过 20℃。在最寒冷的冬天，外廊上结了冰，风像飞机引擎般呼啸，多洛雷丝家的窗缝还是开裂了。不过，他们只用付一小笔固定金额的水电费，以及根据年收入确定的月租金。大楼的内墙由实心煤渣制成的耐火砖砌成。假如大楼里的任何一间厨房起火，火焰甚至都跑不出那间公寓。多洛雷丝会走进每个房间，关上门，逐一演示。"这是防火的，"她说，"所有东西都是防火的，甚至连烟都进不来。这里就像是天堂。"

这种比较在后来频频出现：哪怕卡布里尼只是满足了一般家庭的基本居住条件，与贫民窟相比也如同恩赐。"这是天堂，"另一位搬进其他新建"红楼"的母亲告诉媒体。"过去，我们和四个孩子住在三居室的地下室公寓里。那里黑暗、潮湿且寒冷。"J. S. 富尔斯特（J. S. Fuerst）是一位伊丽莎白·伍德口中的"慈善者"，作为芝加哥住房管理局研究和统计部门的负责人，他指导了 1950 年对卡布里尼拓展区的调研。在他创作的《当公共住房还是天堂时》的访谈记录中，富尔斯特从芝加哥公共住房的早期租户那里收集了许多这类溢美之词。"这就好比我死后上了天堂，"一位租户在搬进一个低层公共住房项目时说。"我们觉得这里就是天堂，"另一位居民告诉他，"我们觉得这就是我们能住到的最好的房子！"在多洛雷丝草原大道的地下室公寓里，如果她和邻居共用的厕所冲水失灵或者电路短路了，按道理讲，她可以打电话给房东。然而，比起找人修好故障，房东更愿意把他们赶出去。在卡布里尼住宅，政府持有她的房屋产权。有个城市机构对她有求必应。她所在的大楼有一组管理员 24 小时值班。园丁们负责维护塔楼周围如护城河一般的花园和草坪。

多洛雷丝还发现,她喜欢和许多人住在一起。她所在的大楼和它 19 层的连体双胞胎——克利夫兰北大道 1119 号,共有 262 套公寓,住着近 1000 名居民。一栋栋外观一样、红砖错砌的塔楼从各个角度环绕着她。"越多越好,"多洛雷丝说,"那是 19 层友善而热心的邻居。每个人都互相关照。这里没有帮派、毒品和枪击案。"她有个姐妹搬到西区的一个居民区,那里太过安静,哪怕一只猫跳到灌木丛里都能吓到多洛雷丝。"如果这里的每个人都欢声笑语,时不时拌拌嘴,我就能感受到生活的气息。"她说。

所有入住高层住宅的家庭都经过住房管理局同样仔细的审查,大多数家庭都是双职工家庭。人们都不锁门,当他们要借一勺糖或一杯牛奶时,就直接走进邻居家。他们照顾彼此的小孩。多洛雷丝的隔壁邻居是一家波多黎各人,她和他们相处融洽。尽管当他们炒菜的气味飘向外廊时,多洛雷丝说:"我喜欢大蒜,但不喜欢它的味道。"多洛雷丝和一位住在二楼、名叫玛莎的女人成为亲密的朋友,玛莎家也有 5 个孩子。他们一起出去玩,有时还带上同楼的另一位也有 5 个孩子的女性朋友。他们在大操场上玩耍,或者步行去苏厄德公园(Seward Park)、伊沙姆基督教青年会(Isham YMCA)和先锋市场(Pioneer market),三个大人领着 15 个孩子。"我们看起来像支游行队伍。"多洛雷丝说。

早晨,成百上千的人从高层住宅鱼贯而出,出去上班。许多人在这个街坊最大的雇主——零售和邮购巨头蒙哥马利·沃德公司上班。来自德国巴伐利亚的移民奥斯卡·迈耶(Oscar Mayer),从 1883 年开始在芝加哥销售"旧世界"香肠和威斯特伐利亚(Westphalia)火腿,五年后他搬到塞奇威克街(Sedgwick)和迪威臣街的交叉口,就在多洛雷丝家往苏厄德公园走的路上。8 层楼高的工厂生产热狗和切片午餐肉。河边有许多制造各式各样产品的小工厂,从龟牌蜡(Turtle Wax)、玉米粉蒸肉到拖拉机、甜甜圈、漫画书以及儿童玩具。工厂沿着社区林荫道依次排开,生产油漆、半导体、电梯零件、广告牌以及肖勒博士(Dr. Scholl)的鞋和足弓垫;还有的生产衣服、行李箱、照相机、供电设施、画框、汽车零配件和办公用品。

一些中西部糖果公司在该地区生产糖果,多洛雷丝和孩子们可以在空气中闻到巧克力的味道。这个街坊曾经有一个名叫下北中心(Lower North Center)的前睦邻之家①,由城市福利委员会资助,坐落在一幢有80年历史的老建筑中。当卡布里尼拓展区竣工时,他们拆掉了这幢老房子,重建了一幢与"红楼"色彩相同的矮砖房,里面配有教室、托儿所、会议厅和健身房等功能设施。芝加哥住房管理局的租户们,有的在那里用缝纫机学习服装制作,或者在那里接受公务员考试辅导。

休伯特干过很多不同的工作,也辞掉过不少。"你怎么这么早回家?"多洛雷丝问他,其实她已经知道答案了。"我刚辞职了。"休伯特回答,因为他受到了不公正对待。不过第二天早上,他会出去再找份新工作。他们的一位邻居在搬进卡布里尼公寓的同一天,就在狮堡(Seeburg)点唱机工厂找到了一份工作。"你想让我什么时候回去上班?"他问。多洛雷丝回答:"现在。"只有一次,在休伯特辞退了一份季节性的建筑工作后,威尔逊夫妇萌生过去申请救济金的念头。但为了满足救济金资格,他们或许不得不放弃汽车、电视和其他财产。为了救急,他们从多洛雷丝的父母那里借了一点钱来渡过难关,好在休伯特很快又找到了工作。最终,他被雇佣为芝加哥住房管理局的管理员。他加入了管理员队伍,每天在15栋卡布里居高层住宅间走动,搬运垃圾,打扫走廊和楼梯间,把所有乱七八糟的东西都整理好。

多洛雷丝的一位新邻居,杰里·巴特勒②,是一位绰号"冰人"(the Iceman)的灵魂乐歌手,1939年出生于密西西比州森弗劳尔县(Sunflower County),他也是卡布里尼社区最著名的居民之一。在他3岁时,他的父

---

① 睦邻之家(settlement house)是社区睦邻运动的产物。社区睦邻运动起源于19世纪后半期的英国,在20世纪20年代于英国和美国达到高峰。该运动主张受过教育的志愿服务者和穷人在相同的地方共同生活,并领导邻里改革、提供教育与服务。美国的第一个社区睦邻中心是1889年建立于芝加哥的霍尔馆。到1939年,美国各类睦邻中心达到500多处。
② 杰里·巴特勒(Jerry Butler),美国灵魂乐歌手、制作人,曾为印象合唱团(The Impressions)成员。

母不愿继续在密西西比河三角洲做佃农，便来到芝加哥军工厂工作。他们一开始落脚在距离弗朗西丝·卡布里尼联排住宅一个街区外的出租屋中，住在这一带很常见的、没有热水的三居室地下室公寓里，正如芝加哥住房管理局在《芝加哥贫民窟的画像》调研报告中详细描述的那样。当时的法律[①]为被清除出贫民窟的住民给予了新建高层公共住房的优先申请资格，在巴特勒的房子被拆、给卡布里尼拓展区的高层住宅让路之后，他们家也搬入了克利夫兰北大道1117号大楼。当巴特勒还在本地的公立学校詹纳小学读书时，他就在黄金海岸街坊送报纸；12岁时，他开始在塑料制品公司打工，从下午四点干到午夜，操作一台注塑机。在青少年时期，他还曾为附近的一个工厂填充床垫，那里的一位同事带他到西区一个叫"灵恩巡游教会"（Travelling Souls Spiritualist Church）的位于地下室的宗教组织唱歌。那里的讲道者是一位基督教神秘主义者，说自己能和亡灵沟通。她还有个孙子，一个名叫柯蒂斯·梅菲尔德（Curtis Mayfield）的矮个子9岁男孩，会弹吉他和钢琴，会唱高音，刚好与巴特勒丝滑的男中音互补。孩子们成为四重唱组合"北方福音歌手"（Northern Jubilee Gospel Singers）的成员，开始参加灵恩巡游的布道会。几年后，梅菲尔德和母亲、兄弟姐妹一起搬进哈德逊大道（Hudson Avenue）上的一栋卡布里尼联排住宅。那栋住宅带前、后院和独立卫生间，和他们以前住的破旧旅馆比起来，显得豪华多了。

　　杰里和柯蒂斯认识拉姆齐·刘易斯[②]，他也在卡布里尼联排住宅长大，那时拉姆齐已经和他的爵士三重唱组合一起录了两张唱片。但是他

---

① 指1949年美国《住房法》。它是"二战"结束后美国出台的重要法案，是战后遍及美国大城市的城市更新运动的起点。法案得到联邦政府、地方政府和房地产开发商的支持，对开展贫民窟清理与重建、建造公共住房和明确政府与私人合作开发模式这三个方面作出明确规定，对战后美国城市的走向产生了深远影响。该法首先有效促进了住房拥有量的增加和大型公共住房项目的建设，但伴随而来的还有规划不周和歧视少数族裔的争议。学者指出，大拆大建的外科手术式城市更新并未使城市融合为一个有机整体，不但使城市失去了有机性和延续性，新的社会隔离又随着重建更多地产生出来。

② 拉姆齐·刘易斯（Ramsey Lewis, 1935—2022），美国爵士乐作曲家、钢琴家、歌手。

们两个不喜欢爵士。他们一起在塔楼外练唱"嘟·喔普"①。男孩们在下北中心演出,在巴特勒那栋高层住宅的地下室和苏厄德公园体育馆里的一个俱乐部排练。在公园的长椅旁,一个名叫道格的酒鬼弹着一把旧吉他,琴声悠扬,孩子们跟着他学了几个小时。当时,巴特勒想当厨师,他穿过迪威臣街,到距离公寓两个街区外的沃什伯恩职业学校(Washburne Trade School)注册了厨师课程。许多城市工会都在高中外开办学徒制课程,专业厨师有时会在那里为他们的厨房招工。巴特勒刚入学时,是其中少数几名黑人学生之一。当学校完全"种族融合"②后,工会停掉了这一学徒制课程。

杰里有时坐公交车去约翰尼叔叔和珀利婶婶开在苏厄德公园旁的餐馆。从早到晚,那里都挤满了爱尔兰警察、彩票销售员、公交车司机、法官和牧师,像是一个不断变化的街坊在召开社区圆桌会议。如果密西西比老家的旧识长途跋涉来到芝加哥,杰里的叔叔会在餐馆给他们安排一份工作,直到他们找到更稳定的生计。

那时,意大利人和非裔美国人已经在这个地区并肩生活了几十年,大部分时间都能和平相处,但也有例外。1935 年,一个意大利移民构成的业主协会试图擅自将 4700 名黑人租户从近北区驱逐出去。圣菲利普·贝尼津教区的詹巴斯蒂亚尼神父为这些业主的非法行为辩护道:"业主们是在保护他们的地产价值,因为他们有权这么做。"尽管他为之辩护的西西里人是体力劳动者或小店店主,但他们都怀揣拥有地产的美国梦来到这座城市。第一代芝加哥意大利人的购房率是本地白人的两倍。20 世纪40 年代,芝加哥住房管理局为建设卡布里尼联排住宅清理"小地狱"贫民窟时,许多意大利人拒绝出售房产。他们不想为了政府"更大的公民利益"牺牲个人利益。最初,卡布里尼联排住宅规划占地 20 公顷,从芝加哥

---

① 嘟·喔普(doo-wop)是一种流行于 20 世纪 40 年代至 60 年代的重唱形式。
② 种族融合(racial integrated)意在消除社交障碍、创造平等机会、发展吸收多种传统文化,而不仅仅是将少数族裔纳入多数者的文化中。废除种族隔离主要是法律问题,融合则主要是社会问题。

大道一直延伸到迪威臣街。因为难以获得土地，芝加哥住房管理局不得不将项目占地规模缩小到 6 公顷。

伊丽莎白·伍德领导下的芝加哥住房管理局的主席，是一位名叫罗伯特·泰勒[1]的非裔美国建筑师，同时也是一位商人。他是该市政府中为数不多的黑人官员之一，曾帮助南区建立了一所储蓄和贷款机构，是芝加哥罕见的向少数族裔借款人提供住房贷款的银行机构。他认同伍德的观点，"种族融合"的公共住房不仅满足了道德要求，也是一种现实的需求。25 万个芝加哥家庭缺乏既安全又卫生的住房，该市被隔离的黑人街坊首当其冲。联邦法律规定：新的公共住房开发项目不能改变现有的街坊人口结构，只能保持原状。芝加哥住房管理局最初试图规避这一刁钻的"街坊构成规则"[2]。该机构接手的两处新政时期的项目选址位于纯白人街坊的一处空地上，第三处选址上包括少数几个黑人家庭，他们被安排到小区中一个带独立楼梯的角落里。

当卡布里尼联排住宅完工后，周边地区的居民 80% 是白人，20% 是黑人，这个小项目保证了原有人口种族比例不变。黑人和意大利裔孩子们在公园和基督教青年会一起玩耍，他们上同样的学校。不同种族的邻居一起参加社区聚会以及盛大的圣多明我和圣贝尼津节日庆典。"在一个'种族融合'的项目中，我们是一个大家庭。"一名白人联排住宅住户在《当公共住房还是天堂》里回忆道。"这是一个真正的村庄。"《保卫者报》更是用令人兴奋的中产阶级家庭生活画面作为联排住宅竣工报道的封面照片。一个黑人四口之家在他们的餐厅享受第一顿晚餐。两位卡布里尼住宅的母亲，一位白人、一位黑人，穿着款式相似的衬衫和长裙，并肩站立、盯着烤箱；配文显示，她们正在为一名 12 岁的孩子过生日，那位黑人母亲"或许正在为如何制作生日蛋糕出主意，或者只是像平常那样闲聊"。

---

[1] 罗伯特·泰勒（Robert Rochon Taylor, 1899—1957），美国房地产倡导者和银行家。
[2] 街坊构成规则（neighborhood composition rule），即公共住房项目不能改变原有地区人口的种族比例，由罗斯福新政的重要成员、美国社会活动家、美国内政部长哈罗德·伊克斯（Harold LeClair Ickes）在新政时期制定。

詹巴斯蒂亚尼神父在卡布里尼住宅的落成典礼上做了祷告。然而，几周之后，他写信给伊丽莎白·伍德，抱怨那里的社会实验失败了，因为黑人被安排在"和白人同一档次、互相紧挨着的房子里：这让所有人都很不满，而且我必须补充一句，坦白地说，我也不喜欢这样"。意大利裔业主游说住房管理局，让他们将非裔租户隔离到项目的西南角——"为了保护北边街坊的特色和价值"。詹巴斯蒂亚尼开始宣传用全白人的圣贝尼津教会学校取代"种族融合"的詹纳小学；街坊的两座公园也为白人儿童和黑人儿童区分了不同的使用时段。社区里的一些人开始再现父辈童年的恐怖回忆，称自己为"黑手"，并攻击他们的邻居。1943 年 4 月，一伙白人朝一户黑人家庭居住的联排住宅开枪射击，冲突爆发后，几百人走上街头。随后的几个月里，由于担心近北区爆发种族冲突事件，市政府向卡布里尼住宅派驻了远超其他芝加哥住房项目的警员。《保卫者报》满怀希望地报道说：在动荡中，200 名住在联排住宅的儿童选举出一名 14 岁的黑人青少年领导他们年轻的政府，大标题写着，"白人孩子们拒绝仇恨，选举黑人男孩当'市长'"。

一列列整齐的卡布里尼联排住宅南至芝加哥大道，西至随芝加哥河转弯、依弧线建造的蒙哥马利·沃德公司占地 18 公顷的巨型仓库。一直向东，几栋 7 层和 10 层的卡布里尼高层住宅，就像一枚枚国际象棋棋子那样摆放在一块孤零零的、似乎还没有一块正方形积木大的街区上；越过橡树街向北，19 层和 10 层的塔楼像是竖起一面墙壁。"红楼"沿拉腊比街向北排列，沿迪威臣街向西，再沿克利夫兰大道折返向南，回到橡树街，形成一组四面围合的防护堤，包围着大楼中间的公园绿地。许多联排住宅的居民并不把这些高层住宅看作是自己社区的拓展，而是将其视为一个独立的地方。这种区别不仅与设计有关。

到了 1950 年，随着上年纪的意大利人搬出，更年轻的家庭搬了进来，为建设卡布里尼拓展区高层塔楼让路、被清理的 25 个街区中，黑人人口的比重已经跃升至 80%。芝加哥住房管理局将其中一栋新的卡布里尼高层住宅宣传为"国际建筑"。报道称，共有 262 户美国人、非裔美国人、中国人、丹麦人、因纽特人、德国人、印度人、意大利人、爱尔兰人、墨西哥人、波多黎各人、波兰人、苏格兰人、瑞典人和土耳其人的家庭"和谐、友爱、和平地"居住在那里。但总的来说,这15栋高层建筑的1900户家庭中,大约90%是非裔美国人,其中大多数是像威尔逊夫妇和巴特勒夫妇那样的双职工工薪阶层,并且急需适合的住房。在多洛雷丝住的楼里,据她所知,仅有一户白人家庭。这家的女主人也叫多洛雷丝,常去西奈山医院(Mount Sinai Hospital)靠卖血赚一点外快。

由于人口比例变化带来的不安,许多白人租户退租了联排住宅的公寓,其中很多人搬到西郊。"我眼看着卡布里尼的气氛变差,"一位在高层住宅竣工开放前一直住在联排住宅的白人母亲说,"我看着这里从一个理想主义的小社区变成一个你想离开的地方。"芝加哥住房管理局不再在项目里为军工厂工人或退伍军人提供优先权,并且,在收入限额降低后,机构被迫劝退那些收入超过限额的家庭。"你该为搬出去感到自豪,这样,更低收入的家庭就可以享受到你曾受到的帮助",在驱逐期间,伊丽莎白·伍德对那些收入较高的家庭说。但该机构很难找到其他白人租户来取代那些搬离卡布里尼联排住宅的人。尽管幅度很小,芝加哥住房管理局已经提高了低层开发项目中黑人居民的占比,并且应其他业主的要求,保证联排住宅的某些区域中全部是白人家庭。伍德甚至让该机构打印了数万份卡布里尼联排住宅的申请表,分发给潜在的白人居民。小册子上强调,白人孩子将在院子里玩耍,在低层联排住宅外荡秋千,一派郊区生活的闲适图景,却仅需支付内城公共住房的价格。但这些努力还远远不够。到20世纪50年代初,白人只占到联排住宅人口中的一半。联排住宅的单元里面空空荡荡,而已通过芝加哥住房管理局评估的数百个黑人家庭却未纳入考虑范围。面对整个城市的住房短缺,伍德和泰勒发现他们正在捍卫一种即便必要也并不道德的人口比例系统。伍德相信,存在一个种族临界点,一旦超过这个临界点,白人就会把大多数市中心的公共住房视为一种"黑人专属"福利。她的观点并非毫无道理。到20世纪60年代初,在卡布里尼联排近600套住宅中,白人家庭仅占其中的42套。

最终，巴特勒一家突然被赶出了克利夫兰北大道 1117 号大楼。杰里、柯蒂斯·梅菲尔德和几个从田纳西州查塔努加市（Chattanooga）来到芝加哥的朋友组成了一支乐队。这支名为"雄鸡"（Roosters）的乐队在参加沃什伯恩职业学校的一场选秀活动时，被一位名叫艾迪·托马斯（Eddie Thomas）的演出经纪人发现。他承诺能让这群青年成为明星。托马斯认为乐队原本的名字太过土气，最终选择"印象"（the Impressions）作为乐队的新名字。"总要给人留下印象。"1958 年，在南区的雷科德街（Record Row），他们录制了第一首单曲。很多年以前，巴特勒就写了这首曲子，那时，他还是在从高层住宅向窗外眺望的青少年，憧憬着理想的爱情。这首歌既没有副歌，也没有真正的伴唱。他说，这是"一首谱了曲的诗"。《为了你的挚爱》（*For Your Precious Love*）曾在美国《公告牌》（*Billboard*）单曲排行榜上位居第 11 名。这些年轻人在纽约阿波罗剧院（Apollo Theater）演出，巴特勒还收到一张几百美元的版税支票。

不久后，芝加哥住房管理局就联系"冰人"巴特勒的母亲，说他们的家庭总收入超出了公共住房政策允许的最高限额。他们搬到南区的一栋住宅里。柯蒂斯·梅菲尔德在卡布里尼联排住宅又住了几年，在卢普区的办公楼里卖雪茄，直到他的音乐事业再度开启，买得起 10 个街区外新建的高端小区里的公寓。

当 1937 年《住房法》[①]展开论证时，它遭到所有房地产开发商团队、建筑商、供应商、美国商会、业主协会以及商业和内政部的反对。八年前，零售业巨头子弟马歇尔·菲尔德三世，计划在卡布里尼联排住宅往北几个街区，建设芝加哥第一批补贴住房开发项目之一。马歇尔·菲尔德花园（Marshall Field Garden Apartments）包括 628 套低收入住房以及设在一层的先进示范学校、工作室和商店。但是整个小区是由私人资助的，该资

---

① 1934 年，美国制定了最早的住房法案《临时住房法》，以解决失业人口的居住问题。1937 年，该法案进一步扩展成为《住房法》，明确由中央政府出资，由地方政府建造公共住房，以供低收入家庭租用。

助机构也试图吸引更多的商业和住宅开发项目来到周围的意大利社区。

然而,政府所有的公共住房则完全不同。当时的批评者谴责它是政府对市场的过度干预,诽谤其宣传册是社会主义、反资本主义的,总而言之,认为它反对美国。一个公共住房项目,其想法本身就与这个国家对房屋所有权的崇高尊重,以及蕴含在拓荒者、独栋住宅和白手起家的企业家愿景之中的民族精神相冲突。尽管这项补贴只会给予收入不高的稳定家庭,即"值得帮助的穷人",居民家庭收入上限也是为了鼓励受益者努力工作、激发人们的主动性和勇气而设立的。1943 年,安·兰德在小说《源泉》[①]中,以戏剧化的写法,强烈反对罗斯福为分担社会责任而建立更深层次的社会契约的呼吁。小说的主人公是一位设计公共住房小区的建筑师,当他旅行回来后,发现他设计的极简主义高层住宅被迫"因难以置信的特征而产生了额外花销",愤怒不已。他眼中不必要的美学特征包括漆成蓝色的金属阳台("你得给他们找个坐着呼吸新鲜空气的地方")、一个挑选租户的社会工作者要求建造的体育馆、额外的门廊和窗户、一顶遮阳篷、装饰性的砖块,以及建筑主入口上方的浮雕。在一次被描绘成勇敢捍卫自我信念的行动中,这位建筑师炸毁了整栋建筑。

与所有的新政项目一样,公共住房并非意在抛弃逐利的资本主义体系;相反,它是一种旨在拯救资本主义的大规模政府干预。公共工程署负责招聘、救济农民,通过社会保障福利(Social Security)向老年人提供援助,为城市穷人提供食品券以及公共住房——这些改革不再将贫困视为个人的道德堕落,而是认为国家有权力和义务去改善广泛的社会和经济不公。这些计划还旨在通过大规模的市政建设项目来刺激经济、创造就业和振兴工业部门。1949 年,国会通过立法[②],承诺出资再建造 81 万套新

① 安·兰德,原名爱丽丝·奥康纳(Alice O'Connor, 1905—1982),俄裔美国籍作家和哲学家。1943 年,她以小说《源泉》(The Fountainhead)声名鹊起。小说的主人公霍华德·罗克是一位不妥协的年轻建筑师,他拒绝与不愿接受创新的建筑机构相妥协。罗克的奋斗体现了安·兰德眼中个人主义优于集体主义的信念。

② 这里指的是 1949 年《住房法》。该法案明确国家住房发展的目标是提供联邦资金,援助贫民窟清理、社区发展和重建项目。

的公共住房。哈里·杜鲁门总统在签署该法案时宣布，"为每一个美国家庭提供体面的住房和适宜的居住环境"是国家的集体责任。但是，它是被打包放入一个庞大的城市复兴和重建基础设施的城市更新法案中，才得到投票、通过立法的。在众议院，最后几次试图将公共住房条款剥离出该法案的努力，仅差 5 票险些获得成功。帮助国家公共住房项目付诸实践的改革者凯瑟琳·鲍尔[①]，将会为这项"一直备受争议、半死不活"的权利感到惋惜。

芝加哥住房管理局发起了在芝加哥新建 4 万套公共住房的行动，他们认为让最糟糕的街坊现代化不仅有益于穷人，也能恢复整个城市的盈利能力。该机构宣传："每年，芝加哥贫民窟地区花掉的税款是其返还给城市的 6 倍。"管理局预计这笔钱可以建造多达 15 万套公共住房，并且不会让一名客户离开标准商品房市场。为了进一步吸引利己主义者，该机构补充道，优质的低租金住房将阻止穷人在其他地方寻找更好的住房，比如进入你的街坊。

最引人注目的是，这部在大萧条时期通过的立法，在资助国家第一批公共住房开发的同时，也创造了联邦担保的私人住房贷款。凭借联邦住房管理局的担保，银行能向人们提供前所未见的 30 年期大额低息住房抵押货款，这使家庭最低仅需支付房屋总价的 10% 即可购房。随着这场住房融资革命，家庭可以负担更大和更好的住房。开发商和设计师抱着需求增长的预期，开始建造住房。公共住房和任何提供租金补贴的项目支出，在这种对投机房地产市扬的补贴面前都相形见绌。这是美国梦的实践：一部分被筛选出的、住房条件差的人在城市里得到公共住房；在政府承担风险的前提下，较富裕的人则越来越多地在郊区购买住房。两代人之前，在种族隔离的"吉姆·克劳法"普遍盛行的南方，非裔美国人的财产

---

① 凯瑟琳·鲍尔（Catherine Krouse Bauer Wurster, 1905—1964），美国公共住房倡导者，城市规划和教育家。她是提倡为低收入家庭提供可负担住房的规划师组织"Housers"的领导人，极大地改变了美国的社会住房实践和法律。她的著作《现代住房》（Modern Housing）于 1934 年由霍顿·米夫林公司出版，被认为是该领域的经典之作。

权遭到系统性剥夺,甚至还是蓄奴者的财产;现在,他们发现自己又被扭曲的抵押贷款系统排除在外,而这个体系让其他人以较少的投资和极小的风险获得资产的积累增值。

在芝加哥,最强烈的反对公共住房的声音来自白人工人阶级家庭,他们觉得自己被困在这个高速变化的城市里。随着第二次世界大战后来自南方的移民潮,房地产经纪人使用阴险的街区房地产欺诈策略,秘密地把一个黑人家庭搬入一个地区,然后在白人邻居中煽动对资产价值下降和犯罪日益猖獗的恐慌,然后以低价买下他们的房子。许多芝加哥白人利用新的联邦担保抵押贷款,加速搬到全是白人的郊区。那些无力离开的人,不顾一切想要保留对自身社区微弱的控制权。他们的父母或祖父母从欧洲来到芝加哥,在这座城市安家,在和自己相似的家庭附近买了一套独栋住宅。他们认为,如今一切都处于危险之中。1945 年至 1950 年间,芝加哥发生了差不多 500 起种族间暴力事件,其中的 350 起直接与住房有关。

机场住宅(Airport Homes)是由芝加哥住房管理局开发的项目,位于西区的中途机场(Midway Airport)附近。1946 年,仅仅因为黑人"二战"退伍军人可能在那里定居的谣言,附近社区的白人居民便肆意破坏该项目。几个男人强行闯入住房管理局办公室,偷走钥匙,白人家庭搬进空置的住宅单元。几周后,芝加哥住房管理局真的将一套补贴公寓租给一个黑人家庭,这家的男主人是一位授勋退伍军人,是芝加哥 17.5 万名从战场归来的补贴公寓申请人之一。他通过了谨慎的筛选,其困难程度不亚于杰基·罗宾逊①在第二年春天被"融入"美国职业棒球大联盟。为了避免意外,芝加哥住房管理局特意趁白天,即大多数男人都外出工作的时间,把这一家人搬了进来。但是,白人妇女承担起谩骂、扔垃圾、丢砖头的责任。次年春天,当芝加哥住房管理局试图在芬伍德住宅(Fernwood

---

① 杰基·罗宾森(Jackie Robinson, 1919—1972)出生于美国佐治亚州,为美国职业棒球运动员,效力于布鲁克林道奇队。他是美国职业棒球大联盟史上第一位非裔美国人球员。1947 年 4 月 15 日,罗宾森穿着 42 号球衣踏上大联盟舞台,被公认为近代美国民权运动中最重要的事件之一。

Homes)取消种族隔离时,类似的抗议再次上演。在南区罗斯兰社区,参与抗议的居民人数甚至更多,达5000人。白人青年从过往的汽车上拉下黑人司机并殴打他们。当地的教会和社区团体支持了这场持续数周的暴力事件。社区议员并没有谴责肇事者,而是谴责芝加哥住房管理局把罗斯兰社区卷入这场"意识形态实验"。

该市最大的公共住房种族冲突事件,发生在南区南德林社区的特朗布尔住宅(Trumbull Homes)。1953年,一位肤色较浅的黑人女性申请了一套芝加哥的公共住房单元,芝加哥住房管理局谎称她是白人,突然间"种族融合"了特朗布尔住宅内的三层公寓和联排住宅。南德林是一片由意大利人、波兰人和斯拉夫人组成的工薪阶层聚居区,位于不断扩张的"黑人地带"以南,以及全是黑人居民的阿尔盖尔德花园以北,中间隔着卡卢梅湖和周围的钢厂。当这个女人和丈夫、孩子一起出现时,造成了持续数月的抗议活动,当地人引爆自制炸弹,人群上街烧毁商店。一份社区报纸描写了"南方黑人野蛮、好色、邪恶的道德水准",建议南德林只能在黑人"开化"之后再考虑接受黑人居民;与此同时,白人街坊不得不进行自卫,而其他"没有骨气的社区"则会受到"强奸、抢劫和谋杀"的威胁。

1947年,在持续的种族动荡中,城市的民主党政党机器罢免了当时的芝加哥市长爱德华·凯利。凯利允许伊丽莎白·伍德保持芝加哥住房管理局免受民主党政党机器那套"政治恩庇"[①]和优惠合同规则的制约,他还容许该机构设立一套与当地房地产利益相冲突的机构议程。新市长马丁·肯内利之所以被民主党机构选中,是因为他与该市的权力掮客关系密切。当时,一些激进的住房改革人士认为,在城市郊区的空地上建造新的公共住房更为可取,因为在那里,房屋净收益将得到最大化,穷人可以重新开始;另一些人则坚持在现有的贫民窟上建造公共住房,这样,城市

---

① 政治恩庇(patronage)是一种从19世纪起盛行于美国的政治制度,即在选举中获胜的政党和政治领袖,将按照对选举的贡献和人情世故来任命新政权的公职人员,以回馈在竞选中为该政党服务或为竞选提供赞助的人。

最糟糕的住房将会被更新。伊丽莎白·伍德和罗伯特·泰勒想将公共住房选址分散在城市中,把贫困的劳动者平均分配到许多不同的社区,这样整个城市就能承担起为弱势群体提供住房的责任。但是在新市长肯内利的领导下,市议会对公共住房的选址享有最终决定权。受选民种族恐惧的驱使,议员们否决了所有由芝加哥住房管理局提供的位于白人社区的选址。1950年,当市议会连续四天就这个问题展开辩论时,数百名来自白人地区的居民挤满了旁听席。在芝加哥将要新建的1.25万套公共住房中,只有2000套准备建在空地上,剩下的1.05万套住宅都将建在黑人贫民窟中,或是作为已有公共住房项目的拓展工程。芝加哥住房管理局不情愿地接受了这些条款。无论建什么住房项目,都比一拖再拖或是根本没有新住房要强。

从那之后,住房局就不再费心寻找现有贫民窟以外的项目选址了。罗伯特·泰勒惭愧地辞职了。尽管伍德一直坚持到1954年才被迫离任,但她的独立性早已经被剥夺了。"我遭受了政治打压,人微言轻。我一直在苦苦挣扎,"她后来说,"我们不再有为项目选址的权力,我们得到的项目场地很小,所以不得不建造高层住宅。"

在后来20年间芝加哥建成的33个住宅项目(共计168栋高层建筑)中,除了1个项目外,其余都建在绝大多数由黑人居民组成的街坊,或是位于从白人社区向黑人社区过渡的地带。对这些衰败的街坊而言,公共住房仍旧代表着一次重大升级。然而,耸立着钢筋混凝土高塔的大型公共住房小区,形成一个个脱离城市街道网格的超级街区,进一步固化了如今芝加哥黑人和白人居住区的边界。阿诺尔德·赫希[1]在记录这段关键的城市重构历史的《打造第二个贫民区》(*Making the Second Ghetto*)一书中,把芝加哥高层公共住房的选址称作"国家遏制政策"。伍德在被解雇后不久,在一个公共论坛上抱怨说:"把黑人留在原地是政

---

[1] 阿诺尔德·赫希(Arnold Hirsch, 1949—2018),美国历史学家,是土生土长的芝加哥人,后来成为新奥尔良大学的历史学教授。

治家的愿望。"

多洛雷丝·威尔逊

多洛雷丝总是说自己不想承担任何额外的责任，她更想当一名旁观者。但事实并非如此。最终，她以温和的方式主持了六个不同的委员会。她在孩子的学校里现身，在詹纳小学的家委会上，发现自己被选举为财务委员，后来又成为主席。她在所居住宅的委员会任职，为大楼的青少年和更小的孩子们策划活动。公共住房的租户们在卡布里尼住宅庆祝高层住宅的"生日"，生日日期与其地址一致。每年的11月17日，多洛雷丝都会在克利夫兰北大道1117号大楼的活动室里帮助大家筹备盛大的派对。她参加了公寓操场对面方形小教堂里的圣家路德会，并进入理事会，开始和一个帮助狱友重返自由的社会组织一道做志愿活动。

她在下北中心也花了不少时间。她的孩子们在那里参加夏令营，上舞蹈课、音乐课和体育课。该中心组织了本地高中的派对、一个家长团体以及一个组织居民去钓鱼旅行、去斯特拉特福德参加莎士比亚戏剧节的社交俱乐部。大人们聚在那里上表演课，开夏威夷主题的茶话会，听访问学者的讲座——非裔美国历史学家约翰·霍普·富兰克林[①]是一位奴隶制和美国重建时期[②]的专家，他向卡布里尼住宅的居民讲述了两个世纪以来人们为自由和平等而进行的斗争。1963年，博比·肯尼迪作为哥哥约翰·肯尼迪的青少年犯罪问题总统委员会的成员，出现在卡布里尼住宅。他在大楼里散步，和青少年在下北中心打台球。"女性工作人员宁愿一直不洗被司法部长握过的手。""北区观察员"（North Side Observer）记载道，

[①] 约翰·霍普·富兰克林（John Hope Franklin, 1915—2009），美国历史学家，斐陶斐荣誉学会、美国历史学家组织、美国历史协会和南方历史协会的前主席。富兰克林最著名的作品是《从奴隶到自由》（From Slavery to Freedom），于1947年首次出版，并不断再版。1995年，他被授予总统自由勋章，这是美国最高的平民荣誉。

[②] 重建时期（Reconstruction）指1863年到1877年这段试图解决南北战争遗留问题的时期。"重建"提出将黑人平等整合入法律、政治、经济、社会体系之中，19世纪70年代后期，"重建"宣告失败。

这是《芝加哥保卫者报》的定期特稿,通常采用上流社会记录员的庄重文风。在这些报导记载的多个事件中,多洛雷丝·威尔逊都在场。她帮忙做了很多事,从赠送返校礼物到筹备圣诞集市、抽奖活动和舞会。她是一场"音乐盛宴"的独唱演员,也是家委会清仓义卖活动中勤奋的志愿者之一,报纸对他们"时刻待命直至凌晨,处理'麻烦的分类问题'"致以"深深鞠躬"的感谢。

卡布里尼拓展区高层住宅是一个低收入开发项目,选址位于历史上的贫民窟,大约有1万名居民挤在彼此分离的广场上,这注定会产生问题。威尔逊一家搬来后不久,为15栋塔楼运送牛奶的司机抱怨说,有十几岁的孩子偷偷溜进他们的卡车,然后偷走了几瓶牛奶。在封闭的楼梯间和电梯里,孩子们在墙上写字。公共洗衣房洗衣机被弄坏了,信箱也被砸得无法打开。在威尔逊家旁边的一栋高层住宅里,十七楼的两个人抢了另一个人的电视机,然后,如一家日报所报道的,"无缘无故朝他的眼睛开了一枪"。在小区西北角的迪威臣街和拉腊比街交叉口,有一群青少年在打架。

但是,多洛雷丝觉得,比起19层高层住宅,她在南区那套6层公寓里碰到的麻烦更多。而且,在卡布里尼住宅,她和邻居们聚在一起,尝试解决问题。他们成立自卫俱乐部,并在洗衣房、电梯和走廊里巡逻。居民们向住房管理局递交请愿书,要求他们执行规定,应答报修电话,并支持惠及大量儿童居民的活动项目。他们成立法律与秩序委员会,要求警察开展步行巡逻,对芝加哥大道上酒馆里的酒鬼和从仓库区向南游荡的妓女采取干预措施。芝加哥社区组织模式之父索尔·阿林斯基[①]来到圣贝尼津学校的礼堂,为一个新成立的、名叫"更好的卡布里尼社区组织"的租户领导小组提供建议。阿林斯基告诉卡布里尼住宅的居民,他们已经从自己的经历中认识到:如果他们希望引起芝加哥住房管理局、警察局和市政

---

① 索尔·阿林斯基(Saul Alinsky, 1909—1972),俄罗斯犹太裔学者,1909年生于美国芝加哥,12岁之前一直接受拉比教育,主修考古学和犯罪学,芝加哥工业基金的主要组织者。

厅的重视,就必须采取人海策略。

理查德·J.戴利市长的儿子说,老戴利从来不想在芝加哥建造公共住房。"如果哪个人认为这一切都是他的主意,那绝对是大错特错。这就是胡扯。他比任何人都了解公共住房。他知道这么干会让那些房子看起来像是一座监狱。"理查德·M.戴利在1989年至2011年间担任芝加哥市长,当被问及该市的公共住房遗产时,他盯着1959年7月的一份美国参议院听证会记录,反复强调这一点。1959年,老戴利市长前往华盛顿,抱怨联邦政府对公共住房的套均拨款额度过低,只够建造拥挤的高层住宅。戴利向参议员们解释说,他"不仅希望建造高层住宅,还要建造无电梯公寓和联排住宅"。老戴利市长最想要的,可能是从联邦政府拿到更多拨款金额。但是,面对这份参议院听证会记录,小戴利辩解他的父亲并不是芝加哥公共住房系统的创造者。"'这样做不会有好结果,'我的父亲解释道,"小戴利澄清说,"当然,联邦政府总是会以自己的意志推动它。"

的确,理查德·J.戴利上任时,市议会已经投票通过在原有的黑人街坊建设新的公共住房项目,伊丽莎白·伍德已经被芝加哥住房管理局开除,芝加哥4.3万套公共住房中的1.5万套已经建成或正在施工。1955年4月23日,在卡布里尼拓展区高层住宅的奠基仪式上,戴利市长用涂成银色的铲子挖出几堆泥土,摄影师给他拍了照片。1000名围观群众冲破警戒线,试图与他握手。戴利前一天刚刚宣誓就职,这是他作为市长出席的首场官方活动。

戴利出生于1902年,在南区布里奇波特街坊的一套独栋住宅里长大。布里奇波特是一个以爱尔兰人为主的街坊。联合牲畜场①就开在那里,厂里共有4万人从事屠宰和包装全国大部分肉类的工作。在19世纪,这个地区实际上被称为"贫瘠之地"(Hardscrabble),定居在这里的爱尔兰移民,以挖掘附近的伊利诺伊运河和密歇根运河为生。戴利在十几

---

① 联合牲畜场(Union Stockyards),始建于1865年,一直是芝加哥的肉类加工区,对这座城市的崛起起到重要作用,使其成为数十年间美国肉类加工业的中心和"世界生猪屠宰商"。

岁时,曾当过一个恶棍团伙"汉堡体育俱乐部"(Hamburg Athletic Club)的主席,其成员都是来自当地同一个选区的男孩,操控着街坊的选区办公室。戴利的"青年组织",与许多在贫穷的少数族裔或移民社区中发展起来的、由男性青少年组成的团体类似:他们把战斗当作一种运动,捍卫自己的街区,找到新的身份之后,通常就会逐渐远离街头暴力。在布里奇波特,青年的新角色取决于一个人的能力,他们要么在牲畜场的"屠宰"流水线干活,要么在市政部门工作,要么进入政坛。戴利是个个子不高、好战的人,不说话时总是愤怒地紧闭双唇;他既没有超凡的领袖魅力,也没有雄辩的口才,他在库克县民主党组织中的崛起绝非一蹴而就。他在党内严格的等级制度中担任过一系列职位,对上级表忠心的同时,还经常通过游说获得升职。他曾在该县的财务办公室工作,担任过州众议院议员、州参议院议员、州税务局局长和县书记员。他穿着量身定做的西装,非常内敛,事实证明他勤奋、坚韧且诚实。1953 年,他被提名为库克县民主党中央委员会主席,党内地位仅次于肯内利市长。记者 A. J. 利伯林(A. J. Liebling)将肯内利视为"一名扮演仁慈市长的小角色",他没能平息几个过渡地带街坊的种族骚乱,还犯了削减"政治恩庇"岗位、聘用无政治关联的公务员的大错。下一次选举时,县民主党就把候选人的名字从肯内利换成了理查德·J. 戴利。

著名的芝加哥民主党政党机器,由 1931 年开始担任该市市长的安东·瑟马克创立,控制这座城市的政坛长达 50 年之久。但瑟马克只操纵了机构很短一段时间。市长任期的第二年,当他在迈阿密迎接当选总统富兰克林·罗斯福时,一名因仇富而怒火中烧的意大利移民向罗斯福开了几枪。暗杀者没有击中目标,但成功击中了 5 名旁观者,包括后来因伤势过重而死的瑟马克。"我很高兴那个人是我,而不是你。"据说瑟马克在去医院的路上,这样对罗斯福说。这句话后来被刻在芝加哥北区波西米亚国家公墓(Bohemian National Cemetery)中他的墓碑上。民主党政党机器操控下的芝加哥通常被誉为"有效运转的城市"。但是,从根本上讲,政党机器是自足而永续的,产出和效率最多只是其副产品。一名选区领导通过出售一系列"政治恩庇"岗位为民主党赚钱，诸如秘书、公园管理员和环卫工人岗位，这些人依靠他谋生，选举时自然会为所有民主党政党机器的候选人投票；反过来说，在政党继续牢牢把控财政大权的同时，选区也得到城市服务、投资和更多就业岗位作为回报。

一上任，老戴利立即展示了他将如何在未来 21 年的市长任期内巩固权力。他在就职典礼上宣布，将解除市议会成员的"行政和技术职能"。此前，选民会到市议会议员那里寻求一切帮助，从申请建筑许可证到为重新铺设一条道路提交报告。现在，他们要去市中心，去市政厅位于五层的市长办公室与老戴利本人进行短暂的会面。城市里的每个人都要知道，他们应该感谢的是这位"五楼的男人"。"组织里不能存在任何小团体"，老戴利响亮地说。在他担任市长的头两年里，芝加哥新增了 75% 的"政治恩庇"岗位，把通过考试录取的公务员数量削减了一半以上。他管理了一个自上而下、忠心耿耿、互惠互利的体系。老戴利毫无歉意地信任这一体系。有一次，当他催促林登·约翰逊总统任命一位芝加哥幕僚担任联邦检察官时，老戴利一边简述他的办案经验，一边毫不避讳地说："不仅如此，总统先生，我非常荣幸和自豪地告诉你，他是一名选区长（precinct captain）。"

老戴利上任时，芝加哥像五大湖沿岸的其他工业城市一样，也处于一片萧条之中。"好像冷清酒吧里坏了的点唱机"，纳尔逊·艾格林①这样描写 20 世纪 50 年代的芝加哥。城市的人口从 1950 年峰值的 360 万跌落。商业以同样的速度抛弃了这座城市——在老戴利第一个任期前的 7 年间，芝加哥失去了超过 5 万个制造业岗位。老戴利的"拯救"计划主要集中在中心商业区，在他的管理下，该市将建造数百座新的高层办公大楼，包括慎行大厦（Prudential Building）、麦考密克广场（McCormick Place）、市民中心（Civic Center）和西尔斯大厦②（Sears Tower）。他主持制定了一

---

① 纳尔逊·艾格林（Nelson Algren, 1909—1981），美国小说家，其小说的主人公通常是遭到社会遗弃或不适应社会环境的人。

② 西尔斯大厦又名威利斯大厦，1974 年建成，1974 年至 1998 年间为世界最高大厦。

项区划法①的修订案,支持开发商建造豪华高层住宅。尽管人们纷纷离开城市前往郊区,老戴利通过修建高速公路、全国最大的提供8000部车位的市中心地下停车系统,以及直接通往办公楼和百货商店的地下通道,吸引人们回到衰落的城市来上班、购物和娱乐。

老戴利或许曾经在参议院面前支持建造低层公共住房,但是如果只有"高层建筑"行得通,那么他也赞成这一方案。数百万美元的联邦财政拨款至关重要,这代表着成千上万个工作岗位和许多大规模工会合同。随着芝加哥市中心社区的升级,公共住房也成为协助开发商参与重建的工具。政府资助的城市更新项目让一些人失去了安身之所,必须把他们安置到其他地方:他们便被转移到新的高层住宅项目中。几乎所有这些家庭都是非裔美国人家庭——城市更新被悲哀地称作"黑人驱逐"行动,并非空穴来风。白人家庭仍然占芝加哥住房管理局治下所有房屋的13%,但他们几乎全部生活在低层项目或长者住宅(senior buildings)中。老戴利的确接手了一个有缺陷的公共住房系统,但他要为这个系统的规模翻倍负责。芝加哥以4.3万套的拥有量成为全美第二大公共住房所在地,但远远落后于拥有18万套公共住房的纽约(严格来讲,也落后于波多黎各)。

大部分新建的公共住房都位于南区,其密度大大超过芝加哥住房管理局之前允许的范围。具有讽刺意味的是,以芝加哥住房管理局的非裔美国人主席命名的罗伯特·泰勒住宅,取代了一大片联邦街头的贫民窟,成为世界上最大的公共住房建筑群,而泰勒本人曾致力于推动种族融合。28栋几乎一模一样的16层高层住宅,沿着一条狭长的38公顷地带,三栋一组地排列开来。这些建筑将构成州街公共住房走廊(State Street Corridor of Public Housing),从卢普区南边的希利亚德住宅(Hilliard Homes),经过哈罗德·伊克斯住宅(Harold Ickes Homes)、迪尔伯恩住宅

---

① 区划法(zoning code)是地方政府用法律手段管理土地利用和建设的一种规划法。它按土地的不同利用性质采用不同的开发控制指标以实现有秩序的建设,防止滥用土地带来的种种危害。

（Dearborn Homes）、州街花园（Stateway Gardens），一直延伸至罗伯特·泰勒住宅。这是一堵几乎没有缺口的6.4公里长的公共住房之墙，新建成的14车道的丹·瑞安高速公路（Dan Ryan Expressway），将它与西边的居民点隔离开来。

1962年，威廉·格林①住宅项目完工，后来，它被称作卡布里尼-格林住宅的最后一部分。该项目以美国劳工联合会一位长期领导人的名字命名，他从塞缪尔·龚帕斯②手中接管了工会。（美国劳工联合会因非法将黑人排除在建造卡布里尼联排住宅的工会之外而被判有罪。）威廉·格林住宅共有1096套公寓，分布在8栋15、16层的清水混凝土塔楼中。它们间隔坐落在一块整齐的三角形地块中，位于迪威臣街和两条对角线街道——克利伯恩（Clybourne）大道和奥格登（Ogden）大道——在北侧形成的交点。建筑的混凝土框架和预制混凝土板都是相同的浅褐色，塔楼看起来像是巨大的计算机打孔卡。相比迪威臣街南侧的"红楼"，这里被人们称作"白楼"。包括联排住宅和23栋高层住宅在内，卡布里尼-格林住宅现在共有3600套公共住房，而总占地面积却仅有28公顷。

多洛雷丝·威尔逊

当休伯特·威尔逊担任卡布里尼拓展区"红楼"的夜间管理员时，多洛雷丝决定去找一份白班工作。她断断续续地在明镜邮购公司（Spiegel Catalog Company）上过班，给那些没付账单的人寄信。她做过医生的接待员，在一家洗衣店当过职员，还在退伍军人事务部就业中心工作过一段时间。正如母亲在南区做过的那样，多洛雷丝开始为当地的选区长挨家

① 威廉·格林（William B.Green, 1873—1952），美国工会领袖，1924年至1952年间担任美国劳工联合会主席。他是劳资合作的坚定支持者，站在工资和福利保护以及工业工会立法的最前线。

② 塞缪尔·龚帕斯（Samuel Gompers, 1850—1924）是英国出生的美国雪茄制造商、工会领袖和美国劳工史上的关键人物。他创立了美国劳工联合会，并于1886年至1894年和1895年至1924年担任该组织的主席。

挨户地奔走，在她的高层住宅里上下走动，与每一位租户交谈，告诉他们应该在什么时候给谁投票。当选区组织大抽奖活动时，她就去卖票。遇到别人不买，她也不强求，而是自己掏腰包把票买下来。这可不是一笔小钱。"事情就是这样，"多洛雷丝说，"再有本事也不如认识人。"她是对的。选区长开始依赖多洛雷丝，在分配一批"政治恩庇"工作时，他提名了她。1966 年，她开始在芝加哥水务管理局工作，就在芝加哥大道抽水站（Chicago Avenue Pumping Station）东面几个街区，与老芝加哥水塔隔着一条密歇根大道。在一个为全局打点工资的办公室里，她是其中唯一的黑人。

许多个晚上，她从水务管理局赶回卡布里尼-格林住宅，给孩子们做晚饭，辅导他们做作业，然后又匆匆出门到圣家路德会、詹纳小学或是下北中心开会。除了管理员的工作，休伯特还执教过其子加入的篮球队和棒球队。当他们还住在南区的时候，休伯特就是国民警卫队（National Guard）的一员。在卡布里尼-格林住宅，他组建了一支名为"海盗队"（the Corsairs）的鼓号队。另外三个管理员也会给他帮忙；其中有两个人叫布朗，由于肤色不同，多洛雷丝背地里叫他们"红布朗"和"黑布朗"。他们一起去蒙哥马利·沃德百货公司购买制作"海盗队"制服的布料。威尔逊家的孩子和"海盗队"的其他许多男孩、女孩们都不识谱，但他们轻松掌握了节拍、学会了歌曲。不演奏乐器的男孩们步调一致地举着仿真步枪，女孩们则像军乐队长那样挥舞指挥棒和旗子。他们在克利夫兰北大道 1117 号大楼和周围其他高层住宅外的空地上练习，人们从 100 个不同的外廊上俯瞰他们，或者站在大楼前观看。很快，卡布里尼-格林"海盗队"就前往芝加哥郊外，参加圣帕特里克节和阵亡将士纪念日的游行，并在比赛中赢得了奖杯。

偶尔，多洛雷丝和休伯特在上班、志愿者活动和带孩子之余，会抽出时间一起出去找点乐子。有时，他们只是坐在高层住宅旁边的公园里，有说有笑。外面很美，多洛雷丝说，"遍地都是绿草和鲜花，没有柏油路，也没有碎玻璃"。休伯特喜欢爵士乐，他会邀请人们到自家的公寓来听唱片。他们二人也和其他管理员夫妇一起出门聚会。住宅南面，蒙哥马利·沃德零售商场的后面，一到晚上就会变成一个仓库林立的鬼城。但是，在芝加哥大道上，有一些他们常去的酒吧。多洛雷丝喜欢芝加哥酒廊（Chicago Lounge）。那里并不豪华，但服务生就像常客一样对待他们，记得他们的名字和常喝的酒。DJ会播放多洛雷丝想听的唱片。如果有人请她跳舞，她必须征得休伯特的允许。"他吃醋了，绝对吃醋了，"多洛雷丝说，"但他不肯说真话。"她从来没有让休伯特担心过，一直很忠诚。但是，一旦他们分开十分钟，休伯特就会问她去哪儿了，和谁在一起。他们为这些琐事拌嘴了好几个晚上，但是第二天一早又彼此道歉、互相亲吻，道一声"我爱你"之后才分别。他们结婚时，多洛雷丝才十几岁，而现在，他们二人仍然在卡布里尼-格林住宅一起手牵手散步。

在芝加哥酒廊，休伯特会盯着想要邀请多洛雷丝跳舞的人，上下打量一番，然后说："行，去吧，宝贝。"他们没有跳近身舞，而是选择了吉特巴舞（jitterbugging）、波普舞（the bop）和小鸡舞（the chicken）。"不过，万幸的是，那个家伙没有再邀请我跳第二支舞。"多洛雷丝回忆道。

3 躲猫猫

凯尔文·坎农

　　在卡布里尼-格林住宅的西边界,在河流和高层住宅之间的工业荒野上,在一条高架路下的垃圾场,据说住着一个老女巫。这个故事凯尔文·坎农(Kelvin Cannon)已经听过一千遍了。这是凯尔文的妈妈哄他睡觉时的把戏,他亲朋好友的母亲也反复讲着同一个故事,老师们则用它来警告坏学生。在威廉·格林住宅的"白楼"后面,"女巫"在奥格登大道立交桥(Ogden Avenue Bridge)下的山丘上游荡。男孩女孩凡是天黑后还在外面鬼混,都会被女巫抓起来。凯尔文甚至在基督教青年会的布告栏上看到过她的画像,就像通缉令一样。那是一个吉卜赛女人,肤色暗淡,长发凌乱,身着满是补丁的飘逸长袍。

　　凯尔文生于1963年,正是在他出生那年,他们一家人搬进了新建的卡布里尼"白楼"中的一栋——迪威臣西街534号大楼。他的父母从西区搬到这里,在那之前,他们从密西西比州的一个河边小镇来到芝加哥。凯尔文在婴儿时期就发生过惊厥,从很小的时候起,他就相信自己拥有非凡的感知能力。他认为女巫的故事一定是牵强附会。他越想,越是理解大人们编造这样一个个故事,很可能是为了让像他这样的孩子远离危险。奥格登大道立交桥下的荒地一点也不安全。你会在那里发现抛锚的汽车、机器零件、破碎的路面,偶尔有流浪汉用硬纸板和木头搭建帐篷。他的妈妈和老师们或许还会说,大桥下面住着一只大棕熊。但是,凯尔文的朋友发誓说他们见过女巫。从高层住宅的上层,孩子们径直指向窗外的桥下——就在那里！那个移动的影子，就是她！一个男孩在早晨天还没亮的时候就出门送报纸，一个身影从他身边闪过，吓了他一跳。吓得动弹不得，他只得紧紧盯着那个白色的模糊影子从栅栏的缝隙中溜走，消失在桥下的山谷里。然后，男孩逃跑了。

为了预防起见，太阳一落山，凯尔文就离那座桥远远的。天黑后，他甚至都不愿从桥上走。但在白天，情况则完全不同。奥格登大道立交桥是他的游乐场。这条道路对角线穿过城市的方格路网，并在卡布里尼住宅急转弯，立交桥几乎与比尔林北街 1230 号高层住宅的背面擦身而过。汽车经常在过弯道时超速，在下雨的夜晚，凯尔文在高层公寓里可以听到轮胎摩擦地面的尖锐声响，和紧随其后的撞车声。他确定车上的人没命了。第二天早上，他和其他男孩会在事故留下的残骸中挑挑拣拣。他们有时会在桥面上玩抛球游戏。他们在桥下的楼梯上蹦蹦跳跳、跑上跑下，甚至敢从更高的地方往下跳。在下面的桥墩旁，他们捡来旧床垫和拆下来的汽车座椅，在上面跳来跳去。他和朋友们会爬上一座陡峭的煤山，他们叫它"胡桃山"。男孩们轮流坐上超市购物车沿着这条路滑下去，即使驶入车流，也无法减速或停下来，太刺激了。有时，他们会撬开桥下的集装箱，把它们变成俱乐部。一个买了本养狗训练手册的男孩在那里养小狗。他们制作弹弓，捕捉在房梁上筑巢的鸽子。在凯尔文住的那栋楼的 303 号房间有个老太太，以每只 25 美分的价格从他们手里购买鸽子。有一次，当他们一群人向老国王煤炭公司（Old King Coal）的窗户扔石头时，一辆警车停在他们旁边。警察从巡逻车的后备箱里拿出橡胶水管来打男孩子们，胳膊都累酸了。

在凯尔文住的那栋楼里，男孩们总是一大帮人聚在一起，有二三十那么多。他们是兄弟和表兄弟，都是和凯尔文差不多大的孩子。"在卡布里尼-格林住宅，每一天都是一场冒险。"他们分成两队踢足球比赛，或者一起组队和周围高层住宅里的男孩们打 16 英寸垒球①或棒球。他们不在桥下冒险时，有时会玩"躲猫猫"（catch-as-catch-can）的游戏。从早上开始，

---

① 在垒球的发明地芝加哥，有使用周长 16 英寸（41 厘米）的垒球进行慢速投球的传统。

每个人朝不同的方向飞奔,尽量不被抓到。他们会在卡布里尼住宅"白楼"之间的"峡谷"里飞奔,冲进迪威臣街,跑过奥格登大道立交桥,越过河流和迷宫般的铁路线和低矮的工厂。他们继续跑,越过一道道桥梁,穿过周围的公园,沿着河岸,经过芝加哥大街上的人群和韦尔斯街(Wells Street)上的商店,回到卡布里尼-格林住宅。从奥格登大道可以直接到达西区,抵达巨大的库克县医院,进入凯尔文和许多其他男孩曾经居住过的社区。游戏的唯一规则就是他们不能离开近北区。游戏有时会持续一整天,在跑了8到16公里之后,男孩们几乎喘不过气,他们的腿已经走不稳了。当其中一个男孩被抓住时,其他的人都会扑向他,对他拳打脚踢。凯尔文喜欢这种比赛——它让他们变得坚强。这是男孩们必备的品质。"在卡布里尼住宅长大,你得有勇气。"他说。周围还有数百名吵吵闹闹、寻求刺激的人,每个楼里的孩子们渐渐组成自己的团体。母亲或许会在孩子的内衣上缝个口袋,这样,大男孩就不会在你去商店时抢走你的钱。不过,凯尔文得到的教训是,你至少要"装"得不害怕。有些孩子不愿意打架,就成了被抢的目标,无法通过战斗得到其他人的认可。那些孩子只能待在房间里。凯尔文说,他们错失了许多乐趣。"那些无所畏惧的人过着正常的生活。"

凯尔文有一颗强大的内心,几乎不害怕任何事。但是,在去詹纳小学上学的第一天,他哭个不停。小学在迪威臣街对面,几栋卡布里尼"红楼"的下面。每天早上,孩子们就像从老虎机里掉出来的硬币一样,从附近的高楼涌出,所有孩子又以某种方式,被勉强塞进詹纳小学。这是芝加哥最拥挤的学校,坐落在一座世纪之交建成的建筑里,容纳了2500多名学生,超过了原本容量的一倍。当凯尔文的老师雷德曼女士(Ms. Redman)试图安慰他时,他就知道她是个好女人。他似乎有着洞悉人性的能力,尽管雷德曼女士也威胁过他。凯尔文在近北区的街道上奔跑时遇到过无数白人,但他从来没和一个白人连续说过两句话。

1966 年,作为芝加哥自由运动①的一部分,马丁·路德·金搬进了西区的一套出租公寓。对于金来说,为了将争取民权的斗争从在美国南方争取投票权扩大到在北方城市获得公平和开放的住房,他付出了雄心勃勃的努力。芝加哥种族隔离的范围之广、程度之深,让这座城市成为理想的目标。在一次穿越城市西南区全白人的马凯特公园(Marquette Park)社区的游行中,他被愤怒的居民用石头砸中,金说:"密西西比人应该向芝加哥学习如何发泄仇恨。"这座城市的大型公共住宅小区是种族隔离最突出的标志。到了 20 世纪 60 年代后期,被金称为"芝加哥房屋管理局的混凝土保留地"的社区中大约住着 14.3 万人,几乎都是黑人。当金来到卡布里尼-格林住宅时,他在街坊的韦曼非裔循道圣公会演讲,出面支持那些希望改善詹纳小学人满为患、资金不足问题的居民。家长们要求学校配备科学和外语教室,并增添图书馆和辅导老师。他们坚持要求解雇有种族偏见的白人校长。报纸上一篇有关示威活动的报道中,有一张多洛雷丝和休伯特的小女儿谢丽尔·威尔逊的照片,当她和其他人一起游行高呼校长必须下台时,辫子都飞起来了。

三年前,作为"自由日"②抗议活动的一部分,20 万芝加哥黑人学生联合抵制实行种族隔离的低水平公立学校,老戴利市长回应说,芝加哥"没有贫民区"。但是在芝加哥的黑人社区,由于教室人满为患,学生们不得不在停靠于老建筑外的"威利斯货车"(Willis Wagons)里上课,那是以该校校长命名的活动房,附近白人地区的学校却招生不足。1966 年,当詹纳小学学生家长组织的原计划五天的罢课活动进行到第三天时,金再次来到卡布里尼-格林住宅。那天早上,40 名本市的训导员涌入了公共住房项目,在联排住宅和高层住宅挨家挨户地敲门,警告租户,如果他们继续把

---

① 芝加哥自由运动(Chicago Freedom Movement),也被称为芝加哥开放住房运动,由马丁·路德·金、詹姆斯·贝弗斯和阿尔·拉比领导。它得到总部位于芝加哥的社区组织协调委员会和南方基督教领袖会议的支持。运动涵盖了广泛领域,包括优质教育、交通、收入和就业、健康、财富创造、犯罪和刑事司法系统、社区发展、租户权利和生活质量。芝加哥自由运动从 1965 年中期持续到 1966 年 8 月,并在很大程度上促进了 1968 年《公平住房法》的出台。
② 自由日(Freedom Day),每年 3 月 14 日,是美国人自发组织的反对奴隶制的活动。

孩子留在家里，他们将面临刑事指控。集会本应在多洛雷丝所在的高层住宅举行，但由于人数众多，被迫迁至橡树街的圣马太教堂。"如果你们因试图为孩子寻求最好的教育而受到任何形式的迫害或起诉，"金在讲坛上说，"我可以向你们保证，全市成千上万的父母都会来帮助你们，如果必要的话，我们会和你们一起坐牢。"尽管接替威利斯的公立学校总监将抗议活动归咎于外部煽动和大量家长的挑衅，但这些活动还是迫使他在这个学年的末尾调走了詹纳小学的校长。

抗议活动并不总是这么和平。几个月后，在附近社区一所名叫沃勒的高中，数百名黑人学生走上街头，他们认为一群白人青少年把一名黑人同学扔到了捷运轨道上。这所"种族融合"的学校位于尊贵的林肯公园以北 1.6 公里处，最近有数百名白人学生转学。暴力事件蔓延到附近的库利县高中，这是一所以黑人学生为主的中专，校舍就在沃什伯恩贸易公司空置的大楼里。那里的学生与警察交火，砸碎了附近老城街坊里的保罗·班扬餐厅（Paul Bunyan's restaurant）、芭芭拉书店（Barbara's Bookstore）和其他当地商店的窗户。他们在瓶子里装满打火机油，点燃后，扔向过往的汽车。沃勒高中的学生们很快又聚集起来，要求学校开设一门"黑人历史"课程，并聘请一名黑人教师来授课。由于青少年们一边扔石头和瓶子，一边高呼"让我们砸烂老城！"，警察在卡布里尼-格林住宅附近疏导了两个小时的交通。

20 世纪 40、50 年代，芝加哥住房管理局在庆祝第一批公共住房项目落成时，将其誉为"儿童之城"，是城市中最为脆弱、无辜的居民的天堂。该机构称："芝加哥必须为孩子们打算，让他们通过公共住房获益，并成为未来的好公民。"这些高楼是为容纳大家庭而设计的：卡布里尼-格林住宅的塔楼里面有许多四居室和五居室公寓。在美国的任何一个街坊，无论是曾经的"小地狱"还是南区的布朗兹维尔，或者从芝加哥西北角一直延伸到东南角的"平房带"①，在人口结构上，成年人与儿童的平均比例均为

---

① 平房带（Bungalow Belt）一般指建于 20 世纪 10 至 20 年代的平房风格的单户住宅。这些房屋的业主民族构成广泛，从远南区的非裔家庭到远北区的正统犹太家庭。尽管存在这种多样性，但这个词通常代指远西北和西南区的白人居民，他们在 1968 年之后成为理查德·J. 戴利及其民主党政党机器的主要支持者。

2：1。然而，在芝加哥的公共住房家庭中，这一比例是1：2。罗伯特·泰勒住宅有2.7万居民，其中近2.1万是未成年人。在60年代末，卡布里尼-格林住宅的一名物业经理报告说，该建筑群的3600套公寓里住着2万人，其中1.4万人年龄在17岁以下。

对于年轻的凯尔文·坎农来说，这种另类的儿童城市提供了无穷无尽的乐趣。"为了不让自己无聊，我们搞出很多恶作剧，"凯尔文说，"我们必须给自己找乐子。"一位母亲可能会带着一个孩子去跑腿办事，留下其余的孩子无人看管。他们闯进洗衣房和储藏室，收集旧的床栏杆或是拆散的炉子，把零件扔下楼梯间或外廊，或者跳起来打碎灯泡。他们还有一种"游戏"，是用撬棍从轿厢里撬开电梯，再用棍子撑好，当电梯开着门穿过每一层楼的瞬间，就可以随意跳上跳下。或者，你可以站在电梯轿厢急速上升的顶部，随着它升到大楼顶上。这种恶作剧的代价很高。周围游乐场的大部分设施因过度使用而损坏。电梯无法承受这种"游戏"，芝加哥住房管理局甚至来不及维修。该机构说，他们每个月必须更换1.8万个灯泡，而大部分运营预算都花在了电梯维修上。居民被迫在黑暗中爬楼梯。在卡布里尼-格林住宅，维修团队需要面对1200项未解决的报修。屋顶漏水、墙壁开裂、房门破损，这些问题都没有得到解决。恶作剧甚至导致了更大的损失。10岁的罗伯特·佩恩（Robert Payne）住在卡布里尼"红楼"里。他从电梯井的横梁上跳下来，两只脚稳稳地落在一架上升的轿厢顶。而紧跟着他跳下来的8岁的弟弟大卫却没有站好，被挤在了电梯井和轿厢之间。

约翰逊总统的"向贫困宣战"①运动，将这些"水泥保留地"确定为关键战场，以"最大限度参与"为口号，旨在为公共住房项目提供资金。这意味着，在联邦经济机会办公室的资助下，卡布里尼住宅能够在下北中心的支

---

① "向贫困宣战"（War on Poverty）由美国前总统林登·约翰逊于1964年首次提出，是约翰逊政府以及"伟大社会"（Great Society）计划最鼓舞人心的代名词。正是这一场脱贫战争，开启了美国社会福利发展的第一步，如今各种名目繁多的社会福利项目和社会保险项目便是从那时开始的，包括1964年国会通过的《经济机会法案》（Economic Opportunity Act）与1965年的《启蒙计划》（Head Start）。

持下自发组织各项活动——社区委员会、职业介绍团①、示范城市计划②、社区青年社团③。以这种方式,机构希望公共住房的租户能以他们的社区为荣,关心周围家庭的幸福。但是,凯尔文·坎农出生和长大时的卡布里尼-格林住宅,从根本上已与十多年前多洛雷丝和休伯特刚搬进来时那个令人振奋的地方不同。当威尔逊一家搬进高层住宅时,公共住房曾尝试通过房租平衡自身成本。然而,当白色的威廉·格林塔楼在20世纪60年代建成时,芝加哥对住房的需求已经开始下降了。成百上千的白人居民已经离开城市去往郊区,从美国南方涌入的黑人潮也渐渐平息。为了填满168栋高层住宅,芝加哥住房管理局不通过面试就接收了租户,其中有些人根本不在社会救济名单上。60年代后期,联邦政府对公共援助的改革旨在帮助最困难的人,要求地方当局依申请顺序安置租户,禁止通过审查偏袒有工作的申请者。60年代,接受公共救济的卡布里尼-格林家庭的数量稳步上升,超过了总人口的一半。到20世纪末,60%有孩子的家庭都处于单亲状态。许多接受救济的妇女都不愿与孩子们的父亲结婚,或者说不愿与他们合法地分享福利,因为男性的出现会让她们失去救济资格。芝加哥住房管理局所服务的居民的收入中位数,从1950年全市平均水平的64%下降到1970年时的37%。

在芝加哥的公共住房里,居民根据他们的收入水平,支付不同的租金。1960年,三居室的每月最低租金为41美元,收入每增加55美元,租金就上涨1美元,最高租金为110美元。随着居民收入整体变低,租金收入随之大幅下降。联邦政府的资助不仅不够弥补租金下降的差额,资助本身也缩水了。全国各地的住房机构都出现了巨大的赤字。从60年代

① 职业介绍团(Job Corps)是由美国劳工部管理的一个志愿项目,为16岁至24岁的青年男女提供免费的教育和职业培训,于1964年建立。
② 示范城市计划(Model Cities)是联邦政府改善城市住房的计划,1966年11月3日通过立法,为修缮贫民窟和建设市区提供资金,并提供一种为期3年以上的土地开发抵押保险。
③ 社区青年社团(Neighborhood Youth Corps)是"向贫困宣战"项目的衍生项目,意在给贫困城市青年提供工作经验并鼓励他们继续学业。

初开始,芝加哥住房管理局将公共住房改为固定租金制——三居室的最低租金为 80 美元,一旦家庭收入超过了某个门槛,租同样的三居室就要花 140 美元。这种模式更简单,也避免了承租人隐瞒收入的情况,但对那些依靠救济生活的极度贫困的家庭来说,支付租金就比较困难了。爱德华·布鲁克(Edward Brooke)是一位马萨诸塞州的共和党人,也是第一位高票入选参议院的非裔美国人,他提出一项法案,希望保护那些公共住房的租客,使他们不必承担住房管理局急于摆脱赤字的负担。1969 年的《布鲁克修正案》①规定,公共住房的房租不得超过家庭收入的 25%(之前甚至达到了 30%)。这项法律虽然用意很好,却意味着之前每个月支付定额房租的工薪家庭的负担大幅增加。这支公共住房租户的中坚力量已经忍受了坏电梯和烂学校,现在又多了一个放弃公共住房的理由。他们的离开使接受公共救济、支付很少租金的居民比例继续上升。"这种租金上涨是无法容忍的。有工作的家庭被迫搬了出去。"卡布里尼-格林住宅租户委员会主席在一封寄给市、州和联邦政府官员的信中写道:"必须权衡地看待美国财政部省下的这笔小钱与其对许多公共住房居民的生活造成的毁灭性影响,尤其是在穷人的其他福利被削减的情况下。"

芝加哥住房管理局的房产需要持续的维护——砌砖和做防水,维修屋顶、墙面和窗台,维持水暖电与设备供应。由于流入的资金越来越少,芝加哥住房管理局削减了维护费用。为了减少卡布里尼-格林住宅和其他项目的维护成本,原本的社区景观都被铺成了路。"一切都变成了柏油路,"多洛雷丝·威尔逊说,"没有花,没有树,什么都没有。"1968 年后,在几乎所有高层公共住房项目中,从地面到房顶的外廊都被围了起来。这是一种预防措施,既可以防止居民坠楼,也可以保护下面的人不被坠物伤害,但它也让租户看起来像是被关在了自己的大楼里。混凝土框架和金

---

① 《布鲁克修正案》(Brooke Amendment)是 1969 年《住房和城市发展法案》第 213(a)条的通用名称,该法案由参议员爱德华·布鲁克三世发起,将公共住房项目的租金限制在租户收入的 25%,并于 1969 年 12 月 24 日圣诞节前夕颁布。《布鲁克修正案》是衡量住房负担能力基准的第一个实例,1981 年,当 25%的租金上限被提高到 30%时,它被称为"30%经验法则"。

属围栏,让高层公共住房看起来像是一座监狱。

芝加哥住房管理局以对其房产的管理不善"闻名"。它在公共住房上花费的劳务成本在全国首屈一指,收到的租金却是垫底。从 20 世纪 60 年代开始,该机构的负责人就是彻头彻尾的城市投机者,经常利用他在政府中的职位中饱私囊。1937 年,10 岁的查尔斯·斯维贝尔(Charles Swibel)和家人一起从波兰移民到美国,还不会说英语。在芝加哥的每个下午,他都在社区的公共图书馆自学。14 岁时,他在一场题为"美国对我意味着什么"的爱国主题全市征文比赛中获胜。他先是在一家犹太香肠工厂装芥末酱包,然后又在该市最大的贫民窟房东之一那里找了一份打扫办公室的工作,很快就升职成为西麦迪逊街"贫民窟"合租房的收租员。这些低端市场的房屋主人支付了斯维贝尔的大学学费,并最终让他一跃成为公司总裁。(这些家庭的孩子们后来起诉斯维贝尔掠夺家庭信托基金,最终达成了庭外和解。)1956 年,老戴利市长任命他为芝加哥住房管理局的董事会成员。1963 年,他接任了该机构的主席。在他的领导下,芝加哥住房管理局饱受人员臃肿和虚报工作的困扰。他自己更是因为把合同签给亲信,被《芝加哥日报》称为"监狱查理"。在报道披露了其机构严重的失职后,他依旧一次次无视改革的呼声。

斯威贝尔还以非常优惠的利率从与芝加哥住房管理局有业务往来的公司那里借钱,用这些资金投资他开发的私人项目。其中一个项目就是马利纳城(Marina City)。这对圆形双塔(俗称玉米楼)位于卢普区以北,毗邻芝加哥河,距卡布里尼-格林住宅 1.6 公里。为了吸引热爱城市生活的年轻白人精英,这些建筑被宣传为受保护的"城中城",拥有自己的剧院、保龄球馆、餐馆和船坞。在 20 世纪 60 年代中期,这些玉米棒子形状的高层建筑也是近北区蓬勃复兴的关键,它既超越了卡布里尼-格林住宅,又进一步孤立了它。芝加哥的白人人口自 1950 年至 1970 年下降了 80 余万。经过 30 年,在包括卡布里尼-格林住宅在内的滨河区,黑人人口的比例则从 1940 年的 85% 上升到 90%,形成了城市中除南区和西区以外,唯一一个大型非裔美国人定居点。然而,就在住房项目似乎要不断扩大、影响整个周边地区的时候,芝加哥开始采取"抢救"行动,以免周边社区遭受同样的命运。在靠近市中心的地区,近 40 公顷的土地被设为城市更新用地;其中,四分之三的住宅被夷为平地,准备用于再开发。1962 年,在老城街坊,卡布里尼-格林住宅以东,芝加哥房地产大亨阿瑟·鲁布罗夫(Arthur Rubloff)利用由该市城市更新局(Department of Urban Renewal)购买并清理的土地,建设了一个庞大的中等收入住宅小区。拥有 2600 个单元的卡尔·桑德堡村(Carl Sandburg Village),包含网球场、游泳池和地下停车场。它的 9 栋住宅都以著名的文学人物命名:卡明斯楼、狄更生楼、福克纳楼。许多新居民都是在卢普区工作的年轻白人,原先居住在这片空地上的波多黎各人被赶到更靠北的地方。鲁布罗夫声称,如果不是靠桑德堡村:"整个地区都会被冲进下水道。"

卡布里尼-格林住宅以另一种形式被包含在这片区域内。分割该项目和林肯公园的北大道(North Avenue)被拓宽,进一步加深了割裂。卡布里尼-格林住宅朝向林肯公园一侧的立面被重新改造,社区入口调整到反方向的庭院中,道路在此断开。20 世纪 60 年代,一个名叫林肯公园保护协会(Lincoln Park Conservation Association)的新组织向市政府请愿,以该组织成员的社区受到公共住房衰败氛围的影响为由,在奥格登大道立交桥与卡布里尼-格林住宅北部的"白楼"相交处切断了奥格登大道。30 年代以来,这条以芝加哥首任市长命名的斜向大道,为西区居民提供了一条通往湖滨和沿湖商业的快捷通道。但是现在,林肯公园的居民说,宽阔的大道既碍眼,又对他们社区的发展有害。1967 年,他们说服市政府封闭了通往比尔林北街 1230 号大楼的交通。那里的路障,在卡布里尼-格林住宅和北大道以北的士绅化①地区之间形成一条字面和象征意义上的鸿沟。无论女巫是否存在,凯尔文和朋友们都可以在"断头"大桥下的垃圾场游乐园中尽情游戏了。但在与他们的住宅项目相隔几个

---

① 士绅化(gentrifying),又译中产阶层化或缙绅化,是社会发展的一种可能现象,指一个原本聚集低收入人士的旧区在重建后地价及租金上升,引来较高收入的人士迁入,并取代原有的低收入者。

街区的地方,奥格登大道消失在新建的公园、联排别墅和一条商业步行街之中。

1968 年 4 月,凯尔文刚刚长到能够踮起脚尖的年纪,正从自家位于七楼的窗台往外看。他睁大眼睛看着人们冲进商店,把装满商品的购物车推到马路中间。马丁·路德·金被暗杀的第二天,卡布里尼-格林住宅周边学校的学生们冲出了课堂,老师把他们锁在大楼里,等待警察把他们三四人一组押送进警车。挤满街道的人们拦下送货卡车,殴打司机,把车上的货物哄抢一空。打劫者洗劫了当地多家商店,包括杰瑞三明治商店、德尔农场食品商店、先锋电器商店、克利伯恩大道上的 A&P 超市、格林曼商店、哈里药店和大弗兰克餐厅。

多洛雷丝·威尔逊也在自家的高层住宅向窗外看。她看到男人们打劫洗衣店,拿着可能属于他们邻居的裤子、衬衫和夹克走出来。一个女人从肉店带走了一整只猪。"她要把那么多的肉放在哪里?"多洛雷丝自言自语,"她什么时候才能吃光呀?"人们推着装满蔬菜的购物车,威尔逊一家没有什么吃的,多洛雷丝想去拿一些蔬菜。她开玩笑说,或许还有人给他们带回了一两个鸡蛋。肯尼那年 12 岁,他求妈妈让他出去和朋友们一起玩。"你不能像其他人那么干,"她训斥道,"你要照我说的做。"凯凯年纪更大些,但那时也只是个青少年,当国民警卫队队员到达时,他正在去台球厅的路上。他躲在一辆汽车后面。"你也是趁火打劫的吗?"一个穿着防暴服的警察问他。"不,先生。"但警察还是用棒子打了他的头,把他关了起来。那天晚上凯凯没回家,威尔逊夫妇给监狱打了电话,他们被告知,那里没有叫小休伯特·威尔逊的人。但他们有个在监狱工作的朋友,最终找到了凯凯。他们的大儿子头上缠着像头巾一样的绷带,从监狱里走了出来。

卡布里尼-格林住宅周边的几个街区,商业运转都一如往常,骚乱大多只是电视上的新闻事件。但在卡布里尼-格林住宅,枪声持续了好几天。北大道、拉腊比街、橡树街和韦尔斯街的商店被洗劫一空。一些居民害怕外出,当地居民给他们带来了食物和其他必需品。人群继续在街上徘徊，随时准备发泄不满。人们大声喊着他们应该朝桑德堡村游行。这个私人住宅开发项目似乎代表了卡布里尼-格林所没有的一切，也代表了卡布里尼住宅将要成为的样子，因为桑德堡村的开发商阿瑟·鲁布罗夫公开表示，他可以把卡布里尼的高层住宅改造成共管公寓，然后大赚一笔。但是卡布里尼住宅的居民们并没有游行到桑德堡村。他们听说了老戴利市长"开枪处决"的命令。开着坦克的国民警卫队停靠在卡布里尼-格林住宅东侧的韦尔斯街上，更远处是黄金海岸街坊；警方封锁了奥格登大道立交桥仅存的西侧部分。卡布里尼住宅被四面包围了。

在西区以黑人为主的社区，人们烧毁了商店以及上面的公寓。200多处房屋被毁。相比之下，卡布里尼-格林周围的物理堤坝似乎起到了作用。虽然不那么方便，那里的生活还在继续。一些老店主不再给他们刚刚洗劫一空的商店补货。德国人、意大利人和犹太人在近北区已经目睹了几次人口变化，决定离开这里。但是大多数商店都重新开张了。其中几家商店哄抬物价，遭到卡布里尼住宅的居民抵制。黑豹党①在一座天主教教堂的地下室开办了一项免费早餐计划，这所教堂在意大利人离去之后就被空置了。沃勒高中和库利县高中的学生继续进行戏剧和合唱活动，并正常上课。退休人员在下北中心共进午餐。在附近占地55公顷的林肯公园，孩子们玩着游戏、唱着歌，尽情享受寻找复活节彩蛋的乐趣。"宵禁的伤害已经过去，"《保卫者报》对复活节前夜进行了报道，"年轻人兴高采烈地开始了晚上例行的娱乐活动。"

凯尔文·坎农

暴乱发生后不久，凯尔文·坎农的父母就离婚了。他埋怨母亲不断争吵，几乎引发了家庭暴力。但后来他的父亲搬到了南区，很快再婚并组

---

① 黑豹党（Black Panthers），存续于1966—1982年，是由非裔美国人组成的黑人民族主义政党，其宗旨主要为促进美国黑人的民权。另外，他们也主张黑人应该有更为积极的正当防卫权利。

建了第二个家庭。凯尔文的姨妈住在另一栋卡布里尼-格林住宅的"白楼",迪威臣西街714号。她主动提出帮妹妹带孩子。1971年,凯尔文7岁的时候,他们一家人向南搬了两栋楼,他的母亲则依靠社会救济生活。

凯尔文立刻在新大楼里交了两个最好的朋友。他几乎与雷金纳德(Reginald,昵称雷吉)和威廉·布莱克蒙(William Blackmon)换着住。他们在对方家里的厨房吃饭,在拥挤的卧室里挨着睡觉。他们的母亲都把几个小家伙视如己出,给他们贴创可贴,或者打他们的屁股。像凯尔文一样,迪威臣西街714号大楼里的所有孩子,家里似乎都只有妈妈一人;雷吉和威廉的哥哥理查德曾经数过,在16层楼、总共134套住宅里,只有5名成年男子居住——因此,这两个男孩经常谈论彼此的体育老师。搬家后,凯尔文不再去詹纳小学上学。在新的大楼里,孩子们穿过柏油路,去弗里德里希·冯·席勒小学(Friedrich von Schiller)。在转校之前,就有人告诉凯尔文,那里的体育老师是一名职业运动员,会教你如何像他一样打篮球和棒球。他叫怀特先生,会给你买运动鞋,会在上课的时候解开皮带抽你的屁股,也会带你骑马、游泳和划独木舟。

杰西·怀特(Jesse White)真的做过这些事。他在附近的基督教青年会担任每一项运动的教练,在卡布里尼-格林住宅之外,他还领导了全国规模最大的童子军,有300多名成员。自1959年,他经营了杰西·怀特单人翻腾竞技队(Jesse White Tumblers),一个空中体操项目。在芝加哥各地,从公牛队的比赛现场、州博览会,到广播节目"波索马戏团"(Bozo's Circus),卡布里尼住宅的孩子都会在一排排竞技队同伴的头顶上跳跃、空翻。怀特曾经把凯尔文那栋大楼周围的柏油路改造成一个旱冰场。还有一次,他和一位来自桑德堡村的白人退役海军军官乔·欧文(Joe Owen)创建了卡布里尼-格林沙滩网球俱乐部;他们在地面上画出球场的线,挖洞、埋柱子,然后拉网。他们举行比赛,看哪个孩子能从球场上捡走最多的玻璃碎片,有位获胜者捡到8000块。一些孩子告诉凯尔文,他们一年365天都和怀特先生在一起,见他的时间比见自己的家人都多。

当凯尔文第一次进入席勒小学时,他本以为自己会看到一个穿着运动短裤、像约翰·亨利①一样的巨人。他想象体育老师无论走到哪里，脚下的地面都会隆隆作响。尽管只有普通的 1.8 米身高，杰西·怀特的身材还是令人震惊，他的脖子像一根石柱，胳膊像木桶那样粗。体育课上，他脊背挺直地站在教室前，衬衫和裤子都撑得很紧。当学生们背诵《效忠誓词》②时，他摆出军人的姿势——下巴上翘，脚跟并拢，双脚向外呈 45°角。他大声有力、不带任何不快地向孩子们灌输严厉的爱。"胜利属于你，失败属于别人。""先做个绅士，其他的我们以后再谈。"他有十几句类似的格言，仿佛来自另一个时空，不像是卡布里尼-格林住宅的居民，倒像是从电影《克努特·罗克尼，所有美国人》③里走出来的。"我希望你不吸大麻，不吸烟——只有穿着白大褂的时候，你才会使用药物。"他和学生们讨论地理和环境。他教竞技队成员如何与捐款人交谈，永远不要乞求任何东西。怀特先生想让孩子们忙得没空被卷入麻烦，但他也会说，他是在历练他们，为他们有朝一日离开社区、出人头地做准备。在他手下的许多男孩都"想成为像他那样的人"。

　　1934 年，杰西·怀特出生于伊利诺伊州南部、密西西比河畔的奥尔顿（Alton）。7 岁时，他和家人们搬进了迪威臣街一套没有热水的公寓，就在后来建造威廉·格林住宅的地方。作为一个天生乐于社交的人，怀特对他年轻时近北区的多样性记忆深刻。他会品尝希腊和波斯美食，会说几句意大利或者匈牙利语吓吓那些族裔的商店老板。为了过上稳定的生活，他的父亲打了十几份零工，一家人还靠公共救济维持了好几年。怀特亲身体会到，福利不仅是一种必需品，而且是一种严重不足的必需品，不能满足一个家庭的衣食需要。但他相信，一个人可以超越他贫困的出身。这可能需要别人的慷慨，但你自己的努力和正直也必不可少。十几岁的

---

① 约翰·亨利（John Henry）是经典蓝调民歌中的非裔民间英雄。据说他曾担任过"打孔人"（在建造铁路隧道时，将铁钎锤入岩石为炸药打孔）。

② 《效忠宣誓》（Pledge of Allegiance）是指向美国国旗以及美利坚合众国表达忠诚的誓词。誓词最初由弗朗西斯·贝拉米撰写，并于 1942 年被美国国会采纳。至今为止，该誓词被修改过 4 次。

③ 《克努特·罗克尼，所有美国人》（Knute Rockne, All American）是一部 1940 年的美国传记电影，讲述了圣母大学橄榄球队教练克努特·罗克尼的故事。

时候,他在出租公寓附近挨家挨户地送煤、冰和木头。他在沃勒高中投篮时能跳 90 厘米高,他是家里第一个上大学的人,利用篮球奖学金进入亚拉巴马州州立大学,一所位于蒙哥马利的历史悠久的黑人学校。1955 年,用他的话说,他把跳投引入了美国"迪克西"的中心地带。在蒙哥马利巴士抵制运动①期间,他是一名学生;民权领袖拉尔夫·阿伯内西②介绍他宣誓加入卡帕·阿尔法·珀西③兄弟会;马丁·路德·金是他所在教会的牧师。怀特不甘愿忍受歧视,但他也没有参加抗议活动。他从未对这个国家的制度失去信心,也从未质疑自己克服困难的能力。

在卡布里尼-格林住宅,怀特不是唯一勤勤恳恳地让孩子们忙碌起来的人。埃拉克斯·泰勒(Elax Taylor)在哈德逊北大道 911 号高层住宅的地下室经营"911 青少年俱乐部"(911 Teen Club)。玛丽昂·斯坦普斯(Marion Stamps)从联邦"示范城市计划"和其他"向贫困宣战"项目中获取资金,开设了一家诊所、一个青年中心和一所教授非洲中心主义(Afrocentric)课程的非传统学校。阿尔·卡特(Al Cater)创办了一个青年基金会、一支少年棒球联盟球队和卡布里尼-格林奥林匹克运动会。休伯特·威尔逊还有一支"海盗队"。许多居民自愿贡献自己的时间担任教练和指导,或以很少的报酬服务于非营利性的日托和课后项目。但杰西·怀特有一种独特的能力,可以消除高层住宅的孩子们和附近有钱人之间的鸿沟。1957 年,他在大学毕业后应征入伍,在第 101 空降师服役。他在芝加哥小熊队(Chicago Cubs)的青训系统中打了 8 年职棒小联盟比赛,每年秋天返回芝加哥,在卡布里尼住宅的公园区运行青少年项目。就像当时芝加哥的其他公职分配那样,怀特通过民主党政党机器,得到一份公园区的工作。每次选举时,怀特的父母都会带着选民去投票站投票,他

---

① 蒙哥马利巴士抵制运动(Montgomery bus boycott)是美国民权运动历史上的一座里程碑,最终促使 1956 年美国最高法院作出裁决,裁定蒙哥马利市公交系统的种族隔离违宪。

② 拉尔夫·阿伯内西(Ralph David Abernathy, 1926—1990)是非裔美国人民权运动中的一位领袖、马丁·路德·金的挚友,曾任南方基督教领袖会议的创始人和主席(1968—1977)。

③ 卡帕·阿尔法·珀西(Kappa Alpha Psi)是一个历史悠久的非裔美国人兄弟会,1911 年 1 月 5 日在印第安纳大学伯明顿分校成立,有超过 16 万名成员。

所在选区的选区长推荐了他。怀特与选区委员乔治·邓恩（George Dunne）关系密切，后者一生都在近北区附近工作，曾在伊利诺伊州众议院任职，后来成为库克县委员会主席，这是该市权力仅次于芝加哥市长的第二把交椅。怀特对民主党政党机器"政治恩庇"系统忠诚的裙带关系深信不疑——只有你被提拔了，才能去提拔其他人。通过政党，他找到了一些热心的商人，愿意帮他购买货车接送竞技队，还帮卡布里尼-格林住宅的其他孩子购买冬季外套和鞋子。

凯尔文从来不是"杰西·怀特翻腾竞技队"的成员，但他曾是怀特手下的小童子军和童子军。作为一名"怀特先生男孩巡逻队"（Mr. White's Patrol Boys）队员，他会穿上制服指挥其他孩子上下学。凯尔文8岁的时候，怀特在席勒小学负责教50名学生滑雪。他们既没有上过雪坡，也没有踩过滑雪板，但这是凯尔文出生以来最激动的一天。"对我们很多人来说，他就像一个不在家里住的父亲，"凯尔文说，"他带我们去那些父亲才会带我们去的地方。他陪伴着我们，就好像我们是他的孩子。"

转到席勒小学后不久，凯尔文就第一次经历了真正的打架，当时他才8岁。凯尔文和雷金纳德·布莱克蒙在一个建筑工地旁边的垃圾填埋场玩"山大王"游戏。两个来自隔壁比尔林北街1230号高层住宅的男孩过来挑战他们。其中一个是佩里·布劳利（Perry Browley），他是"杰西·怀特翻腾竞技队"的明星。后来，他在做空翻动作时，由于手没抓住裤子上的绑带，导致身体展开过快，摔断了脖子。所有人都以为他会终身瘫痪，但佩里康复了，甚至创立了自己的翻腾竞技项目，在西区教授体操和解决冲突的方法。话说回来，那时他也才8岁，凯尔文粗暴地把他从垃圾堆上拖了下去。凯尔文举起双臂，庆祝自己的胜利。但是，和佩里在一起的那个男孩比他大两岁。他打掉了凯尔文的一颗牙。凯尔文环顾四周寻求朋友的帮助，但雷吉已经跑得无影无踪了。

4 战士帮[①]

多洛雷丝·威尔逊

　　"卡布里尼-格林住宅真是宁静而美好，"多洛雷丝·威尔逊回忆起金遇难之前，那场暴动尚未发生时的日子。"我们不必担心帮派活动。老戴利把'石帮'(the Stones)搬进卡布里尼住宅之后，墙上开始出现帮派的文字，枪声四下响起。就这样，各种各样的帮派开始在卡布里尼-格林住宅形成。""石帮"的全称是"眼镜蛇石头帮"(Cobra Stones)，一个西区帮派。金遇刺后，西区社区发生火灾，导致 1000 多人无家可归。而当时芝加哥最大、空房最多的地产业主就是当地政府。政府进行了资源调配，简单粗暴地应对危机，把西区家庭整体搬进卡布里尼-格林住宅中的连体塔楼塞奇威克北街 1150—1160 号，它就在多洛雷丝·威尔逊那栋大楼的北侧。这或许是社会保障体系应该负担的责任。它挽救了濒于危难的人，在他们坠入深渊之前拯救了他们。但运营一个住房项目是一回事，运营一个紧急避难所则是另一回事。至少，政府需要增加管理人员以面对突然涌入的无家可归的家庭，并提供他们所需的服务。然而，卡布里尼-格林住宅毫无动作。

　　"眼镜蛇石头帮"很快就在塞奇威克北街 1150—1160 号大楼活动了。这栋大楼后来就被叫作"岩石"(the Rock)。芝加哥的黑人帮派分为两大

---

①《战士帮》(The Warriors)是一部 1979 年的美国动作惊悚片，改编自索尔·尤瑞克(Sol Yurick)1965 年的同名小说。剧情描述一名帮派重要人士遭到暗杀后，来自康尼岛的战士帮被指控为凶手，这使他们成为各路帮派的追杀目标。

联盟，"众伙联盟"(the People)和"兄弟联盟"(the Folks)。"众伙联盟"包括"黑石游骑兵帮"(Blackstone Rangers)、"眼镜蛇石头帮"、"米奇眼镜蛇帮"(Mickey Cobras)以及"罪恶领主帮"(Vice Lords)；"兄弟联盟"则包括"黑帮门徒帮"(Gangster Disciples)和"黑人门徒帮"(Black Disciples)。两大联盟都发迹于南区。由于卡布里尼-格林住宅与其他黑人街坊隔离，所以在过去，这里的街头帮派和小混混大多与这两大联盟没有关系。但是"眼镜蛇石头帮"的到来改变了这一点。步枪子弹从"眼镜蛇石头帮"所在的高层住宅的窗户里射出，周围大楼的青少年也开始武装起来。如果"眼镜蛇石头帮"向他们射击，他们就反击回去。在相邻的一栋大楼里，年轻人组成一个叫"黑人帮"(the Blacks)的帮派。紧挨着历史上的"死亡角"，齐刷刷的大楼之间的柏油路见证了所有暴力事件，被人们称作"杀戮战场"。

站在这片开阔地上，抬头望向四面"红楼"交错组成的高墙，这里仿佛就是峡谷的底部，你会突然意识到自己有多么脆弱。以前这里只有一栋栋冷漠的建筑物，现在看起来则杀机四伏。从地面到楼顶共有1000扇窗户，其中任何一扇窗户的背后，都有可能埋伏着一个端着步枪的17岁孩子，他漫不经心地开枪杀人，像弄死一只蚂蚁那样简单。一位推着婴儿车的妇女从下面经过时，险些被枪打死。休伯特·威尔逊的"海盗队"不再在柏油路上彩排了。管理附近圣约瑟夫教区(Saint Joseph parish)的神父为他们开放了体育馆，但由于当时大楼之间的关系非常紧张，在晚上回家的路上，男孩女孩们只能在裸露的混凝土场地上狂奔。

多洛雷丝从来没有和女儿们红过脸，凯凯也是个书呆子。他常常在外廊上坐到深夜，在外廊的顶灯下看书。而其他几个儿子都比较叛逆，尤其是迈克尔，挨了休伯特最多的鞭子。威尔逊大楼里的青少年组成一个叫"平手帮"(the Deuces)的帮派，迈克尔是成员之一。多洛雷丝对此很不高兴，但她能理解。"如果他们从大楼的一边出来，就会有'眼镜蛇石头帮'朝他们开枪。"她解释说，"如果他们从另一边出来，'黑人帮'就会朝他们开枪。"

一天晚上,警察在迈克尔的大楼前面抓住了他。他们带着他上了高速公路,向南开了9公里,来到老戴利市长和许多城市警察居住的爱尔兰飞地布里奇波特街坊。迈克尔认为警察在为卡布里尼-格林住宅的"眼镜蛇石头帮"提供武器,说他看到一辆巡逻车停在塞奇威克北街1150—1160号大楼前面,警察们打开后备箱,把步枪递给帮派成员。现在警察把他扔到布里奇波特街坊。"在布里奇波特,甚至连黑车都没有。"多洛雷丝说。电话铃响时,她和休伯特正在睡觉。迈克尔在一家酒馆外找到电话亭。休伯特叫他不要动,尽量别被人看见,之后,他开车到那里找到了儿子,把他带回家。还有一次,迈克尔被带到警察局。当多洛雷丝赶到时,一名警官正在让她的儿子指认那个把他推到墙上的警察。多洛雷丝知道,警察们正急切地等待迈克尔的回答。警察冷漠又粗暴地对待所有卡布里尼住宅的黑人,多洛雷丝确信,他们在找理由把迈克尔带进里屋,想给他上一课,让他知道挑战警察权威会有什么下场。"住嘴,迈克尔!"她喊道,"你还记得说谎的下场吗?"他愣了一下,但很快就明白了。迈克尔说他不知道是谁推了他,警察让他和妈妈一起离开了。

随着越来越多的暴力事件在卡布里尼住宅发生,休伯特给多洛雷丝买了一把手枪。那是一只可爱的珍珠手柄的小德林格①,刚好能放在她的钱包里。比起那些可能发生的危险情况,她更害怕乘车付车费的时候,手枪不小心走火。这些年来,多洛雷丝一直光顾南区的理发店,每隔几周,她就会搭公共汽车或火车回到她的老街坊。在从南区返程的路上,她坐在行驶的迪威臣街的公共汽车上,三个人在离卡布里尼-格林住宅几个街区的克拉克(Clark)站上车。就在她前面两排,他们围住一个墨西哥人,用指甲锉抵住他的喉咙。最初,多洛雷丝轻轻拍了那几个年轻人的后背。"你为什么不放了他? 这是不对的。"她喊道。她不可能掏枪。"我不是一个好的撒玛利亚人②,"她说,"轻轻拍那些人的后背,几乎就是我能做的全

---

① 德林格(Derringer),一种大口径短筒手枪。
② 撒玛利亚人的典故来自《圣经》。有一次,一个犹太人被强盗打劫,受了重伤,躺在路边,有祭司和利未人路过但不闻不问,唯有一个撒玛利亚人来到路边,将他救起并进行照顾。

部了。"当两名警察经过公共汽车时,司机按响了喇叭,几名劫匪跳下公车,跑进了最近的卡布里尼高层住宅。墨西哥人向警察报告了劫匪的罪行,爱管闲事的多洛雷丝也跟着下车了。这时,她感觉下了阵小雨。她刚做好头发,赶紧用一只手捂着头,穿过柏油路一路小跑回家。电梯门打开了,她看到地板上有一张对折的、崭新的 10 美元钞票。她把整个经过告诉了休伯特,说:"看,上帝知道你做了好事。"

1969 年,"黑人门徒帮"的创始人大卫·巴克斯代尔(David Barksdale)将他的帮派与"黑帮门徒帮"合并,创建了"黑人黑帮门徒帮"(Black Gangster Disciples Nation)。结盟结束了两个帮派的街头争斗,让他们能在南区更好地与杰夫·福特(Jeff Fort)的"黑石游骑兵帮"竞争,争夺对毒品和赌博交易的控制权。尽管"黑石游骑兵帮"和"黑人黑帮门徒帮"之间的枪战仍在继续,但这些帮派宣称他们的运作即将合法化,这引起了人们的注意。这些"街头组织"表示,他们将利用自己的"行政知识"和人力资源重整组织,成为一支正义的力量。伍德劳恩组织(Woodlawn Organization)是一个草根社区组织,它在南区成立,目的是反对海德公园(Hyde Park)附近的城市更新计划。该组织从约翰逊总统的经济机会办公室获得了近 100 万美元的联邦拨款,用于运行由"黑人黑帮门徒帮"和"黑石游骑兵帮"领导的职业培训项目。这两个帮派都有专门针对犯罪青少年的训练设施。"黑石游骑兵帮"创办了一份报纸、一个法律辩护项目和"黑人和平石帮[①]青年中心"。

在西区的北劳恩岱尔,一个叫"保守党罪恶领主帮"(Conservative Vice Lords)的黑帮走得更远。他们开办了一所接收高中辍学生的街头学院、一个艺术工作室、一个社区美化组织("在原本洒满碎玻璃的地方种草"),并提供就业指导和住房服务。这个帮派开设了"少年城"(Teen Town)冰淇淋店、两个娱乐中心和非洲狮(African Lion)服装店。这个帮

---

① 黑人和平石帮(Black P. Stone),杰夫·福特控制"黑石游骑兵帮"后,将其重新命名为黑人和平石帮。

派合法成立了保守党罪恶领主帮股份有限公司（CVL）。他们从洛克菲勒基金会、福特基金会、州和联邦政府、西尔斯百货、西部电气公司和伊利诺伊州贝尔电话公司（Illinois Bell Telephone）获得资助，还通过在综艺节目《小萨米·戴维斯秀》^①上举办警察开放日来与市政府官员会面，证明他们"大转变"的真实性。"我们发生转变，是因为想要为自己的社区做些事情。"CVL 的发言人博比·戈尔（Bobby Gore）说。1969 年前后，三个主要的黑人帮派，"领主帮""石帮"和"门徒帮"组成"LSD"联盟（领主、石头和门徒的英文首字母缩写），开展一系列抗议工会的示威游行活动，要求工会雇佣、培训和提拔非裔美国人。他们关闭了建筑工地，并向市政厅的方向游行。这些戴着贝雷帽和太阳镜的黑人年轻人聚集在卢普区的场景，让有些人感到骄傲，也让另一些人感到恐惧。

除了黑人帮派，老戴利也是改过自新的榜样之一。1919 年夏天，他17 岁，在汉堡体育俱乐部担任主席，见证了芝加哥最严重的种族骚乱。这起暴力事件的起因是一名黑人青少年在密歇根湖漂流时，越过了湖中间无形的白人—黑人聚居区分界线；白人用石头砸他，直到他淹死。骚乱更主要的原因是城市中非裔美国人的激增，当时他们刚从南方来到芝加哥，正值大迁徙^②的第一波浪潮。戴利所住的布里奇波特社区，就在"黑人地带"的边缘，白人居民已经准备好反抗黑人移民潮。那一年中，许多搬到这些边缘地带的非裔美国人的住房被炸毁。在持续 5 天的暴乱中，38 人死亡，数百人受重伤，非裔美国人占伤亡人数的三分之二。一份对骚乱的调查显示，汉堡体育俱乐部犯有煽动袭击黑人的罪行，尽管老戴利本人从未参与任何袭击事件。他能够长大并离开这个群体、继续前进，是因为布

---

① 小萨米·乔治·戴维斯(Samuel George Davis Jr., 1925—1990)是一位非裔美国歌手、舞蹈家和喜剧演员。他帮助打破了当时娱乐产业中存在的种族障碍，1966 年，他有了自己的电视综艺节目，即《小萨米·戴维斯秀》。

② 1916 年到 1970 年之间，超过 600 万非裔美国人从美国南部迁徙到西北部、中西部和西部各个城市。这次迁徙被称为大迁徙(Great Migration)，使美国人口分布发生了巨大变化。1910 年到 1930 年间，纽约、芝加哥、底特律、克利夫兰等城市的非裔美国人人口增长了大约 40%，而受雇于工业部门的非裔美国人人口几乎翻倍。

里奇波特社区的青少年有着就业机会。CVL 的领导人认为,如果芝加哥的黑人社区也有类似的机会,那么"罪恶领主帮""门徒帮"和"眼镜蛇石头帮"的成员们在将来也能从事合法的职业。

帮派确实做了一些社区工作,但他们也造成许多破坏。城市机构也是如此。但是,老戴利市长对此嗤之以鼻。他宣称任何帮派合法化的主张都是纯粹的托词,他们只是在为非法行为打幌子。在民主党的大本营芝加哥,没有反对派的老戴利已经变成维护法律和秩序的坚定保守派。他把马丁·路德·金视为颠覆分子,在金被暗杀后对暴徒宣战,并在 1968 年芝加哥民主党全国代表大会期间暴力镇压示威活动。老戴利宣布了一项新政策,将街头帮派视为有组织犯罪者,而不再是任性的年轻人。芝加哥警方成立了专门的黑帮情报部门,老戴利向各基金会施压,要求他们切断对这些组织的资助,否决职业培训拨款,并禁止警方与任何可疑的黑帮成员交谈。该部门突袭了"门徒帮"和"游骑兵帮"与伍德劳恩组织合作运行的项目。1969 年 12 月的一个清晨,14 名芝加哥警察冲进一套黑豹党成员居住的西区公寓。在激烈的枪战中,两名警察以自卫为由,杀死了 21 岁的黑豹党伊里诺伊州分会领导人弗雷德·汉普顿(Fred Hampton)和该组织的安保人员马克·克拉克(Mark Clark)。弹道报告显示,近百次射击中,除了一枪以外,其余子弹全部由警察发射。警察射击时,汉普顿和其他人还躺在床上。同一个月,芝加哥警方逮捕了几名黑帮头目,他们被指控犯有一系列罪名,其中一些很快被驳回,另一些则被保留。CVL 的发言人博比·戈尔,被控在奥格登大道一家酒吧外犯谋杀罪,被判处 25 至 40 年监禁。在监狱里,他因为努力维持囚犯之间的和平被称为"基辛格"。1979 年被释放时,他来到卡布里尼-格林住宅,在一家帮助狱友找工作的基金会分部工作。

拥有 1.2 万名警员的芝加哥警察局,也在努力修复与该市黑人社区的关系。1968 年的秋天,在警察因为追逐扔石块的青少年进入卡布里尼高层住宅,并误伤了男孩姑姑怀里 1 岁大的婴儿后,警察局派了 45 名黑人警察到该社区安抚居民,防止发生新的骚乱。警察局开始在卡布里尼-

格林住宅开展特别的"边走边谈"活动,警官步行与居民聊天,希望双方能彼此了解、互相尊重。詹姆斯·塞弗林警司(Sergeant James Severin)和安东尼·里扎托巡查(Officer Anthony Rizzato)自愿担任社区治安任务。38 岁的塞弗林曾经是一名保险调查员和陆军下士,是一名拥有 13 年警龄的退伍军人,当民权领袖马丁·路德·金搬到西区时,他曾在安保部门保护他。里扎托 35 岁,已婚,有两个孩子。四年前,他和他的兄弟一起报名成为警察。里扎托和塞弗林都是性情平和、谦逊之人。他们都同意,与一个住在公共住房里的孩子一起玩棒球,要比因为他向汽车扔瓶子而逮捕他更加明智。

1970 年 7 月 17 日晚上 7 点,外面还亮着灯,里扎托和塞弗林正在步行巡逻。他们走到"红楼"包围下的苏厄德公园棒球场。头顶上的两栋大楼同时传来步枪声——塞奇威克北街 1150 号大楼和克利夫兰北大道 1117 号大楼,正是"岩石"和多洛雷丝·威尔逊家所在的大楼。塞弗林和里扎托都被击中了。到达现场的警察无法救出他们;狙击手继续从高层住宅向下扫射,警察们被迫寻找掩体。更多的警察赶到,有 100 多名,在与看不见的敌人交火时,他们打烂了窗户和纱窗。警队的退伍军人说,这是他们在芝加哥所经历的最接近海外战场的时刻。警察们带来了重型武器大炮,一架警用直升机在公园上空盘旋,发出刺目的灯光。巡逻警察把成组警车开到场地中组成掩体,救出他们的同事。塞弗林和里扎托被送往附近的一家医院,在那里,两人被宣布死亡。

6 岁的凯尔文·坎农看到直升机在他的窗外盘旋。警察突袭了所有建筑并封锁了出口。多洛雷丝·威尔逊的一位邻居询问警察发生了什么,警察把他打倒在地,用警棍殴打他。警察搜查每一间公寓,用攻城槌和大锤砸开任何一扇没有向他们敞开的门。警察当晚逮捕了几个人,包括所有不合作的人。其中一名嫌犯是 23 岁的"黑人帮"成员乔治·奈特(George Knight)。在向另一名嫌疑犯发出逮捕令时,18 岁的"眼镜蛇石头帮"成员约翰尼·维尔(Johnny Veal)担心警察会在审讯中杀了他,于是他在律师的陪同下向法官自首了。检察官表示,这两名男子以联手杀害警察的方式,庆祝敌对帮派之间达成的停战协议。他们都被判有罪,并被判处至少 100 年监禁。

经历了近年来的动乱,这场事件依然震惊了这座城市。对许多人来说,警察被杀代表芝加哥陷入了混乱。在街上,人们对权威的敬意完全消失了。"两名警察在执行改善警民关系的任务时惨遭市民谋杀,这个城市完备的法律和秩序彻底崩溃。"一位警察代表说。《保卫者报》的一篇社论称这起谋杀案为"迄今为止在黑人社区泛滥的恐怖主义行为中,最骇人听闻的事件之一"。公共住房从一开始就得不到信任,某些批评者始终对任何帮助穷人的行为保持警惕。在 20 世纪 50 年代冷战的歇斯底里中,卡布里尼联排住宅的居民被迫对政府效忠宣誓以换取援助。而现在,公共住房则被视为太多依赖福利的黑人聚居的拥挤、逼仄之所。仅仅在一代人之前,公共住房项目的目的还是清除贫民窟,现在,这些"项目"却代表着衰落的城市中所有的无序和异质性。此时,卡布里尼-格林住宅已经成为所有问题频发的公共住房的代名词。"就是从那时开始,"多洛雷丝·威尔逊说,"他们会说:'这一切都发生在卡布里尼。'"

就像之前的意大利贫民窟,卡布里尼-格林住宅距离黄金海岸街坊仅仅几个街区,优越的地理位置使它更加臭名昭著。在暴乱持续升级的芝加哥,在之前的 18 个月内,已发生了另外 12 起警察被杀案件,其中 11 起发生在南区。在恩格尔伍德社区,当一名警官坐在他的巡逻车里填写报告时,有人走了过来,向他近距离开枪。然而,1970 年时,大多数芝加哥白人很少在诸如恩格尔伍德的南区社区驻足,他们可能只是在丹·瑞安高速公路上超速行驶,同时经过罗伯特·泰勒住宅。而卡布里尼-格林住宅是芝加哥罕见的白人与贫穷黑人仍有交集的边界。白人日常会开车甚至步行经过卡布里尼-格林。来自林肯公园、老城区和卢普区河畔的人,要么对这个住宅社区避犹不及,要么就把它看作一个可以弄到违禁品的地方。阅读媒体对卡布里尼深夜暴力犯罪的报道时,他们仿佛经历了一次次死里逃生。

同样,这座城市的新闻团队只需要看看自己的"后院",就能发现另一个发生在公共住房中的残酷故事。塞弗林和里扎托被谋杀后的几天甚至几周内,发生在卡布里尼-格林住宅(甚至只是在它附近)的每一起事件,都获得广泛的新闻报道。记者们个个纳尔逊·艾格林附体,充分运用了黑色电影般的视角。断断续续的枪声被描述为"一种特殊的雨"。卡布里尼住宅的数千名儿童"被一只方圆 28 公顷的、冰冷的钢筋混凝土拳头攥在手中"。《芝加哥论坛报》一篇题为《近北区地狱》(*Near North Hell*)的社论,为古老的"小地狱"绰号招魂,将卡布里尼描述为"神话怪物九头蛇的头,解决一个问题,就会冒出来两个新问题"。《芝加哥太阳报》刊登了特别系列报道,他们派了一个黑人特约撰稿人——实际上是一个还在上学的报社实习生——去卡布里尼-格林住了一段时间。报纸刊登了他的报道,仿佛那是收集自越南丛林的一手档案。"他在那里住了好几天,与居民交谈,在昏暗的走廊和杂乱的操场上闲逛,与那里的孩子们一起打球。"

因此,在警察被杀后,卡布里尼-格林住宅不再仅仅是一个问题频发的真实社区,而是成为一个抽象概念。很快,卡布里尼-格林住宅就成为诺曼·李尔(Norman Lear)创作的黄金时段情景喜剧《好时光》(*Good Times*)的取景地。该剧讲述了一个五口之家在两室一卫的公共住房公寓里艰难奋斗的故事。剧中,詹姆斯·埃文斯,一位大家族的家长,命令被中学停课处罚的小儿子回到自己的房间,因为他在学校把乔治·华盛顿叫作"蓄奴的种族主义者"。"可是,爸爸,"他的儿子这样说,"这里就是我的房间。我是睡在沙发上的小家伙。"《好时光》是当时收视率最高的电视节目之一,仅次于《全家福》(*All in the Family*)、《桑福德和儿子》(*Sanford and Son*)、《小伙和男人》(*Chico and the Man*)和《杰斐逊一家》(*The Jeffersons*)——所有这些节目都迎合了美国人对种族、阶级和内城动荡的关注。《好时光》的创作者之一,埃里克·蒙特(Eric Monte)在卡布里尼的联排住宅长大,他根据自己青少年时期的经历创作的电影《库利县高中》[①]被誉为美国黑人版的《美国风情画》[②]。20 世纪 70 年代的城市犯罪小说《卡

① 《库利县高中》(Cooley High)是一部 1975 年上映的美国成长喜剧电影,讲述了高中生主人公和他最好的朋友"布道者"勒罗伊·杰克逊和"科奇斯"理查德·莫里斯的故事。
② 《美国风情画》(American Graffiti)是一部 1973 年的美国成人喜剧电影。影片以 1962 年加利福尼亚的莫德斯托(Modesto)为背景,讲述了一群青少年在一个晚上的冒险故事。

布里尼-格林住宅的恐怖》(The *Horror of Cabrini-Green*),其封面上的宣传语是"在芝加哥最糟糕的公共住房项目中,一个年轻人为生存而进行的残酷斗争"。以卡布里尼-格林住宅为题的每一部作品都增添了这里的传奇色彩,也反过来塑造了这里的现实。在《卡布里尼-格林住宅的恐怖》中有一段残酷的情节:一名8岁的孩子被强奸;警察开枪打死了一名偷了一包薯片的孩子;16岁的叙述者博斯科(Bosco)和所在帮派的其他成员一起,闯进一个社区教堂并绞死了牧师。"见鬼,今天真是暴力的一天,不是吗?"博斯科的一个朋友冷眼旁观,建议他们去另一栋高层住宅,看看他们认识的一个男孩是不是正在被揍。"矮子和我一致认为,今天绝对是暴力的一天,"博斯科说,"现在,让我们去看杰西被打屁股吧。"

在一份公共住房的简报中,芝加哥住房管理局的媒体关系官员提到卡布里尼-格林住宅在市民脑海中构成的印象:"'卡布里尼-格林'这个词现在不仅仅代指芝加哥以天主教圣徒和劳工领袖命名的公共住房开发项目:它还成为城市市民和'项目'居民心中'恐惧'的代名词。"作为一个重大的公民问题,卡布里尼-格林住宅已经无法被忽视:它需要得到处理和解决。在谈到人们对卡布里尼住宅的巨大关注时,一位芝加哥住房管理局的官员表示:"仿佛只要关注这个社区并孤立它,就可以驱除这个城市的暴力、犯罪、贫困和种族恐惧。"

卡布里尼-格林住宅的"新名气"引来杰西·杰克逊(Jesse Jackson)。1970年,杰克逊负责运行"面包篮子行动[①]的芝加哥分部。"面包篮子行动"是南方基督教领袖会议(SCLC)的一个分支,致力于改善非裔美国人社区的经济状况。在高层住宅前召开的新闻发布会上,他称赞了塞弗林和里扎托。他还呼吁人们将卡布里尼-格林住宅称为"黄金海岸的心灵彼岸",并准备担任新建的"卡布里尼-格林人民组织"的发言人。"卡布里

---

① 面包篮子行动(Operation Breadbasket)是一个致力于改善美国各地黑人社区经济状况的组织,成立于1962年。

尼-格林人民组织"指出,卡布里尼-格林住宅的居民数量相当于大多数郊区村庄或城镇,却几乎没有必需的服务和便利设施。他们需要更好的街道照明,需要儿童保育设施、一间配备医护人员的急诊室,以及3个奥林匹克标准尺寸的游泳池(按照每5700人配一个游泳池来计算)。该组织还坚持要求雇用一家黑人所有的公司来负责这个住宅项目的安保工作。"在越南,黑人有足够的能力担任军警,"杰克逊称,"为什么他们就不能在芝加哥警察局里当警察呢?"杰克逊给尼克松总统发了一封电报,请求联邦政府为卡布里尼-格林住宅提供救灾援助。虽然这个公共住房项目"没有遭受常规定义上的自然或人为灾难",杰克逊写道,"但这个地区必须被视为灾区,因为潜在的恶劣条件会导致进一步的紧张局势。"

尼克松回应了杰克逊的要求,派住房与城市发展部部长乔治·罗姆尼①前往卡布里尼-格林住宅。两年前,作为前密歇根州州长的罗姆尼在共和党初选中败给了尼克松,在短短几周内,他从总统竞选的领跑者变成了落败者。与尼克松相比,他是一位温和的共和党人。对于近期的内城骚乱,他的结论与联邦委员会研究后得出的结论一致:种族隔离正在摧毁美国。在新的内阁职位上,他计划利用公共住房把非裔美国人从城市贫民区搬到繁荣的郊区。1969年,在芝加哥,一位联邦法官曾经命令芝加哥住房管理局这样做,裁定该机构在黑人社区开发的城市公共住房加剧了种族隔离,并直接违反了1964年《民权法案》②和《美国宪法第十四条修正案》③的平等保护条款。这场针对芝加哥住房管理局的废除住房种族隔离的集体诉讼是以多萝西·高特罗(Dorothy Gautreaux)命名的。她住

---

① 乔治·罗姆尼(George Wilcken Romney, 1907—1995),美国政治人物及企业家,曾任美国住房及城市发展部部长(1969—1973)。

② 1964年《民权法案》是美国在民权和劳动法领域的标志性立法,裁定因种族、肤色、宗教信仰、性别或来源国而产生的歧视性行为非法。这一法案禁止公民投票中的不平等待遇以及学校、工作场所和公共空间中的种族隔离。

③ 《美国宪法第十四条修正案》于1868年7月9日通过,涉及公民权利和平等法律保护,最初是为了解决南北战争后昔日奴隶的相关问题。第十四条修正案对美国历史产生了深远的影响,有"第二次制宪"之说,但有关此修正案的法律解释和应用在美国国内一直受到争议。

在阿尔盖尔德花园,一个位于遥远南区的全黑人社区。尽管法官最终判决原告高特罗获胜,但诉讼持续了多年,一直打到最高法院。审判后,老戴利市长选择终止几乎所有的公共住房建设,而不是依据法院裁决在白人社区建造公共住房。从 1969 年到 1980 年,芝加哥只增加了 100 多套公共住房单元。罗姆尼认为,作为开放社区[①]倡议的一部分,他可以拒绝向任何不愿增加公共住房的郊区提供联邦援助。这位住房部长已经是尼克松政府的局外人,他决定瞒着总统实施这个废除种族隔离的项目。这也注定了这个计划不会在公开后得到很好的反响。

不过,罗姆尼首先视察了卡布里尼-格林住宅。在闷热的 8 月里的一天,也就是警察被杀两周后,他和杰西·杰克逊在这个公共住房项目里散步。这是一个奇怪的场景。罗姆尼以典型的、极快的步伐移动,而"面包篮子行动"和"卡布里尼-格林人民组织"的成员们把这两个人围起来,将记者和居民推到一边。杰克逊带着住房与城市发展部部长来到塞弗林和里扎托被枪杀的地方,指着上面狙击手的巢穴。罗姆尼和杰克逊匆匆赶到塞奇威克北街 1150—1160 号,也就是"岩石"大楼,进入其中一间公寓。在随从们的小跑陪同下,他们视察了高层住宅周围的大片混凝土场地,以及被当地人称为"浴缸"的小型公共游泳池。在圣多明我教堂,居民们向罗姆尼讲述了卡布里尼-格林住宅的情况。老鼠和坏掉的电梯,单身母亲在无望的日子里消磨时光,帮派和毒品,从未实现的工作和服务承诺,警察用枪或咒骂将他们限制在 28 公顷的孤岛中。罗姆尼对此深信不疑。他宣称,仅靠安保措施无法解决卡布里尼-格林住宅的问题,然后他离开了。杰克逊,发现自己独自一人站在记者面前,宣布当天的视察取得了巨大成功。

然而,卡布里尼-格林住宅的情况却每况愈下。出于惩罚和恐惧,市政部门停止了定期的垃圾清运。同样,居民也不再将社区视为自己的家。

---

① 开放社区(Open Communities)由住房与城市发展部部长乔治·罗姆尼提议,意在利用该部门的资金来吸引或强迫郊区撤销排他性住房分区法。

谋杀案和警方的反应让很多人崩溃了。出于对安全的担忧,年长租户被允许搬到其他地方的长者住宅。到年底,超过 700 个家庭搬离了卡布里尼-格林,占 3600 个家庭的五分之一,几乎全部来自高层住宅。许多在公共住房名单上的人,选择等待更长的时间而不是接受这里的空置单元。真正搬进去的住户通常是比前任更加贫穷和不稳定的家庭,领取救济的家庭和单亲家庭的占比双双涨到了四分之三。卡布里尼住宅的现实愈发接近人们的"传说"。1971 年 5 月,老戴利市长拜访白宫,他告诉尼克松,种族恐惧已经摧毁了芝加哥的公共住房。

"卡布里尼-格林住宅有 750 个空置单元,而且白人不愿搬进去。"老戴利说。

"那是什么东西?"尼克松问。

"那是一栋白色的高层住宅,尽管里面住的全是黑人。那是一栋犯罪率很高的高层住宅。"

城市规划师奥斯卡·纽曼[①]以高层公共住房的设计为例,阐述了其关于建筑的物理布局如何鼓励或预防犯罪的理论。纽曼认为,作为超级街区的公共住房缺乏"防御空间"(defensible space),因此成为战后现代主义建筑最糟糕的代表。这些高层建筑之间没有街道穿过,也没有商业设施,形成没有共同所有权或共同监督意识的死亡地带。这里是犯罪率最高的地方。用简·雅各布斯的话说,超级街区限制了"街道眼"[②]和"成年

① 奥斯卡·纽曼(Oscar Newman, 1935—2004),加拿大建筑师、城市规划师、雕塑家。"防御空间"是他提出的有关预防犯罪和社区安全的理论。纽曼认为,建筑和环境设计在增加或减少犯罪方面起着至关重要的作用。该理论在 20 世纪 70 年代初发展起来,研究指出,与低层公共住房相比,高层公共住房的犯罪率更高。他总结说,这是因为居民认为自己无法控制这样的巨型社区,或对它缺少个人责任。

② 雅各布斯认为,城市人行道和人行道的使用者能积极阻止城市混乱。健康的城市人行道并不依赖于持续的警察监视,而是依靠"互相关联的、非正式的网络,这是一个有着自觉的抑止手段和标准的网络,由人们自行产生,也由其强制执行"。状态良好的街道往往相对安全,而废弃的街道往往相反,大量居民对街道的使用可以防止大多数暴力犯罪,或至少确保有一定数量的目击者,以减轻事件的影响。当街道由"天然居住者"(natural proprietors)监视时,自我执行机制尤其强大,他们构成了管理人行道秩序的第一道防线,当情况需要时,由警察当局起补充作用。她进一步总结了城市街道维护所需的三种必要条件:①公共和私人空间的明确划分;②街道上有"眼睛"和足够多面向街道的建筑物;③街道需要旁观者,保证有效监控。随着时间的推移,相当多的犯罪学研究在预防犯罪方面使用了"街道眼"的概念。

人漫步的热闹人行道"，阻碍了街区公共安全的自我调节。她在《美国大城市的生与死》中提出了上述反现代主义的观点，鼓舞了新一代的城市规划师。在公共住房项目中，大多数的暴力犯罪发生在隔离和无人监控的楼梯井、洗衣房和电梯里。市政官员开玩笑说，芝加哥最危险的公共交通工具就是卡布里尼-格林住宅的电梯。

当美国住房与城市发展部获得可自由支配的资金以改善最麻烦的公共住房开发项目时，之前对卡布里尼-格林住宅耸人听闻的报道，便决定了这笔钱的去向。"我们想找到最糟糕的公共住房项目，"一位住房与城市发展部的官员说，"那些由于物理状况恶化、住宅保养不善、问题家庭或严重的社会因素而真正陷入困境、需要扭转局面的项目。我们考虑了许多因素。但在芝加哥，每一个人都知道，那样的项目就是卡布里尼-格林。"随着联邦政府的资金到位，再加上州、县和市各级机构的资助，芝加哥住房管理局在卡布里尼-格林住宅开始了一项 2100 万美元的安全试点项目，用于克服它的结构性缺陷。其中，4 栋高层住宅的大堂被改造。进入这些建筑的通道被缩短了，政府新建了警卫站，阻止任何人在未经搜查的情况下进入大楼。大楼里安装了明亮的灯光、防破坏信箱和钢化玻璃安全窗，大堂内设厕所，这样孩子们就不会在楼梯井里小便了。这 4 栋高层建筑还配备了可以在黑暗中捕捉图像的全天候摄像头，以及最先进的闭路电视系统，用于监控电梯、楼梯间和大楼周围。高层建筑外的区域被铁链和锻铁制成的围栏包围，灯光明亮，庭院长满青草，以便"增加每栋建筑的面积"——尽管这些变化从未发生。同样，"转移和预防"的工作计划也打了水漂，这一计划本应涵盖减少吸毒、酗酒者和青少年罪犯，提供学校援助，教授女性自我防卫和应对措施等一系列社会服务项目。

在其他城市已经放弃了高层公共住房的时候，卡布里尼-格林住宅才姗姗开展了这项未能完全奏效的投资。和卡布里尼-格林住宅一样，圣路易斯的普鲁特-艾格住宅(Pruit-Igoe)也是一个大型公共住房开发项目，由 33 栋 11 层的塔楼组成，提供 2870 个住宅单元。在极短的时间内，它就不可思议地失修了。这些建筑一开始就建得很差，没有足够数量的操场，门把手和门锁用一次就坏了。圣路易斯住房管理局也同样面临资金短缺、效率低下的问题。普鲁特-艾格住宅的居民群体迅速全部转化为贫困人口，其中大多数家庭都由单身母亲维持。因此，在1972年，在这些高层建筑建成仅仅18年后，普鲁特-艾格高层住宅就被炸药引爆。电视上，蘑菇云般的灰尘和碎片覆盖了整个画面，向大多数公众昭告了公共住房实验的结局——它失败了。衰败的高层建筑并不能代表整个国家，尽管它在芝加哥和圣路易斯等城市确实存在：全国四分之三的公共住房单元都不是高层住宅。

在芝加哥，毫无疑问，有许多人也希望爆破这座城市的公共住房塔楼。但是，摧毁卡布里尼-格林住宅的想法似乎在政治上和实践上都绝无可能：这将导致大约1.5万名贫困的芝加哥黑人流离失所。在过去的几十年里，当贫民窟被清除时，那些流离失所的人就会被送进公共住房。那么，项目中的居民如今又可以被送到哪里呢？在新闻里听到这么多关于他们的犯罪事迹后，有哪个社区愿意吸纳他们？果不其然，当郊区的人们了解到乔治·罗姆尼"开放社区"的提案后，表达了强烈反对，该项目还没开始就被废除了。

芝加哥没有选择拆除公共住房，而是宣布卡布里尼-格林住宅的安全试点项目取得了成功。安全项目的第一阶段于1977年初完成。芝加哥住房管理局委托开展的研究表明，翻新后的建筑中，犯罪率降低25%，破坏造成的成本支出降低38%，租户就业率增加27%。芝加哥住房管理局报告称，这些经过翻新的高层建筑中，大部分空置单元已有租户进驻。报纸上登载了称赞这一努力的报道："阳光洒在卡布里尼-格林住宅""卡布里尼-格林住宅复兴""卡布里尼-格林住宅，尽管给人一种暴力和黑暗的绝望印象，但在过去的两年里，已经变成一个更舒适的居住场所。"

芝加哥住房管理局对外分发一本8页的宣传册，里面都是欢快的棕褐色照片，希望通过积极的报道，塑造一个全新的、更好的卡布里尼-格林住宅形象。近年来，该机构向在救济名单上的家庭发送了大量邮件，试图让他们搬入卡布里尼-格林住宅和罗伯特-泰勒住宅的空置单元。在这本小册子上,一个四口之家在精致的客厅里共度温馨时光,孩子们在操场和游泳池里嬉戏,联排住宅被灌木和鲜花所包围。"卡布里尼-格林住宅是大多数芝加哥人再熟悉不过的社区,他们对它通常都持有负面看法,"小册子在纠正这种偏见,"卡布里尼-格林住宅位于芝加哥充满活力的近北区中心地带,这里正在变成一个安全可靠的地方。"在这些宣传册中,卡布里尼-格林与湖畔大道旁的豪华公寓有着相同的安全设施,而租金只是前者的零头,街边还有便利的停车场。"芝加哥住房管理局期待新的卡布里尼-格林住宅大有所为,尤其要靠你们这样的家庭搬到那里去帮助实现这个梦想。"

凯尔文·坎农

对像凯尔文·坎农这样刚步入青少年的年轻人来说,卡布里尼-格林住宅的现实情况似乎与梦想相去甚远。杰夫·福特领导的南区帮派"黑石游骑兵帮",在全市范围(包括近北区在内)进行招募活动。放学时,库利或沃勒高中的学生会发现一伙"黑石游骑兵帮"成员在学校门外等着他们。"你是哪个帮派的?"他们险恶地问道,"你跟谁混?"卡布里尼住宅附近的街道上到处都是戴着红色贝雷帽的人,他们要求男孩们透露所属帮派。你可以回答"石帮",或者选择被揍一顿,不过偶尔走运的话——比如赶上老师或警察出现,或者负责招募的人认识你哥哥,他会小声地告诉你快跑。

1976 年的夏天,凯尔文 13 岁,他和朋友们正在高层住宅对面玩"三振出局"的游戏,好球区是迪威臣西街 714 号大楼沙色墙壁上用喷漆画的一个的方框。凯尔文在外场,一个名叫宾奇(Binky)的男孩正在投球,有四个人站在宾奇和击球手之间,他们年纪大些,已经高中毕业。那时"黑石游骑兵帮"已经控制了卡布里尼-格林住宅的大部分"白楼"。现在,他们朝着凯尔文家来了。

其中一个家伙把肩膀压在宾奇的肩膀上,他们的脸几乎碰到了一起,像是要在打架前跳一支令人紧张的慢舞。大一点的男孩在宾奇耳边低声挑衅："你以为你能赢我吗？"他使劲推宾奇，好像要开打了，但接着又反过来扯着宾奇转了好几圈。这一切都是暴力的冗长前奏，好像这个年轻人正在刺激宾奇采取行动。当宾奇试图继续比赛，挣脱男孩并把橡胶球扔向画好的目标时，事情发生了变化。这个"黑石游骑兵帮"成员迅速朝投手脸上揍了两拳。然后所有人都动了起来。其他四个和他一起的"石帮"成员开始拳打脚踢。凯尔文和他的朋友们冲上去帮忙。比起那伙"黑石游骑兵帮"，他们人数占优，在战局中也占了上风。就在这时，一名"黑石游骑兵帮"成员把手伸进裤兜，一切都静止了。他掏出的手枪有着方形枪托，在阳光下闪闪发光。他用手枪顶住了宾奇的脸。

"我应该一枪崩了你他妈的头。"他举起枪，用枪托敲了一下宾奇的太阳穴。迪威臣西街714号大楼的孩子们四散而逃。

那天晚上迟些时候，孩子们在自己大楼的大厅里重聚，仍然因为肾上腺素飙升而紧张不安。凯尔文和他的朋友们复盘了斗殴的每一个细节，再现了单靠语言无法捕捉的瞬间。他们已经战胜了20岁的年轻人。他们没有加入任何帮派团伙，但也不是被逼走的人。在人生的大部分时间里，他们都结成一伙，和其他大楼里的孩子们比赛或打雪仗；他们中有三四个人会一起去商店偷糖果。"在这里，714号大楼的人体育最好。所以，我们在打架中占优一点也不奇怪。"凯尔文说。他那会儿长得像个棒棒糖，身材又高又瘦，脑袋又大又圆，留着直发。他有一双水灵灵的眼睛，总是咧着大嘴笑，从来不威胁别人，但也没有什么能让他害怕。他很乐意保卫他的大楼。"抄家伙！"这群人这么说。这些孩子的哥哥们是从越南战场回来的，他们早已摸过枪。实际上，他们只是想显摆一下，就像"黑石游骑兵帮"一样。他们不会像帮派分子那样出去恐吓别人，也不打算开枪。但在接下来的几个月里，他们确实和"黑石游骑兵帮"发生了枪战，结果不相上下。他们成功把"黑石游骑兵帮"赶回了马歇尔·菲尔德花园公寓附近的塞奇威克街。"黑石游骑兵帮"被迫离开了卡布里尼-格林住宅的大部分区域。凯尔文喜欢说，他们的抵抗永远改变了这个住房项目的历史进程。

战胜"黑石游骑兵帮"后,这帮来自迪威臣西街 714 号大楼的男孩们,开始和周围高层住宅的人发生冲突。那些大楼里的朋友们也以同样的方式团结在一起。他们举着武器,防止其他青少年闯进大楼入口。来自迪威臣西街 660 号大楼或者拉腊比北街 1230 号大楼的家伙可能会来 714 号大楼,骚扰这里的女孩,对她们无礼。他们会当场揍这家伙一拳,等待对方还击。如果他们推倒了你,你就去他们的楼里,用身体撞翻那些人中的一个。有一天,一群来自埃弗格林西大道 630 号(630 W. Evergreen)大楼的男孩溜进了凯尔文的大楼,把他堵在了外廊上,从凯尔文两侧的楼梯间向他扑来。凯尔文想,与其让一整群人扑向他,还不如只对付一半的男孩,所以他朝一个楼梯间跑去。几个男孩抓住了他,想把他拉下楼梯,凯尔文奋力挣脱。其中一个家伙喊道:"我抓住他了!"但凯尔文一拳打在了他的脸上。这时,凯尔文的朋友在大楼里听到了呼喊声,过来帮忙,入侵者逃跑了。

这些从埃弗格林西大道 630 号大楼来的男孩叫自己"疯子帮"(the Insanes)。在周围的另一栋高楼里,男孩们自称"帝国恶棍帮"(Imperial Pimps),在两栋"红楼"里,分别组成了"亡命之徒帮"(the Outlaws)和"叛变者帮"(Renegades)。即便是在战斗中几乎保持中立的比尔林北街 1230 号大楼,也成立了自己的"黑珍珠帮"(Black Pearls)。凯尔文和迪威臣西街 714 号大楼的伙伴们,决定自称"CC 帮",这是巧克力城(Chocolate City)的首字母。对他们来说,这听起来很酷。但不久之后,他们开始觉得这个名字太温和了。凯尔文说:"我们想要和其他人一样强硬。"于是,他们将小团伙的名字从"巧克力城帮"改成了"帝国黑帮"(Imperial Gangsters)。

同年秋天,开学后不久,卡布里尼-格林住宅"黑帮门徒帮"的领袖召集了几栋"白楼"中所有这些帮派的小混混。他们被告知,某一天下课后的三点半,他们要在中学后面的一个公园碰面。这个公园以林肯总统的战争部长埃德温·斯坦顿(Edwin Stanton)命名。60 个人聚集在那里,每栋楼的男孩们挤在不同的小团体里。接着,波·约翰来了,他的两个副手跟在旁边。波的真名叫锡德里克·马尔特比亚(Cedric Maltbia),20 岁,刚从监狱里出来。他穿着一件无袖T恤,能看出来他在监狱里又壮了不少,脖子上挂着一颗大大的金色六角星——这是"门徒帮"的标志。这里的每一个孩子都认识波·约翰。他也住在"白楼",和一些男孩以及他的弟弟们一起坐过摩天轮。凯尔文的一个哥哥跟"门徒帮"混,他最近因为吸食海洛因被帮派里的人用棍棒殴打。凯尔文认为他的哥哥罪有应得,因为他违反了帮派有关吸毒的规定。凯尔文愿意听波·约翰把话说完。

"我代表这里的'兄弟联盟'。"波·约翰这样开场介绍自己。他称赞迪威臣西街714号大楼的兄弟们成功击退了"黑石游骑兵帮",他说与成年人较量需要勇气。受到这位重要人物的关注,凯尔文和他的朋友们激动得脸红。但随后,"门徒帮"的领袖斥责这些男孩破坏了社区。"你们就像'石帮'一样,互相争斗。"他们都在卡布里尼-格林住宅长大,波·约翰想让男孩们想象一下,如果不把精力浪费在自相残杀上,他们会有多么强大。他告诉男孩们,其他帮派都很腐败,但"门徒帮"为正义而战。他们有准则,有规矩,不会无缘无故地伤害别人,他们光明正大地战斗。站在他面前的人都已经证明了自己有资格成为一名"黑帮门徒帮"的成员。"你们都可以一起混,"波·约翰说,"你们都能在我手下成长。"

凯尔文最喜欢的就是警匪片。他在看完《美国往事》的几年后,开始用片中角色的名字互相称呼同伙成员——"面条"、麦克斯、帕齐。凯尔文变成了大弗兰克,尽管大多数时候他叫做坎农[①],这不是他的真名,而是他以惊人的怪力赢得的绰号。他最喜欢的电影之一是《战士帮》。当他第一次在卢普区的麦克威克斯剧院(McVickers Theater)看这部电影时,他意识到波·约翰就像电影开头的帮派头目一样:在被枪杀之前,他向纽约所有的街头帮派宣扬团结,他说未来是属于他们的,只要他们会数数,就知道自己在人数上不容小觑。帮派只需要克服分歧、团结起来,相信"我能够做到"。这就是波·约翰在席勒小学后面与他们谈话的原因,这样一来,"黑帮门徒帮"就可以占领整个卡布里尼-格林住宅——联排住宅、"白

① 坎农(Cannon),意味"大炮"。

楼"、沿着拉腊比街的"红楼",以及项目南端的"野蛮尽头"(Wild End)。他们只要追随波就行。

这是大多数中学生渴望听到的信息。那时,杰西·怀特已经被乔治·邓恩提拔进入伊利诺伊州议会。竞选海报上的怀特穿着小熊队队服和伞兵制服,下颌结实,表情庄严。卡布里尼-格林住宅为民主党政党机器提供了大量选票,怀特赢得了选举。他继续在席勒小学任教,并一一参加了每年数百场的单人翻腾竞技表演。然而,由于经常要去斯普林菲尔德,他不得不减少在卡布里尼-格林住宅的其他课外活动。凯尔文有时认为,怀特开始在立法机构任职标志着卡布里尼-格林住宅的转折点。"怀特先生是上帝对我们的恩赐,"凯尔文说,"但他不得不继续从政,帮助更多的人。这是一切变坏的开始。我们没有别的事情可做。如果怀特先生继续参与社区的话,也许我们中更多的人会留在学校。也许很多人就不会进监狱或被杀了。"对凯尔文和那里的许多人来说,他们感觉自己又失去了一位父亲。

雷金纳德·布莱克蒙是凯尔文最好的朋友之一,他后来说,波·约翰是第一个向他展示爱的人。凯尔文将波·约翰当作自己的哥哥。他的父亲已经离开,去了南区;他的哥哥们各忙各的;他是那套公寓里年龄最大的男性,那里还住着他的母亲和弟弟妹妹。凯尔文觉得他该长大了。"在卡布里尼-格林住宅,你不必等到 18 岁才能成为一个男人,"他说,"十二三岁时,你就能长大成人了。"波·约翰每周给他们钱,这总比跟着怀特先生翻跟头要好。而且说实话,坎农和他的朋友们那时已经十三四岁了,和怀特先生待在一起,看起来已经没那么酷了。他们不想被人看到穿着翻腾竞技队的白色背带裤和红色背心。在杰西·怀特领导的美国童子军中,雷金纳德和威廉的哥哥理查德,是男孩中唯一一个像雄鹰一般扬眉吐气的人。与多洛雷丝·威尔逊的大儿子凯凯一样,理查德也冒险走出街坊,来到公交一站地之外著名的特色高中莱恩科技中学[①]上学。早晨,如

---

① 莱恩科技中学(Lane Tech)建于 1908 年,是芝加哥的一所四年制、选择性招生的顶尖公立高中。

果理查德的母亲凑不出车费,贺斯提特街(Halsted)上的醉鬼们就会各自掏出五分钱帮忙。他远离帮派,在伊利诺斯州南部上了大学,后来成为一名律师,然后在南区的一所公立高中当老师。"我信奉杰西·怀特的理念,"理查德会说,"我不理会那些不可能的事。"

理查德说他的弟弟们和凯尔文都很棒,他们聪明机灵,喜欢运动,擅长数学,也会在女孩面前显摆。也许他们会吸点大麻或者喝点廉价葡萄酒,但他们对可卡因或海洛因一无所知。这些来自迪威臣西街714号大楼的男孩们还在上中学。然而,突然之间,理查德认不出他们了。他们变了。就在几年前,他们还相信有女巫出没在奥格登大道立交桥之下。如今,大人们甚至不必再讲这个荒诞的故事了。相比之下,幽灵吉卜赛人似乎已经失去了威胁。现在,坎农和其他年轻混混们将自己视为卡布里尼住宅中最可怕的人。并且,坎农相信,正是通过这样的恐惧,他才能够在这混乱的生活中建立一点秩序。

5 市长的临时住所

多洛雷丝·威尔逊

在芝加哥水务管理局工作期间,多洛雷丝·威尔逊帮助处理两座泵站员工的工资支票;键入邮件并分类、归档;接听 3 个净化实验室和显微镜室主任的电话。她被视为一名好员工,曾当选部门年度最佳雇员。然而,尽管肩负所有这些职责,多洛雷丝经常感到自己无事可做。毕竟,这是芝加哥民主党政党机器的一份"政治恩庇"工作。一天下午,她敲开上司办公室的门,问她能不能在不忙的时候看书。她得到的回答是,只要看起来不太显眼就没问题;她不能把脚放在桌子上或做其他类似的动作。所以,多洛雷丝正襟危坐地开始翻看爱情小说和廉价平装书。她如饥似渴地读着"曼丁戈"[①]系列,小说主要讲述亚拉巴马州种植园里的奴隶制和性。她还读完了一本又一本的长篇苏联小说。

多洛雷丝担心别人胜过自己,甚至关注动物的痛苦。"这就像一种恐惧症。"她坦言道。如果她在电视上看到狮子捕捉斑马的画面,斑马的惨叫声会伴随她好几天。在卡布里尼-格林住宅的圣家路德会,她会为非洲和西伯利亚的人们大声祈祷。她会祈祷斗牛犬的主人有一颗纯洁善良的心,不要让他们的宠物参与斗犬。她去做礼拜之前不看报纸,因为她承受不了越南、柬埔寨或其他地方的人们遭受轰炸、毒气和屠杀的报道。休伯

---

① "曼丁戈"(Mandingo)系列是凯尔·昂斯托特(Kyle Onstott)创作的小说,最初出版于 1957 年。这套书的背景设定在 19 世纪 30 年代南北战争前的南方,详细描述了奴隶们遭受的极不人道的待遇。

特告诉孩子们，不要把坏消息告诉他们的母亲。因此，有时在一起命案发生几个月后，多洛雷丝才会知道详情。她尤其被陀思妥耶夫斯基的一句话所困扰，陀翁说，一个社会的好坏应该由它的监狱来评判。肯尼是她最小的孩子，曾被送到奥迪之家（Audy Home）——该市的青少年拘留中心。那是冬天，狱警让孩子们脱光衣服洗澡，让他们赤身裸体、湿漉漉地站在敞开的窗户旁，一站就是几个小时，他们的身体因寒冷而抽搐。她无法理解一个人为什么会对另一个人做出这样的事。最近，她一直在想象那些被单独监禁的因犯。她意识到，在某个该死的监狱里，随时都有人被关在狭小的盒子里，没有窗户，也不能与他人接触。她了解到犯人可能会被关在这个"洞"里长达一个星期。他们允许访客探视吗？犯人能收信件吗？他们难道不能接受任何善意吗？

多洛雷丝和圣家路德教堂的风琴手格洛丽亚·约翰逊（Gloria Johnson）一起，决定为被监禁的人启动一个笔友计划。杰西·杰克逊在"面包篮子行动"之后，以芝加哥为中心创立了个人组织，从事"推动行动"（PUSH），这是"人们联合起来拯救人性"（People United to Save Humanity）的缩写。多洛雷丝从"推动行动"的成员那里得到一份 25 名因犯的名单，她给每个人都写了信，解释她是谁，她在做什么，并保证她不是试图欺骗他们泄露信息的监狱长。然后，她联系了教会成员和邻居，为每个因犯找了一个笔友。格洛丽亚给一个叫杰罗姆的人写信，他正在服很长的刑期。多洛雷丝的女儿黛比给另一个因犯写信。多洛雷丝选了一个叫莫里斯·斯劳特（Maurice Slaughter）[①]的男人。"顶着这个名字，我猜他可能需要一个朋友。"最初的 25 名因犯陆续向其他人提起了她。很快，多洛雷丝就收到来自伊利诺伊州各地监狱的信件，然后是全国各地的监狱，笔友的人数达到数百人。有一次，一个男人从距芝加哥不到一小时车程的斯泰特维尔监狱（Stateville）给多洛雷丝打了一个付费电话，问她是否愿意和他一起听收音机里的一首歌。

① Slaughter 在英语中意为凶手、屠杀者。

没过多久,多洛雷丝每周六早上一起来就要坐上格洛丽亚那辆摇摇晃晃的大众汽车。在芝加哥,去"下州"(downstate)就意味着进监狱,她们俩会开车去伊利诺伊州不同监狱所在的城镇:迪克森市(Dixon)、乔利埃特市(Joliet)、墨纳德县(Menard)、庞蒂亚克市(Pontiac)。在冬天,她们会全程穿着外套和靴子,因为大众汽车里的暖气坏了。在探视时间,她们会和囚犯交谈,如果可能的话,还会带来囚犯的家人。她们还印了自称是"监狱问题顾问"的名片。她们会很正式地向狱警出示名片,这一身份为她们摆脱了每次只能会见一名囚犯的约束。向多洛雷丝讲述囚禁经历的人越多,她就越痛苦。狱警用铁链打他们,让他们站着,把他们铐在牢房里;囚犯们被迫睡在水泥地上。许多黑人囚犯在监狱里改信了伊斯兰教,但狱警不允许他们做礼拜。有一次,她来到监狱时,监狱正处于封锁状态:当狱警用消防水管向囚犯喷水时,男人们拿着金属杯子,在铁栅栏上敲得叮当作响。

多洛雷丝不停地想着监狱,每当她睡着或乘公共汽车去上班时,那些囚禁和备受折磨的画面就会浮现在她的脑海里。她诅咒狱警和监狱长、法官和律师、警察和任何决定这些人命运的人。她开始在午休时给芝加哥的报纸写信。她写"墨纳德监狱 38 人"(Menard 38)事件。那是 1973年,38 名囚犯将一名狱警劫持为人质,一起封锁在监狱里。她解释说,这些人试图引起人们对监狱非人道环境的关注。她认为,监狱长和狱警实际上是通过让囚犯遭受身体上的痛苦来对他们进行第二次判决。囚犯被剥夺了尊严,而没有任何人来帮助他们改邪归正;在狱中,他们学会了仇恨和不信任,在被释放回社会之前,就注定了将来的命运。"我们这些所谓的聪明而有学识的人,正在让我们的男人变成动物,因为他们正在被如此对待,"她在《保卫者报》上发表的一封信中写道,"我们是没有希望的,因为只有瞎子才会对不公正的对待无所作为、视而不见!!!"

多洛雷丝在《保卫者报》上发表了这么多的信件,报纸甚至给了她一个署名,称她为"监狱记者"。报纸把她描述为一名全职速记员,一位妻子、母亲和奶奶,利用根本不存在的"空闲"时间与伊利诺伊州监狱里的人交流。报道的配图上,多洛雷丝 44 岁,梳着卷曲的头发,浓眉,戴着大耳环。不过,最引人注目的是她的眼睛;她的目光越过摄影师,虹膜是棕色的,透着一丝幽默与审视。一名囚犯看到了这篇文章,并根据这张照片为多洛雷丝画了一幅肖像,在她来访时送给了她。

即便休伯特对伴侣过分溺爱,他也并不嫉妒妻子把宝贵的时间花在这些孤独的、被监禁的人身上。格洛丽亚甚至说她会等 20 年,杰罗姆出狱时,她最终嫁给了这位笔友。休伯特生性仁慈。有一次,多洛雷丝回家时,发现他在厨房的餐桌上为一个无家可归者准备了食物。休伯特不喜欢多洛雷丝去监狱工作,他认为这些人都是罪犯。他告诉多洛雷丝,他们是咎由自取,并不值得她的同情。他和多洛雷丝会为此争吵,但从未持续过太久。他们已经结婚 25 年多了,大半生都彼此相伴。他们在圣约瑟夫教堂举行了一场银婚纪念派对,邀请了所有亲朋好友。他们一起划船,一起骑马。每年,多洛雷丝和休伯特都会安排好假期,这样他们就可以在价格便宜的旅游淡季一起去牙买加;连续 13 个飓风季,他们都风雨无阻,住在同一家假日酒店。

当休伯特被提拔为卡布里尼-格林住宅的管理员主管助理时,多洛雷丝哭了。新的工作地点在住宅小区的另一个区域,"白楼",他们一家必须搬到迪威臣街对面的比尔林北街 1230 号大楼。多洛雷丝不想去。在克利夫兰北大道 1117 号的公寓,一切都是按照她的趣味布置的。所有的室内装饰都恰到好处。她认识每一位邻居。"这不仅是你住的地方,也是你的生活,"多洛雷丝说,"我能搬进一栋俯瞰密歇根湖、俯瞰一切的高层住宅。但在我住进去之前,那只是间公寓。在家里住久了,房子才能真正成为一个家。"

搬家那天早上,多洛雷丝消极抗议、拒绝帮忙,早早就去了水务管理局。休伯特对此没有意见。他带着他们的家当来到迪威臣街的北面,来到比尔林北街高层住宅的第 14 层。他打开行李,把每件东西都放到合适的地方。他把妻子的黄色窗帘挂了起来。他给厨房配了一台立式冰箱、一台电动洗碗机、一台洗烘一体机,所有的电器都是金黄色的。浴室里,他把墙壁刷成桃红色,画上了一个星星图案,看起来就像墙纸一样,他还安装了一个天鹅图案的浴室门。新公寓比之前的更大;这里有四间卧室,之前的只有三间,还有一间只有马桶与洗手盆的卫生间。当多洛雷丝下班回到陌生的环境时,她不禁喜欢上了眼前的一切。她不认识的邻居们也都在这套公寓里,对布置赞不绝口。多洛雷丝问休伯特,这些人围在那里做什么。他说他们是在嫉妒:"因为我们比他们更幸运。"

"我怎么就更幸运了?"多洛雷丝问,笑个不停。

1976 年,理查德·J.戴利按惯例去看医生。那天早上,他在该市东南角的一个白人街坊主持了一家新体育馆的开业仪式,宣称:"这座建筑是献给这个伟大社区的居民的。他们正在让芝加哥成为一个更好的城市,因为拥有一个好的社区,你就有了一个好的城市,而这就是一个好的社区。"在医生的检查室里,戴利突发心脏病去世了。他当时 74 岁,已经担任市长 21 年。在为期一周的闭门会议中,两党领导人就由谁来填补这一空缺进行了争论,最终民主党政党机器的忠诚分子迈克尔·比兰迪克当选。他是一位温文尔雅的市议员,也是一位企业律师,和老戴利一样来自布里奇波特。他有时被称为"和蔼市长"(Mayor Bland),努力平息与屠夫、掘墓人和歌剧院音乐家的劳资纠纷[①]。1979 年冬天,就在完成首个完整任期的前几周,一场暴风雪袭击了芝加哥,积雪达 50 厘米,这个"正常运转的城市"甚至无法清理街道。比兰迪克被他的挑战者淘汰出局,这个人正是他曾经解雇的芝加哥消费者事务部门的负责人。简·伯恩是芝加哥的第一位女市长,直到 2018 年,她仍然是芝加哥唯一的女市长。

伯恩以反民主党政党机器的改革者身份参选,但她也曾在老戴利手下尽职尽责。1960 年,约翰·肯尼迪的总统竞选激励她投身地方政治。那时,伯恩刚刚丧夫不久,还带着一个年幼的女儿。老戴利在他五楼的办

---

① 指迈克尔·比兰迪克市长任期内发生的几次劳资纠纷,包括掘墓人和墓地所有者的罢工,以及芝加哥歌剧院员工的罢工。

公室里会见了她,授意她去找市议员谈话。芝加哥民主党政党机器的准则,通常可以用后来的美国国会议员和联邦法官阿布纳·米克瓦在22岁时说的一句话来概括,那时他正试图在自己所居住的南区选区办公室做志愿者;那里的老板把还很长的雪茄头一把扔掉,厉声说道:"我们不需要一个无名之辈派来的无名之辈。"尽管伯恩甚至不知道那位市议员的名字,但是她是五楼那个男人亲自指派的——她被安排了一份按门铃的工作。四年后,老戴利为她在芝加哥城市机会委员会(Chicago Committee on Urban Opportunity)安排了一个职位,这是当地一家负责监督林登·约翰逊的"向贫困宣战"项目的机构。来自华盛顿的钱要先经过她的办公室,然后才能转到卡布里尼-格林住宅和其他需要改善的街坊。这样,联邦财政资助的每份工作的薪水支票上都会写上市长的名字。老戴利要让芝加哥人知道,他们的好日子不是约翰逊和他的"伟大社会"①带来的,而是需要感谢老戴利。在伯恩的回忆录《我的芝加哥》(*My Chicago*)中,她回忆起老戴利的话:"只要那个人是我亲自任命、亲手挑选的,他就成了我的人。你要直接效忠于我,只能听我派遣。"后来他让伯恩负责消费者销售和计量部(Department of Consumer Sales, Weights, and Measures),老戴利宣称,她将成为第一位领导大城市机构的女性。

伯恩担任市长后,卡布里尼-格林住宅再次成为新闻焦点。在塞韦林和里扎托被害后,管理咨询公司亚瑟·杨公司(Arthur Young and Company)接受委托,负责评估之前花费在安保方面的数百万美元所带来的持久效益,并认为这笔钱基本打了水漂。该公司宣称,失业是最紧迫的问题,但芝加哥住房管理局已经削减了用于日常维护的开支。安全监控摄像头坏了,也没有人更换。到1977年,卡布里尼-格林住宅的维修工人数已经由19人减少到6人。数以百计的公寓急需修缮,但面对不断增加

---

① 伟大社会(Great Society)指在20世纪60年代由美国总统林登·约翰逊与其民主党同盟提出的一系列国内政策。1964年,约翰逊在密歇根大学发表演说,宣称:"美国不仅有机会走向一个富裕和强大的社会,而且有机会走向一个伟大的社会。"由此所提出的施政目标,便是"伟大社会",其主要目标是经济繁荣和消除种族不平等。

的赤字,随着形势的恶化,该机构没有采取任何行动。从1971年开始的垂直巡逻队,本来是派警员对每栋高层住宅从上到下逐层巡逻、保卫建筑物,但现在已经毫无用处。警察们坐在车里,从不进入高层住宅。一名警官承认,他们晚上主要是在打牌和看电视:"什么事都干,除了服务和保卫。"当伯恩的官员们不请自来,出现在卡布里尼住宅时,他们发现派去执行这项任务的巡警几乎一半都懒得来值班。

州监狱系统的过度拥挤和日益动荡,加上多洛雷丝·威尔逊、其他市民和专业"监狱问题顾问"的关注,让伊利诺伊州州长詹姆斯·汤普森①启动了一项提前获准假释计划。这场胜利基本得不偿失。由于卡布里尼-格林住宅和芝加哥其他陷入困境的公共住房项目大量空置,大批有前科的人被送到那里。这些人需要住所和重新开始的机会,但更需要广泛的指导和咨询。国会最近通过了一项立法,让那些被迫流离失所或生活条件"不达标"的人有更多机会住进公共住房,同时也让工人阶级家庭更难申请到住房。然而,在这些善意政策背后,一系列可怕的社会问题被一股脑地扔进了本就不受重视的高层住宅项目——与其说这是一个解决方案,不如说它又制造了一场危机。到1981年,77名已知与帮派有关联的前囚犯,从州监狱被假释到卡布里尼-格林住宅,另有300名从库克县监狱出来的前囚犯和一批无法确定人数的蹲住者。大多囚犯之前并不住在卡布里尼住宅,而是把卡布里尼-格林住宅当作被警察默许的犯罪地带,他们在这里做坏事,然后回到被他们称之为"家"的地方。

假释犯的聚集导致卡布里尼住宅中的犯罪热潮。从1978年到1981年,卡布里尼住宅共发生30起谋杀案。仅在1981年的头三个月,就有11人被谋杀,37人被枪击。那年1月,招募凯尔文·坎农的黑帮组织首领锡德里克·马尔特比亚,又名波·约翰,在卡布里尼的一栋高层住宅里被杀。有一对从纽约搬到芝加哥的姐妹,其中一人被大楼里的某个家伙殴

---

① 詹姆斯·汤普森(James Robert Thompson Jr., 1936—2020),美国律师、政治家,1977年至1991年担任伊利诺伊州第37任州长。他是一名温和的共和党人,是伊利诺伊州任职时间最长的州长,连续四届当选,任职14年。

打并抢劫,她们开枪杀了他。波·约翰碰巧在那家伙的公寓里,所以姐妹把他也杀了。"门徒帮"群龙无首,领导权之争加剧了混乱。随后的一起谋杀案,就发生在多洛雷丝·威尔逊新搬进的那栋大楼的一层娱乐室里。3月份某个周一的晚上,30人聚集在那里,欣赏年轻的"电力乐队"(Electric Force Band)演出。在父亲的教会里弹贝斯的小米勒(Junior Miller)负责演奏吉他。住在附近一栋高层住宅的吉米(Jimmy)和龙尼·威廉斯(Ronnie Williams)负责打鼓和键盘。因为擅长口技和矮小的身材,迪米特里厄斯·坎特雷尔(Demetrius Cantrell)被大家叫作"甜蜜射线丁克"(Sugar Ray Dinke),通过看附近莫霍克街(Mohawk Street)的老蓝调歌手演奏,他自学了吉他。乐队主唱是一个名叫拉里·波茨(Larry Potts)的21岁小伙子,他的声音听起来像弗兰基·莱蒙①或者小安东尼②。当然,他们也演出了杰里·巴特勒和柯蒂斯·梅菲尔德的作品,向卡布里尼住宅的传奇人物致敬。休伯特·威尔逊知道他们是来自"海盗"鼓号队的年轻人,他曾帮助他们在外廊上或是找一套空置的公寓排练。他们可能会向来看演出的人收取25美分或50美分。如果气氛热烈,他们就会接上一根橙色的延长线,然后再接两根,把设备弄到大楼的外面演出,把柏油路变成舞池。

3月的那个晚上,拉里正在唱歌,有人从外面经过,用一把马格南手枪从娱乐室窗外朝里面开了几枪。观众中的一个男孩推倒了休伯特·威尔逊,躺在他身上。一颗子弹击中了一名6岁儿童的右腿,另一颗子弹从墙上反弹,击中了一名14岁女孩的腿部。两个孩子没有生命危险。拉里·波茨背部中枪,当晚死于一家北区的医院。凶手是24岁的杰里·卢斯比(Jerry Lusby),是一名"眼镜蛇石头帮"成员,住在迪威臣街的另一边,塞奇威克北街1150号大楼。他告诉警察,他把歌手误认为是敌对帮派

---

① 富兰克林·莱蒙(Franklin Joseph Lymon, 1942—1968),美国摇滚、节奏布鲁斯歌手,曾担任纽约早期摇滚组合青少年(The Teen)的男高音主唱。

② 小安东尼(Jerome Anthony),纽约节奏布鲁斯、灵歌乐队"小安东尼与帝国乐队"(Little Anthony and the Imperials)主唱,以其高音而闻名。

的成员。

第二天早上，当伯恩市长正准备上班、边喝咖啡边化妆时，从收音机里听到了这位歌手被害的消息。报道里并没提他的名字或身份。广播记者只是说，卡布里尼-格林住宅又发生了一起杀人事件。伯恩住在卡布里尼以东不到 1.6 公里的一栋豪华高层公寓的 43 层。她可以透过窗户看到黄金海岸，看到这个住宅项目的红、白塔楼围成的一圈栅栏。1888 年，当伯恩的祖父从爱尔兰的梅奥县（County Mayo）移民到芝加哥时，落脚的第一个地方就是"小地狱"，后来的卡布里尼-格林住宅就在这个爱尔兰人聚集的贫民窟上建立起来。伯恩祖父的哥哥早 4 年来到这里，他警告弟弟，要远离那些在社区作威作福的帮派。一个世纪后，帮派仍在这里制造恐怖。伯恩认为，作为市长，她有义务为消除暴力事件做点什么。一周后，她宣布要搬进卡布里尼-格林住宅。"就像许多郊区居民持有一套市中心或城里的公寓一样，我将在卡布里尼-格林住宅保留一套公寓，"她说，"偶尔，我可能会到那里住上一晚。只要我还是市长，就不会放弃这里。"

伯恩选择了所有高层住宅中据传最为棘手的那栋作为她的新家。那栋楼就是杀害拉里·波茨的凶手住的地方，塞奇威克北街 1150—1160 号"岩石"大楼。当这栋大楼的管理员带着伯恩的顾问团队挑选公寓时，他打开的第一套"空置公寓"里，居然有一家人住在里面。他用钥匙打开了另一间官方记录的"空置公寓"，里面也住着未注册的住户。那时，卡布里尼-格林住宅的总人口已经从 20 世纪 60 年代 2 万人左右的高点下降到了 1.4 万人。但据房屋管理局估计，可能还有 6000 名没有租约的人住在那里。据芝加哥住房管理局的负责人猜测，有 30 万人住在芝加哥的公共住房里，是官方数字的两倍多，占芝加哥总人口的十分之一。

在市长的清洁员到达这栋大楼之前，一名记者参观了那里。他描述说，两部电梯中的一部淌着新鲜的尿液，墙上写着"门徒帮将杀死所有石头帮"的涂鸦，在狭窄的走廊和楼梯间里，他感到了恐惧。大厅里的厕所坏了。市长在四楼的那套"新公寓"的纱门被打穿了，从合页上奋拉下来。

卡布里尼-格林住宅伯德小学（Cabrini-Green's Byrd Elementary，一所为了缓解詹纳小学过度拥挤的情况而新建的学校）的二年级学生们一起给伯恩写信，劝她离这里远一点。"许多黑人住在这儿，而你是个白人""蟑螂和老鼠会把你逼疯""你可能会被枪打死、被刀捅死或者被暗杀"。1978年，伯恩已经与杰伊·麦克马伦（Jay McMullen）结婚。杰伊·麦克马伦是市政厅的记者，神态漫不经心，就像是《迪恩·马丁名人吐槽大会》的节目主持人。当麦克马伦第一次访问"岩石"大楼时，电梯坏了，他和其他11人被困在了两层楼之间。从电梯里出来后，他又走了四层楼。楼梯间里的灯泡不见了，每个楼梯平台的垃圾道里都堆满垃圾。"这里不是丽思酒店，"他对同行的记者说，但他并不太担心。"在生活中，我在一些非常不寻常的地方睡过觉。"

　　1981年3月31日，市长夫妇搬了进来。他们乘坐一辆豪华轿车，在16名安保人员的护送下匆匆到来。伯恩隔壁的公寓被清空了，以便两名警卫一直驻守在附近。她的窗户安装了防弹玻璃。就在48小时前，里根总统刚刚被子弹击中，险些遇刺身亡。伯恩也收到过死亡威胁。"虽然我多数时候选择无视，"伯恩在发表在《芝加哥太阳报》上的居住日记中写道，"然而，杰伊却非常幽默，他说：'你在卡布里尼住宅会更安全。这个地方名声太坏，大多数刺客都不敢去那儿。'"她补充说："现在，我们得轮流使用警卫安装在浴缸龙头上的手持花洒。卡布里尼住宅的居民活得并不精致。"

　　在第一届任期间，伯恩实施了一场厚颜无耻的政治作秀，以应对民调数字的下降。她所赢得的黑人选票超过了比兰迪克，但一上任，她就削减了担任重要政府岗位的非裔美国人的数量。她任命了一名黑人临时警察局长，但在正式任命时换成了白人退伍军人理查德·布雷泽克（Richard Brzeczek）。在11名学校董事会成员中，她开除了5名非裔董事中的2名，代之以那些公开反对种族融合校车接送制度①的白人。伯恩改变了立

---

① 种族融合校车接送制度（Race-integration bussing）是一种学区安排法，目的是使学校的种族构成多样化。虽然1954年美国最高法院在布朗诉教育委员会案中宣布公立学校的种族隔离违宪，但由于住房不平等，许多美国学校在很大程度上仍然是单一种族的。

场,希望获得白人的支持,但反对的声音比她预期的更激烈。在芝加哥的零和种族政治中,她的举动被视为宣战。搬到这个国家最臭名昭著的黑人聚居区之一,意在证明她关心非裔美国人的社区。

作为一场政治作秀,它足够引人注目。伯恩是个身材矮小的女人,抹着重重的腮红,留着一头漂染的金色齐短发,嘴巴似乎总是因为紧张而撅着。她偏爱貂皮大衣、荷叶边和浅色衣装。当地和全国的新闻都报道了这个生活在臭名昭著的住房项目中的坚强的爱尔兰女人。她就像库尔特·拉塞尔在当年的电影《纽约大逃亡》①中扮演的角色,进了这座后末日城市的废墟,只不过穿了一件紫色的麂皮夹克和一条粉红色的裙子。"伯恩夫人越过了一条无形的、巨大的贫富分界线,"《保卫者报》写道,"这是一种噱头,将其象征的政治补救提升到公民和道德责任的崇高境界。"

值得赞扬的是,伯恩理解媒体的关注对卡布里尼-格林住宅所产生的实际影响。她占据着权力的宝座,可以把这种权力带进公共住房。"市长所到之处,似乎都有丰富的市政服务。"她说。一到那里,她就为当地成千上万的年轻人发起了一项体育活动,在已经关闭的库利县高中旧址上修建了三个新的棒球场和一个足球场。另外两个公园得到了升级,坑洼被填满,报废汽车被拖走。来自城市街道和卫生部门的工人清扫了排水沟、清理垃圾。地面植上了草皮(但之后又枯死了)。建筑的管道和供暖系统得到升级。伯恩在卡布里尼住宅创办了一间新的食品合作社。她派人力资源部门的工作人员到高层住宅为逃学者提供咨询,援助犯罪受害者,帮助缓解家庭冲突。市政府关闭了 7 家当地的酒品商店,判断它们都存在一系列电气或结构违规。上百个家庭被驱逐,其中包括非法安置、涉嫌帮派活动的假释犯。伯恩在附近的警察局设立了一个新的轻罪法庭,审理可能会出现的新案件。一名曾指挥"绿色贝雷帽"②的退役陆军少将被任命为卡布里尼住宅的安全总指挥。一支由 50 名来自烟酒枪械管理局

---

① 《纽约大逃亡》(Escape from New York)是一部 1981 年的美国反乌托邦科幻动作片,由约翰·卡朋特执导,库尔特·拉塞尔(Kurt Russell)主演。

② "绿色贝雷帽"(Green Berets)是美国陆军特种部队的绰号,以制服中知名的绿色贝雷帽而得名。

（Bureau of Alcohol，Tobacco，and Firearms）的联邦特工组成的特别工作组被派往那里打击非法枪支交易。150 名芝加哥警察，参与了周日对卡布里尼-格林住宅记录在案的"空置公寓"的突袭行动。伯恩动用自己的政治基金，给每个警察发了一个装有 50 美元的白色信封，让他们请自己的妻子或女友吃顿好的；伯恩还奖励了 6 名侦破一起卡布里尼住宅谋杀案的警官，每人奖赏 800 美元。警察挤满了街道，消防队员和医护人员毫无畏惧地进入高层住宅。在两周内，对这个住房项目开展的工作比过去两年的总和还要多。

伯恩在卡布里尼住宅的逗留占据了每一档电视新闻，晨报和晚报上登载的报道略有不同。《芝加哥太阳报》开展了每日民意调查："伯恩市长住在卡布里尼-格林住宅会带来什么不同吗？""如果你是伯恩，你会搬到卡布里尼-格林住宅去吗？"市议会赞扬了她在那里租公寓的决定，其他城市官员也纷纷表达搬进公共住房的意愿。当纽约市市长爱德华·科赫①被问到他是否也考虑类似举动时，他说自己小时候一直很穷，不想再回去了。

"谣言、蟑螂、老鼠和帮派是卡布里尼住宅的诅咒。"伯恩在《芝加哥太阳报》专栏上的日记中写道。她很在意蟑螂的问题，形成在清洗墙壁和使用水龙头之前先放水的习惯，以至于当她出城出差，在曼哈顿的一家豪华酒店过夜时，也做起了"蟑螂检查"。"亲爱的，你的行李里有雷达灭蟑喷雾吗？"她的丈夫幽默地问。伯恩回忆说，尽管当时他们住在卡布里尼-格林住宅，但就像平日的夜晚一样，她和杰伊会在就寝前收看哥伦比亚广播公司的晚间新闻，沃尔特·克朗凯特②正在谈论他们。在一篇日记中，伯恩描述了自己站在公寓窗户前，白人慢跑者从迪威臣街向她挥手、朝她飞

---

① 爱德华·科赫(Edward Irving "Ed" Koch，1924—2013)，美国政治人物、律师。美国民主党党员，曾任美国众议员及纽约市市长。于 1977 年首次当选纽约市市长，并分别于 1981 年和 1985 年，各自以 75% 以及 78%的选票连任。

② 沃尔特·克朗凯特(Walter Cronkite，1916—2009)，美国主持人、记者。1950 年后供职于哥伦比亚广播公司(CBS)，1962 年至 1981 年担任《CBS 晚间新闻》节目主持人。

吻的场景："就像看到春天里的第一只知更鸟。我们希望有更多的人来到这里，不要感到害怕。"一项民意调查发现，如果选举在那时举行，60%的芝加哥人会投伯恩的票，27%的人说她住在卡布里尼住宅的举动改变了他们的投票意向。三分之二的受访者认为她试图解决卡布里尼-格林住宅的问题，近四分之三的受访者认为她的举动是真诚的。

在卡布里尼-格林住宅以外，芝加哥仍有许多正在挣扎的地方，那里的社区领袖们无法理解，为什么这座城市要将其有限的资源集中到一块28公顷的土地上。该市还有数十个公共住房开发项目，以及许多需要服务和振兴的社区，它们距离市长在黄金海岸的家更远，无法获得卡布里尼近水楼台的优势。许多卡布里尼住宅的居民也对伯恩的出现表示了不满。他们指控她创造了一个警察国度：居民报告说，他们从一栋建筑走到街角的杂货店，就会被拦住搜身 5 次。数百人被拘留，几乎所有人都犯下轻罪，几乎所有案件最后都以被驱逐为结局。伊莉丝·泰勒就收到了一张驱逐令，因为警察发现他 17 岁的儿子吸食大麻，她已经在自己所在的高层住宅的地下室里运行了"911 青少年俱乐部"几十年。甚至警察局长布雷泽克也承认，警官们正在"维持秩序和施加压迫之间"走钢丝。

活动家玛丽昂·斯坦普斯对市长的批评尤其直言不讳。她的社区中心，"安宁神射手"（Tranquility-Marksman），就坐落在伯恩新公寓对面的迪威臣街，她与塞奇威克北街 1150—1160 号大楼的家庭关系密切，那里的年轻人甚至尊称她为"石帮妈妈"，因为她给后来成为"眼镜蛇石头帮"成员的年轻人提供过支持。斯坦普斯 35 岁，个子不高，有一张表情丰富的圆脸，经常戴着超大的长方形眼镜。但她那扩音器般的嗓音和充沛的精力，让人感觉她比实际身材高大得多。1945 年，她出生在密西西比州的杰克逊市（Jackson）。当她还是个小女孩的时候，就曾在种族隔离的公共图书馆抗议，因为图书馆不愿借书给她。美德加·埃弗斯[①]就住

[①] 美德加·埃弗斯（Medgar Wiley Evers, 1925—1963）是美国密西西比州的民权活动家，全国有色人种协进会（NAACP）在该州的外勤秘书，也是一名曾在美国陆军服役的"二战"老兵。他努力推翻密西西比大学的种族隔离制度，结束公共设施的种族隔离，扩大非裔美国人的权利，其中包括执行投票权。

在她家附近,这位民权领袖把她训练成为一名组织者。17 岁时,她搬到了芝加哥,1965 年,她在比尔林北街 1230 号大楼租了一套公寓。她说,公共住房"与我以前住的贫民窟相比,简直是上帝的恩赐,是一种祝福。对我来说,搬到卡布里尼-格林住宅代表着越来越好的将来"。她说,在公共住房中,"社会工作者会询问你的性别,心中却毫不在意。为了得到你的选票,政客们承诺提供工作和救济支票,换言之,如果不按选区长的要求投票,你就什么都得不到。我们还有芝加哥最好的警察,但他们只服务于财产、保护财产权"。她还指责了"街头组织","我们中间那些误入歧途的黑人把毒品卖给我们的孩子,他们恐吓并强迫孩子们加入帮派"。

所有这些都促使她成为活动家。在卡布里尼,她养育了 5 个女儿,领导着"住房租户组织"(Housing Tenants Organization)芝加哥分会。由于卡布里尼的婴儿死亡率与第三世界相当,她为准妈妈们运行了一个项目。她强烈要求在社区内建立一所新学校,还帮学校取了名字,以奴隶出身的废奴主义者索杰纳・特鲁斯①命名。她鄙视伯恩这个以"白人救世主"身份来到卡布里尼-格林住宅的家伙,企图拯救贫穷黑人。凭借天生的煽动性,斯坦普斯把伯恩比作"3K 党"。她告诉新闻媒体,在卡布里尼-格林住宅与市长生活在一起,就像生活在集中营或种族隔离制度下的南非小镇。"如果你没有足够的自由大声讲话或是离开你的家,你就已经经受了某种形式的死亡。"

在伯恩入住卡布里尼-格林住宅的第三周,市长举行了为期一天的"复活节庆典"(Spiritual Easter Celebration),局势的紧张程度达到了顶点。一个巨大的白色十字架被竖立在迪威臣街上,一个唱诗班和伯恩一起唱道:"上帝握住了卡布里尼-格林住宅的手。"该活动准备了摩天轮、手鼓乐队、免费的棉花糖和马戏团表演。公牛队的雷吉・托伊斯(Reggie

---

① 索杰纳・特鲁斯(Sojourner Truth, 1979—1883)是伊莎贝拉・鲍姆弗里(Isabella Baumfree)自 1843 年起的自名,她是一位非裔美国废奴主义者和女权活动家。

Theus)、白袜队的切特·莱蒙(Chet Lemon)和米尼·米诺索(Minnie Minoso)、小熊队[①]成员和芝加哥迅猛队[②]的特许经营商,所有人都站在舞台上谈论希望和复兴。伯恩被一位官员介绍为"卡布里尼-格林住宅最新、最真诚的居民之一"。在她的回忆录中,伯恩说,她当场斥责帮派,指责他们把孩子们吓跑了,导致活动没什么人参加。迪威臣街已经成为南边"红楼"的"眼镜蛇石头帮"和北边"白楼"的"门徒帮"之间的分界线。即使同为"门徒帮"成员,"白楼"和"红楼"也将对方视为对手。伯恩在舞台上恳求孩子们回到高层住宅去接朋友过来玩,因为他们肯定不想错过免费的食物和游戏。

当市长跑着调唱完一首《复活节游行》时,示威者挥舞着标语牌,高喊:"我们需要工作,不是鸡蛋。"伯恩认为这些示威者都是帮派的傀儡,但是这些人中包括了许多卡布里尼-格林的租户和其他活动家,也有玛丽昂·斯坦普斯。当伯恩搬到卡布里尼-格林住宅时,她组织为数十名被驱逐的居民提供咨询,成功推翻了几乎所有诉讼。斯坦普斯支持斯利姆·科尔曼的"上城联盟核心"(Slim Coleman's Heart of Uptown Coalition),该组织指责市长的驱逐政策在贫穷的黑人和贫穷的白人之间制造了紧张关系,后者中的许多人曾经是阿巴拉契亚山脉的煤矿工人,为了追求更好的生活、摆脱尘肺病,他们搬到了芝加哥北区。斯坦普斯说,把白色十字架放在黑人社区,感觉就像是在打心理战。她指出,伯恩试图使用白人殖民者的惯常伎俩来制服当地居民,用宗教、体育运动、可怜的娱乐、垃圾食品和小饰品来安抚他们。在某个时刻,警察觉得他们听够了。当警察铐住抗议者并将他们拖走时,一名律师试图拦住他。"他被控什么罪?"他喊道,"谁是负责逮捕的警官?"他也被扔进了囚车。一个卡布里尼住宅的居民一直在尖叫:"有刺客!"

接下来的一周,伯恩去了加利福尼亚度假,决定结束她在卡布里尼-

---

① 芝加哥小熊队是美国芝加哥的著名橄榄球队。
② 芝加哥迅猛队(Chicago Hustle)是 1978—1981 年美国女子职业篮球联盟的一支球队。

格林住宅的暂住。在她暂住的 25 天中,只有一人被枪击。犯罪浪潮已被平息。"我们永远不会离开卡布里尼住宅,其他人也不应该离开。"伯恩在最后的居住日记中写道。市长的确偶尔回到卡布里尼-格林住宅。那年晚些时候,当两个卡布里尼住宅的少年开办了当地唯一的书报摊时,她又出现了。那个夏天,她主持了一个以塞韦林和里扎托命名的新体育中心的剪彩仪式,牌匾上写着:"这个场地献给所有希望享受兄弟之爱和共同生活的人。"包括遇难警官家属在内的 100 名政要出席了仪式。伯恩出席了几场棒球比赛,她的丈夫在那里执教了一个球队,打了几个赛季。麦克马伦给孩子们买了手套,当草坪几个星期没有修剪时,他打电话给公园管理员要求修剪。

然而,伯恩为卡布里尼住宅带来的人气是短暂的。就在她离开后的第一天,新闻媒体就已经开始报道住房开发的棘手问题:"居民们说,服务跟着她一起离开了。"为保卫大厅和监控闭路电视设立的 16 人保安队解散了,芝加哥住房管理局表示经费已经用完了。

伯恩也破坏了她在非裔美国人那里赢得的好感。首先,她拒绝撤掉查尔斯·斯维贝尔。自 1963 年以来,后者一直坐在芝加哥住房管理局主席的位置上,长期滥用职权。斯维贝尔是伯恩最大的筹款人之一,也是最亲密的顾问,他们经常一起乘坐她的豪华轿车。从 1978 年到 1982 年,审计员和顾问的 9 份不同报告都显示芝加哥住房管理局处于混乱状态。第 9 份报告是由《防御空间》的作者奥斯卡·纽曼撰写的。然而,纽曼认为芝加哥住房管理局所存在的问题远远不止糟糕的建筑设计:"从财务到维护,从行政到对外承包,从人员配备到项目管理,从采购到会计,在我们检查的每一个领域,都发现芝加哥住房管理局明显处于一种混乱、无序的状态。似乎没有人关心这个机构;更重要的是,似乎没有人真正对它上心。"那时,芝加哥的每个住宅开发项目平均都积压了 1000 多个未完成的维修请求。一项对芝加哥住房管理局所辖大楼的 430 部电梯的调查显示,其中有 250 部不在运行。经过 9 个月的调查,联邦调查局指控 6 名芝加哥住房管理局的维修工人盗窃了价值数百万美元的油漆、地砖和屋顶材料。

只有当住房与城市发展部威胁，如果继续保留斯维贝尔，他们就要停止向该市提供联邦资助时，伯恩才解雇了他。在空出的位置上，她任命了自己的前竞选经理。与此同时，她还将芝加哥住房管理局的董事会从 5 人扩大到 7 人，并任命了 3 名白人委员，将董事会从黑人占多数变成了白人占多数。1983 年，伯恩落选下台后，她的丈夫说，他碰巧遇到了自己执教的卡布里尼-格林住宅的小联盟球队的一名投手。

"嘿，杰伊先生，你会来管理球队吗？"男孩问。

"不，左撇子。你知道，我们被打败了。"

多洛雷丝·威尔逊

就像卡布里尼-格林住宅的其他租户一样，在伯恩来到又离开塞奇威克北街 1150—1160 号大楼的这段时间里，多洛雷丝·威尔逊一直小心翼翼地观察着。在上班和回家的路上，她的儿子们都饱受困扰。她的两门红色雪佛兰轿车是儿子迈克尔送的礼物，在市长的大规模清理中，它被拖走了，永远地消失了。在工作中，她的同事们对卡布里尼-格林住宅是如此着迷，以至于会向她询问新闻中报道的每一起暴力事件。"哦，多洛雷丝，你没事吧？昨晚在卡布里尼-格林住宅的枪声是怎么回事？"她没有听到任何枪声。多洛雷丝住在迪威臣街往北 800 米的房子里，如果芝加哥大道发生了枪击，她怎么能听到呢？现在，只要近北区的任何地方发生犯罪，哪怕是在三四公里外，都会被说成发生在卡布里尼-格林住宅"附近"。"如果你在卡布里尼-格林住宅不小心踢到了脚趾，就能登上新闻。"多洛雷丝抱怨道。

她最小的弟弟吓坏了，拒绝去看她。"你不看报纸吗，多洛雷丝？"他恳求道，"他们都在谈论有多少人在卡布里尼-格林住宅被杀。"他在妈妈酒吧（Mother's）工作，一家有现场音乐和白人顾客的酒馆，就在迪威臣街和迪尔伯恩街路口处、从比尔林北街 1230 号大楼向正东走几步的地方。一天晚上下班后，多洛雷丝的弟弟走出这家坐落在黄金海岸的酒吧，三个白人袭击了他,打掉了他的两颗牙。这对多洛雷丝来说并不好笑,但只要有机会,她就会和弟弟提起这件事。"你怎么不来看我了?我的牙还在,家人的牙也还在呢。就因为报纸上的那些事,你就不敢来看我?好吧,看到在你身上发生的事,我也不敢去找你了。"

休伯特·威尔逊从大楼的管理员主管助理晋升为管理员主管。他现在一天24小时随时待命,他们从十四楼搬到六楼的一个单元。在紧急情况下,他必须随叫随到。他们支付的月租金占薪水的25%,是卡布里尼-格林住宅最高的一档。大多数居民支付的租金远低于100美元。但是这个新职位还包括免费公寓的福利,多洛雷丝说,她觉得自己像个亿万富翁,因为他们可以保留全部的工资。她又给自己买了一双鞋,把他们的公寓收拾得漂漂亮亮。"我做了所有的室内装饰。"多洛雷丝说。厨房无可挑剔,有闪亮的不锈钢微波炉,还有黄色瓷砖的后挡板,工作台上摆满了瓷罐和装饰性水壶。他们甚至还有多余的房间。凯凯在奥的斯电梯公司工作,已经结婚并有了一个孩子,他在南区从一个同事那里买了一套房子。迈克尔找到一份更换家具装饰的工作,并和妻子搬进了卡布里尼的联排住宅。

虽然休伯特现在手下有一群人,但他拒绝拿着笔坐在桌子旁。他喜欢干体力活,仍然很早起床去倒垃圾、开压土机。其他的管理员叫他"老头儿",尽管他并不比其中的许多人大多少。伯恩复活节庆典两周后的一天早上,休伯特在醒来时突然拉肚子。多洛雷丝说她要待在家里照顾他,但休伯特把她赶走了。他觉得自己没事,也不想耽误工作。既然休伯特要去上班,多洛雷丝也去了。然后,就像过去35年里的每一天一样,他们亲吻,互道"我爱你"。那天下午早些时候,他把电话打到水务管理局,告诉多洛雷丝他又不舒服了。他正要回家,打算吃些饼干,然后打个盹。那天晚上,当多洛雷丝回到他们的公寓时,她看到休伯特正在睡觉。她静静地热着剩饭剩菜,这样当他醒来时,食物就准备好了。她的儿媳来了,多洛雷丝让她去卧室看看休伯特。她跑回厨房。"我觉得爸爸死了。"她哭着说。

当医务人员赶到时,他们让每个人都离开了卧室。多洛雷丝把手指放在休伯特脖子的血管上；她认为自己摸到了脉搏，但她的心跳得太厉害了，难以判断实情。休伯特看起来和他平常睡觉时没什么不同。医护人员终于从卧室里出来了，用手推车推着休伯特，他的嘴里含着呼吸器。多洛雷丝站起来，伸手去拉他的手。他会没事吗？她能和他一起上救护车吗？一名医护人员把多洛雷丝拉到一边。"我不得不告诉你，你的丈夫死了，"她说，"我们必须把他抬出来，这样人们才不会抓着他的尸体尖叫。你知道家属通常的反应。"

多洛雷丝请了短暂的丧假。当她回到水务管理局时，她告诉自己的同事，她不相信医生所说的，即腹泻给休伯特的心脏带来了太大的压力。她很确定是医护人员杀害了她的丈夫。她的嘴扭到一边，声音仍然颤抖着，像是女高音，这是她特有的表达指责的方式。毫无疑问，她的同事们没有注意到这种正在酝酿的愤怒。"哦，多洛雷丝，"他们向她保证，"没有医生会对你撒谎的。"但多洛雷丝很务实。她并没有因为林林总总的误解而停止工作。她一直忙于工作和家庭。她是一个 52 岁的寡妇，1981 年时，她已经在卡布里尼-格林住宅住了半辈子。

不久后，她得到了离开卡布里尼住宅的机会。那个在她年轻的时候经常搬家的外祖母，后来在南区的恩格尔伍德街坊定居下来。她在街角买了一幢房子，房子的后面有一间马车房，她让四个无家可归的人免费住在那里。她去世时，财产归多洛雷丝的母亲所有。她母亲去世时，多洛雷丝的哥哥被指定为遗嘱执行人，但他已经有了自己的房子，他们的妹妹康妮已经成为一名福音传教士，放弃了世俗的财产，卖掉了家具，辞掉了邮局的工作。家人们以为多洛雷丝会接受这份遗产。这是她彻底摆脱公共住房的机会：她可以拥有自己的房子，但她不感兴趣。她觉得自己已经在卡布里尼-格林住宅定居下来了。她告诉哥哥："我确实住在一个公共住房项目里，但那里是我的家。我爱我的家，就像你爱你的家一样。"这处房产被赠送给了在同一条街上的、她外祖母常去的教会，教会赶走了那些无家可归的人。他们拆除了转角的房子和马车房那两幢建筑，然后建成了一个停车场。

卡布里尼-格林住宅的
哈莱姆·沃茨·杰克逊①

① 哈莱姆·沃茨·杰克逊(Harlem Watts Jackson)是美国喜剧小品类综艺节目《周六
夜现场》(*Saturday Night Live*)中女主人公的名字。

6 卡布里尼-格林说唱

安妮·里克斯

安妮·里克斯(Anne Ricks),1956 年 8 月 1 日出生在亚拉巴马州的江景市(Riverview),是她母亲 10 个孩子中最小的一个。他家住在一间一室的小木屋里,安妮和兄弟姐妹们把狭窄的床如拼图一般摆在一个大肚火炉周围。他们有一个户外厕所,一个小便桶,还有一口井,孩子们可以从井里汲水做饭和清洁。她的母亲给一个白人牧师家帮佣,一天挣 2 美元,一周工作 7 天。里克斯家的孩子们穿着牧师从教区拿来的旧衣服。江景市是位于查塔胡其河(Chattahoochee River)岸边的一个磨坊区,与佐治亚州接壤。在安妮的成长过程中,白人和黑人的学校是分开的,公园、图书馆、医院和墓地也是分开的。安妮在芝加哥住了将近 50 年,一次也没回过亚拉巴马州。江景市和其他三个磨坊区合并组成一个新城市之后,它们的原名和该市种族隔离的学校也不复存在了。"我告诉我的孩子们,他们不知道汲水井、蛇和存在偏见的'吉姆·克劳法',意味着他们是幸运的。"里克斯说道。

一堆雀斑点缀在安妮的鼻梁上,一直延伸到她高高的颧骨,每次她带着狡黠的微笑说"但我不能生气"时,都能看到清晰的斑点。这是她一生都在重复的话,每当她感觉自己在黑暗的愤怒中漂流时,都会讲出这句平静的咒语。她不认识自己的父亲,他在安妮 6 个月大的时候离开了。在"家长参观日",她会说自己的父亲死了。对她来说,他的确和已经去世了一样。"你知道你很固执吗?"她的老师说。"是的,女士。"她妈妈会对她说:"你是我最坚强的孩子。"安妮6岁时,她的叔叔去世了,他的尸体摆放在姑姑家的前厅里。安妮的姐妹们哭了,其中一个为了不去参加葬礼,故意弄坏了自己唯一的一双鞋。但安妮却面无表情地盯着叔叔,直到棺材合上。她觉得他应该去更好的地方。

安妮的大哥是第一个离家前往芝加哥的。他找到一份工作后,就派人去接来了母亲。安妮那时还是个孩子,晚些才跟了过去。1967年,一位表姐和丈夫从芝加哥回到亚拉巴马州。回程时,他们让10岁的安妮跟他们一起北上。这位表姐也叫安妮,家里人都叫她"小安妮",而他们用里克斯的中间名称呼她,叫她杰弗里。为了这趟旅行,里克斯穿上自己最好的衣服,烫了头发。他们开车开了一整晚,在清晨的倾盆大雨中到达芝加哥,先在"小安妮"南区的公寓安顿下来。在里克斯看来,表姐发了大财。这间整洁的公寓里有一个发亮的炉子和几个木柜子,还有一间带水槽的室内浴室、一个抽水马桶、一块浴帘和可以淋浴的浴缸。"杰弗里,你想洗个澡吗?"她的表姐提议道。"是的,女士!""小安妮"打开水龙头,里克斯目瞪口呆地看着冒着热气的水喷涌而出。她尽情地泡着热水澡,浸在水里,再换个姿势接着泡,整整待了一个小时。然后,表姐为她准备了一顿有鸡蛋、面包、燕麦和米饭的早餐,这是她作为芝加哥人的第一顿饭。吃完饭后,里克斯问她是否可以再洗个澡。这次她洗澡的时间甚至变得更长了。

不到一年,跟着"小安妮",里克斯家的其他孩子也陆续前往芝加哥。他们的母亲在西区的北劳恩岱尔找到一处住所。那里的居住人口刚刚从10万白人转变为10万黑人,本应几代人才能发生的人口结构变化,在几个季节里就完成了。他们住在一套三层无电梯公寓的顶楼,共有三个卧室、一个大厨房、一个客厅和一个阳台。里克斯的妈妈会告诉他们:"别让街灯照到你。"安妮知道,她要在每天晚上天黑前回家。但之后她会走上阳台,和那些家教不那么严格的朋友聊天。安妮就是这样认识欧内斯特·罗杰·布莱恩特(Ernest Roger Bryant)的。他家住在这条街的后面几个门牌号,是一幢类似的无电梯公寓。她一吹口哨,欧内斯特就会出现在窗边。他们聊了几个小时。他比里克斯大两岁,安妮 12 岁时,他们开始在一起。他会扯安妮蓬松的爆炸头,开玩笑说那不是她的真头发。

"你知道和男孩上床会发生什么吗?"一天,她的妈妈问道。安妮说她知道。但她的母亲与其说是在提问,不如说是在警告她。当安妮 15 岁时,她穿上了哥哥的大号衬衫,母亲明白了一切。里克斯生了个男孩,取名叫欧内斯特。几个月后,安妮回学校读十年级,她的妈妈白天帮她照看孩子。高三那年,安妮怀上了她和欧内斯特的第二个孩子,从此离开了学校。

几年后,到了 20 世纪 80 年代末,安妮和欧内斯特尚未搬离他们相识的西区。他们租了拐角一栋房子的二楼。里克斯已经 33 岁了,她和欧内斯特现在有了 5 个男孩——欧内斯特、香农、科尔内留斯、肯顿和厄斯金(以电视剧《联邦调查局》中的人物刘易斯·厄斯金探长命名),还有三个女孩——基诺莎(她的名字不是来自隔壁威斯康星州的基诺沙县[Kenosha],而是来自安妮 7 个最亲密的朋友的首字母缩写)、拉塔莎和恩内斯汀。罗斯、迪昂塔、雷吉、雷蒙德和拉科恩会随后到来。这个街坊已经经历了变化。国际收割机公司(International Harvester)、阳光公司(Sunbeam)、西部电气公司的大型霍桑工厂(Giant Hawthorne plant of Western Electric)、真力时、西尔斯总部大楼,以及许多的制造商和零售商已经关门,数以万计的就业岗位消失了,大多数规模较小的企业也纷纷退出。这里只剩下一家超市和一家银行。这个社区失去了一半的人口。在接下来的几十年里,人口还会再减少一半。但里克斯在不远处的一家工厂里有一份铸造石膏像的工作。她喜欢这份工作。"我喜欢我所做的一切。"她这样宣称。

安妮相信,如果她遵守规则,并且在签署的所有合同中履行应尽的职责,那么她就有权得到合同所承诺的一切。他们的房东住在一楼,每个月该付房租时,她都按时支付。如果房子坏了,房东就把它修好。事情本应如此,他们相处愉快。那年秋天的一个下午,里克斯看见房东在一栋复式独栋住宅①前和一个男人争吵。她不知道是怎么回事,但后来她发现,就是那个男人放火烧了他们家。安妮的哥哥和他们住在一起,那天晚上,当他们睡着的时候,他第一个闻到了烟味,大声叫大家醒来。他们把孩子们聚集起来,匆忙转移到人行道上,在出去的时候,设法抢救了一些装在相框里的照片和玩具。那天晚上,半梦半醒的拉塔莎试图回到床上睡觉,在她从前门走回房间的路上,有人第二次救了她。然后,他们在院子里目睹房子和家里的一切被火光烧毁。

他们借住在一个表兄的公寓,然后换到另一个表兄家。里克斯购买生活用品,带着孩子们一起去吃饭。但家人的帮助也是有限的。她带着一群孩子,人数众多,似乎把每个地方都塞满了。他们过夜时,会把地板铺得像地毯一样,没有一丝缝隙。一脚下去,你就会踩到一个小孩。某些夜晚,里克斯带着孩子走在西区的街道上,发现自己无处可去。他们向东走了1.6公里,来到库克县医院,挤在大厅里。那里还有其他的家庭。孩子们睡觉时,里克斯就守在一旁。

当安妮思考她的困境时,总会感到困惑。她认识一些瘾君子和游手好闲的父母,他们的孩子蓬头垢面、无人照料。她根本不是这样的。她从十几岁就开始养家糊口了。她的孩子吃得好、穿得干净,他们的头发修剪整齐、编着辫子。她确保他们完成作业,准时上学。她在教室里做志愿者,参加他们的篮球比赛。当孩子想要一双飞人乔丹的篮球鞋时,她不会让他们成为球队中的异类。所以,她怎么可能带着孩子们流落街头呢?安妮·杰弗里·里克斯“无家可归”?你不能用这句话来描述她的生活现状,这根本没有道理。由于没有固定住址,她失去了公共救济金。在她最困难的时候,在解决住房问题之前,她请求公立医院的一名社工照顾她的孩子,认为孩子们在寄养机构会过得更好一些。但是社工拒绝了她的请

---

① 复式独栋住宅(two-flat)分布于芝加哥全市,在一些社区,包括南劳恩岱尔和布莱顿公园(Brighton Park),它们占住房存量的三分之二以上。作为可负担住宅的一种,复式或三层的独栋住宅在1910年左右开始流行,家庭可以购买房产,住在一个单元中,然后出租另一个单元帮助支付抵押贷款。这类住宅通常有一个共用的入口。

求。"你看，这些孩子被照顾得多好啊。"这个女人说。于是，里克斯把她的家人们分开了，把孩子们分给不同的亲戚，留几个在这里，几个在那里。

里克斯的一个姐姐在西尔斯百货工作，一个兄弟在一家泡菜厂工作。她的另外两兄弟为芝加哥伊利诺伊大学服务，其中一人在马凯特公园买了一套独栋住宅。那里就是马丁·路德·金被袭击的地方，现在正逐渐成为以黑人、拉丁裔和阿拉伯裔人口为主的地区。安妮的兄弟姐妹都在工作，那时，还没有人住在公共住房里。但安妮很绝望，杜鲁门总统曾说，拥有"一处舒适的住房和适宜的生活环境"是每个美国人的权利，她需要的正是这种权利。她向芝加哥住房管理局申请公寓。她的第一选择是劳恩岱尔花园，这是一个有 128 套两层公寓的开发项目，离她之前的房子不远。她的第二选择是亨利·霍纳住宅（Henry Horner Homes），这是近西区一个更大的项目。卡布里尼-格林住宅是她的第三选择。

12 月的一个早晨，在暴风雪中，她把她的第三个儿子科尔内留斯留在家里，没有让他去中学。他们住在城市的西边缘，几乎靠近橡树公园周围的郊区，而卡布里尼-格林住宅远在 11 公里之外。芝加哥住房管理局还没有回复她，但里克斯听说卡布里尼住宅开放了租房申请。她告诉科尔内留斯，他们今天就能要到房子，然后步行前往卡布里尼。在雪里，他们从哈里森街（Harrison Street）向东出发，朝市中心方向走去，朦胧的西尔斯大厦在远处若隐若现。他们经过教堂和公园、一个警察局，以及被白雪覆盖的、像棋盘一样杂草丛生的空地。他们走了一个又一个小时。科尔内留斯知道，他不该向母亲抱怨自己的脚痛和手冷。里克斯有时会一个人走一整晚，当她下定决心的时候，没有人能阻止她。他们抵达了奥格登大道，这条街道是一条对角线，以便西城的白人来到湖畔。里克斯和她的儿子又走了一个小时。他们走上奥格登大道立交桥，沿着它横跨芝加哥河，再穿过一排排铁路和工厂。在芝加哥河北支流以东的比尔林北街 1230 号大楼，高架路被死胡同封锁了。他们离密歇根湖还有 1.6公里。安妮和科尔内留斯从那儿走下楼梯。他们抵达了卡布里尼-格林住宅。

住房办公室的一名女性工作人员半心半意地听着里克斯详细讲述她的困境，似乎并不在意他们一路从西区冒雪长途跋涉而来的辛苦。这位女士说这儿没有空余的公寓——这话对也不对。卡布里尼联排住宅几乎住满了人，但是，三分之一的"红楼"公寓和几乎一半的"白楼"公寓处于空置，芝加哥住房管理局还没有完成修缮并做好入住的准备。该机构表示，他们无力维修并出租空置的房屋，这不仅是卡布里尼-格林住宅的问题，整个城市的公共住房都是如此。里克斯挥了挥手，没有理会那个女人的话。她不想听那些预算或机构的问题。对她来说，这件事很简单：卡布里尼-格林住宅有 1200 套没人住的公寓，她和孩子们在西区的房子被烧毁了，他们在街上游荡，睡在医院大厅，只需要一个安身之所。"不，夫人。"里克斯说。她让科尔内留斯坐下，他们哪里都不去。里克斯反复地纠缠、坚持、指责。她大声说她要大闹一场。她要打电话给所有的电视台，包括第 2 频道、第 5 频道、第 7 频道和第 9 频道。她开始点名让记者来采访她——沃尔特·雅各布森[①]、罗恩·马格斯[②]、奥普拉。"为什么要撒谎说你没有房子给我的家人住？我知道你有公寓。这里有这么多公寓，"里克斯突然停了下来，惊讶的表情瞬而转变为自我保护式的笑容，"但我永远不会生气。"

不过，就在那时，前台那位女士的态度变温和了。她带里克斯来到一栋"白楼"，就在多洛雷丝·威尔逊住的那栋大楼隔壁。迪威臣西街 660 号大楼是一个 15 层的素色方盒子，像是一个巨大的文件柜，立面像是被尼古丁熏黄的牙齿。电梯坏了，楼梯间一片漆黑。里克斯进入的五楼公寓看起来像是个地窖；胶合板盖着窗户；垃圾和旧衣服像吹过的树叶一样堆在地板上；厨房的橱柜不是晃来晃去，就是全不见了。里克斯环视了一

① 沃尔特·雅各布森(Walter David Jacobson)，生于 1937 年，芝加哥电视、广播新闻名人，曾是 WGN 电台 AM 720 栏目的顾问。

② 罗恩·马格斯(Ron Magers)，生于 1944 年，曾在美国广播公司芝加哥市 WLS-TV 电视台做新闻主播，与谢丽尔·伯顿(Cheryl Burton)和凯西·布洛克(Kathy Brock)共同主持收视率最高的下午 5 点和晚上 10 点的节目。

下周围破旧的环境，数了数，总共有四间卧室。公寓的一边是一间完整的卫生间，另一边是半间卫生间。前厅足够大，与厨房相连，可以放下一张餐桌、一张沙发和（她检查了一下）一套还能用的炉子和冰箱。天花板很高，墙壁是用仿佛坚不可摧的煤渣砖砌成的。她笑了。在安妮·里克斯看来，这里像是一个可以栖身的家。

当里克斯和家人搬进来时，她对卡布里尼-格林住宅和它的"名声"知之甚少。她没看过《好时光》或者《库利县高中》。1983 年，在她搬入之前，当时电视上播出了一部关于杰西·怀特翻腾竞技队的纪录片《卡布里尼大使》(The Ambassadors of Cabrini)，将项目周围危险的街道和恶臭的楼梯间与这些运动员跳跃、翻转和滚翻的优雅表演和军事化纪律进行了对比。影片中，年轻的杰西·怀特竞技队成员马库斯说："许多白人小孩的家长会让自己的孩子读书、练体操、操作各种器械、学游泳，或者去跳芭蕾。我们没钱这么做。如果我们也拥有这种权利，那我们之间就是平等的。然而，如果没有外在的帮助，我们就不可能实现平等。"200 名卡布里尼住宅的居民接受了"街头自由剧场"(Free Street Theatre's)的音乐剧《项目！》(Project!)的采访，里克斯很快就会认识其中的许多人。她遇到了在"街头自由剧场"董事会工作的多洛雷丝·威尔逊。《项目！》从 1985 年开始公演。舞台上，70 个显示器堆积成"红楼"和"白楼"的样子，将幽默短剧、原创歌曲与卡布里尼-格林住宅租户的采访感言剪辑到一起。一位演员说唱道："卡布里尼就是'红楼'，格林就是'白楼'；如果你想活下去，最好把它记牢！"

里克斯没有看过同时期反复重播的《周六夜现场》，剧中有一位十几岁的单身母亲，名叫卡布里尼-格林住宅的哈莱姆·沃茨·杰克逊。伯恩市长的暂住之后，这个住房项目已经被列为美国最恐怖的黑人聚居地之一。这个角色由该剧唯一的黑人女性演员丹尼塔·万斯(Danitra Vance)扮演，她扎着小辫子，把 T 恤塞进迷你裙里。"我在家里，妈妈正在做玉米面包、黑眼豌豆、烤红薯配猪颈骨，还有卡夫通心粉和奶酪。"卡布里尼-格林的哈莱姆·沃茨·杰克逊讲述说。"我说：'嗨，妈妈。你想听个笑话吗？我怀孕了。'她说：'这是怎么回事？'我说：'我怎么知道？你从来没跟我说过这种事，学校也没教过，你还问我是怎么回事？'"这周，奥普拉·温弗瑞从芝加哥来到《周六夜现场》客串，她扮演了《周六夜现场》制片人罗尼·迈克尔斯的奴隶和哈莱姆·沃茨的母亲。

里克斯确实有个姐夫在卡布里尼联排住宅后面的蒙哥马利·沃德大型仓库工作。他告诉安妮，人们在卡布里尼-格林住宅经常遭到枪击。但这对她来说毫无意义，因为西区和南区也是如此。"我从来没有听说过卡布里尼-格林住宅，我是新来的。"她说。然而，里克斯住进新公寓还不到24小时，就有两个警察来砰砰地敲门了。除了几个装满衣服的垃圾袋外，这个四居室的单元几乎是空的。他们的其他财产都在大火中烧毁了。警察进来时，安妮正躺在地板上，在孩子们闹哄哄的声音中打盹。"这是你的公寓吗？"一名女警察问道，她以为他们是擅自占用房屋的人。窗户上仍然封着木板。安妮把她的租约递给警察。"所有这些孩子都是你生的？而且还没有家具？"警官问，"我可以打电话找儿童与家庭服务部（Department of Children and Family Services）调查你。"对于警察来说，里克斯代表着卡布里尼-格林住宅在大众眼中的形象，是丹尼塔·万斯角色的真人版。对里克斯来说，这种威胁只显得滑稽。

"我不管你要叫谁来查，"里克斯说，"我尝试过把孩子们送到儿童和家庭服务部，他们拒绝了。这些孩子穿得很好，也被照顾得很好。"她嗤之以鼻。现在，里克斯至少有了一套公寓，而且正在申请公共救济。她还得出示相关文件。里克斯用代金券在附近一家专为来自卡布里尼-格林住宅的家庭服务的商店里挑选了家具。她给孩子们买了双层床、一张餐桌和几把椅子。柜子重新装好了，窗户上的木板也移走了。她把客厅漆成蓝色，厨房漆成黄色，女孩们的卧室漆成粉红色。她在厨房里铺了瓷砖。安妮的母亲搬去和他们一起住，在里克斯工作时照看孩子们，但欧内斯特没有住在那里，至少没有正式入住。他和安妮还没有结婚，安妮也不想结婚，这样，她就不会被取消公共救济资格。安妮说："如果我把他写进我的租约,我的房租就会高得离谱。"女警察回来检查里克斯的住宅时,她看到了厨房用具、床、新油漆和从窗户射进来的阳光。她赞许地点点头,但安妮不准备放过她。"你为什么要让儿童和家庭服务部调查我?"她问道,"你也是个妈妈。为什么要对我说那种话?"

与里克斯不同,凯尔文·坎农谙熟卡布里尼-格林住宅的传说。作为一个和社区同龄的居民,作为一个年轻人,他对社区的讽刺形象有一种反常的自豪感。如果说媒体塑造了卡布里尼-格林的标志性形象,将其视为极度贫困和冷酷暴力的世界,那么换言之,如果你来自卡布里尼住宅,则象征着一种力量。你像是来自哈哈镜中的世界,向人们讲述那些符合刻板印象的故事,比如谋杀、枪击、斗殴和在高层住宅外排队买毒品的人。自从伯恩市长使之恶名加剧后,卡布里尼-格林便成为任何被遗弃的或危险的东西的象征,可以指代其他城市的社区,也可以是一栋高端公寓楼里临时坏掉的电梯。卡布里尼-格林成为这个城市的标志之一,当人们听到"芝加哥"时,就会喊出这个词,就像阿尔·卡彭[1]和迈克尔·乔丹一样。一个居民说:"当你提到卡布里尼-格林时,人们就不由自主地开始抓狂了。这简直就是一种精神暗示。"

坎农在十几岁的时候被捕了,和芝加哥其他地方的黑帮成员关在一起。关于他家的新闻在电视上播出时,帮派成员们就会对他毕恭毕敬,问他是否进过"岩石"大楼,或者新年前夜的步枪扫射是不是真的。"是的,我去过那里,"一个狱友对坎农谈起这件事,好像在描述一次行军途中的死里逃生。"我再也不会回去了。"

《好时光》的片场位于洛杉矶的哥伦比亚电视城,拍摄过程中,黑人演员和白人制片就剧中卡布里尼-格林住宅中一家人的形象展开了争论。他们讨论剧集的真实性和责任感,决定前往芝加哥的近北区探访。埃丝特·罗尔(Esther Rolle)扮演埃文斯一家的女家长,她想让自己的角色结

---

① 阿尔·卡彭(Alphonse Gabriel Capone, 1899—1947),绰号疤面(Scarface),美国黑帮分子和商人,他在禁酒时期成名,成为芝加哥犯罪集团的联合创始人和老大。

婚,让丈夫努力工作,陪伴孩子们的生活。她和其他演员坚信,这部情景喜剧需要探讨真实的社会问题——帮派、福利以及住房和就业方面的种族歧视。他们希望剧集能更多关注埃文斯家最小的孩子迈克尔,以及他所在的中学对黑人赋权的抵制。但制片人想为最大的孩子 J. J.(小詹姆斯)增加一些台词,他由喜剧演员吉米·沃克(Jimmie Walker)饰演。在剧中,他是一个失业的艺术家,住在家里。沃克像着了魔一样表演,他拍着双手、仰着头,摆出一个姿势,夸张地说出标志性台词:"太—好—啦!(Dyn-O-MITE!)"这不是一场势均力敌的比赛。关于伊斯兰国度①的笑话被沃克顺滑的肢体喜剧和夸张的台词取代了。"今天,我想做我最喜欢的花生酱和果酱的三明治,"J. J.宣布,"但是家里没有花生酱,也没有果酱。所以我被迫做了一个贫民窟果酱三明治,把两片白面包'粘'在一起。"

当坎农在麦克威克斯剧院看《库利县高中》时,卡布里尼的居民让这座市中心的剧院人满为患。他们指出了熟悉的地点和被雇来跑龙套的住民。"这是一件鼓舞人心的事。"坎农回忆道。电影的主角"布道者"(Preach)说了一个女孩和他约会,两人一起漫步在奥格登大道立交桥上,凯尔文过去就在那儿厮混。坎农也会去库利县高中上学。但这部电影发生于马丁·路德·金死后的暴动和警察被杀之前,那是"堕落前的时代"。这些角色都是库利县高中 1964 级的学生,那时凯尔文还是个婴儿。"布道者""科奇斯"(Cochise)和普特尔(Pooter)穿着羊毛开衫,戴着帽子,看起来就像是从《阿奇漫画》②里走出来的。他们翘课去附近的林肯公园动物园当小丑;他们在当地的一家汽水店聚会,并加入了两个帮派(由卡布里尼住宅真正的帮派成员扮演),在卢普区兜风。这部电影像是一件人工(仿)制品,无论是在现实世界还是感知层面。短短十年间,卡布里尼-格林住宅就发生了巨大的变化。电影中的青少年并不害怕走上犯罪的道

---

① 伊斯兰国度(Nation of Islam)是非裔美国人的伊斯兰宗教运动组织,于 1930 年成立。

② 《阿奇漫画》(Archie Comics)以漫画人物阿奇·安德鲁斯(Archie Andrews)为主人公。这个角色首次出现在《活力漫画》第 22 期(封面日期为 1941 年 12 月)。

路;比起技术含量低、单调乏味的工厂工作,他们更想去寻找刺激,这种情况在当下仍然普遍存在。

坎农和迪米特里厄斯·坎特雷尔("甜蜜射线丁克")一起长大,后者创作了芝加哥最早的说唱歌曲之一。1981年的那个晚上,随着歌手拉里·波茨在比尔林北街1230号大楼的娱乐室被谋杀,这支"电力乐队"宣告终结。在那之后,他们就不再演出了。但"丁克"继续创作自己的音乐。他用说唱来讲述一切,新闻事件、体育人物和观点建议都被他编成歌词,用说唱讲了出来。奥普拉·温弗瑞在20世纪80年代初走访了卡布里尼-格林住宅,并介绍了杰西·怀特翻腾竞技队。除了对犯罪和堕落的迷恋,媒体也将注意力集中在那些出淤泥而不染的成功者上。有很多关于安东尼·沃斯顿(Anthony Watson)的新闻报道,他在卡布里尼联排住宅长大,后来成为一名海军指挥官,负责指挥一艘核潜艇("冲破了卡布里尼的险阻破浪而行")。媒体上还有关于教师、辅导项目和企业家的故事。当奥普拉在席勒小学外面采访杰西·怀特时,这位体育老师打断了她。"嘿,'丁克',"他对那个路过的年轻人喊道,"来唱一段关于卡布里尼-格林住宅的说唱吧。"

"丁克"高兴地展示了一段无伴奏说唱,他提到了楼梯井里的恶臭、在柏油路上看到的尸体、某次有人朝他公寓的前门开了两枪,以及在那里举行乐队演出的体会。一位音乐制作人看了节目后,想要录制这首歌。他在卡布里尼-格林住宅一个人都不认识,所以他查了电话簿,给附近一家酒水商店打了电话。他问,他们知不知道那个在奥普拉脱口秀上唱说唱的孩子。店家当然认得他,并把消息带了过去,之后,"丁克"去了一家录音棚,一口气把这首歌录了下来。

"卡布里尼-格林说唱"就像20世纪80年代中期其他节奏简洁的说唱音乐一样,重重地压着"AA BB"的尾韵,跟随合成鼓的稳定节拍。然而,"丁克"的整首歌都在描述他所热爱的这个地方中发生的悲剧。在叙述住宅区简短的历史时,他唱道:"卡布里尼-格林为低收入者而盖/所以我们住得只比虫子好上一点儿。"他提到草坪与花朵的消失,社区环境如何恶化,以及这个名词如何与城市的衰落绑在一起。最重要的是,他叙述了一个朋友被谋杀的细节,说明即使暴力已是老生常谈,它仍然具有异常的毁灭性:"我永远忘不了我的兄弟拉里·波茨/以及他被击倒的那个可怕夜晚。"

7 集中效应

凯尔文·坎农

就像波·约翰在席勒小学后面招募凯尔文·坎农和其他中学生时所预测的那样,"黑帮门徒帮"掌控了卡布里尼-格林住宅的大部分地区。"黑帮门徒帮"控制着"白楼"、联排住宅,以及绝大多数"红楼"。凯尔文和这些帮派成员一起长大。他忠诚且用心,研究了怎样才能成为一名领导者。他说:"脑子清楚就能活下去。"站在迪威臣西街714号大楼外,他注意到有辆汽车悄悄经过,里面的人偷偷瞄着他和他的朋友。他指挥楼里的所有人,当这辆车出现在迪威臣街、朝他们开来时,他们已经走到上面一层了。楼里的居民叫他"正义的家人"。他从来不像一个野蛮的帮派成员那样做事。他不会无缘无故地伤害别人,也不会带着枪偷偷靠近。每当一个"门徒帮"成员受伤或被杀,坎农就会去为他们募捐。

坎农是库利县高中棒球队的一员,投球、接球,打左外野。一次校园斗殴之后,他被叫到办公室。他声称自己是无辜的,然后挑衅了一名警察,让他搜查自己是否携带武器。他忘了藏在自己帽子里的大麻,于是被学校开除了。因为打架、携带武器和毒品,坎农已经违反了上百条规定,但他以前从未被抓过现行,所以开除的惩罚似乎很不公平。然而,坎农还是不得不承认自己犯了错误。"这是因果报应。"他解释道。

当坎农16岁时,他的两个朋友告诉他,他们要去抢劫一个在多洛雷丝·威尔逊住的那栋大楼的三楼卖毒品的老妇人。这个女人已经从南区搬到了比尔林北街1230号,他们相信她和她的儿子们是"黑石游骑兵帮"

的成员。"他们就像是组织的敌人,"坎农说,"另一个帮派的人进入你的地盘,还试图开店,就要付出代价。你必须让他们闭嘴。"他和他的朋友们走进隔壁大楼。坎农躲在外廊上,另外两个人敲了敲那个女人的门,说他们是来买大麻的。门一打开,他们就掏出枪,叫上坎农加入。他看见三个女人坐在沙发上,都是他母亲的年纪。他翻遍了厨房和卧室,把找到的毒品和钱都装进袋子,然后离开了。除了一发空枪,这次抢劫并不引人注目,只是众多事件中的一起。如果不是后来再找到他,坎农可能都不记得这件事曾经发生过。

几周后,他因为另一项持有枪支的指控被带到县监狱,看到他被关在拘留室里的堂弟格雷格(Greg)。格雷格正是因为比尔林北街大楼的抢劫案被关押的。他们是堂兄弟,有人把他们两个搞混了,把格雷格误认为罪犯。当格雷格意识到错误的时候,他将情况告诉了警察。在审讯室里,一个警察对坎农说:"我们抓到你堂弟了。他说你可以洗清他的嫌疑,还可以告诉我们有谁参与了犯罪。"坎农不能向警察告密——这违反了"门徒帮"的准则。格雷格其实也不该多嘴。"他不是一个值得敬佩的'门徒帮'成员。"坎农说,但他不能对家人怀恨在心。后来,因在芝加哥和密歇根州犯下 10 起抢劫案,格雷格被判入狱 30 年。坎农试图在法庭上为自己的案子辩护。两年后,法官审判时,简·伯恩刚刚搬进卡布里尼-格林住宅,芝加哥正对那里的犯罪者杀一儆百。坎农当时已经 18 岁了,且已为人父,作为成年人被控入室抢劫和持械抢劫。这是他首次被定罪,他被判了7 年,至少要服刑三年半。

在斯泰特维尔监狱,一群来自卡布里尼-格林住宅的家伙在厨房工作,他们也帮坎农找了一份活儿。在送食物的时候,他认识了"门徒帮"的领导和高层成员,他们注意到了坎农的举止。他成熟而聪明,总是保持忙碌,从不吹嘘自己做过什么或认识谁。他们说坎农总有出狱的那天,而帮派中的许多人都将在狱中度过余生。他们告诉坎农,他不该待在监狱里,他需要回家照顾家人,抚养他刚出生的儿子。坎农的父亲会来探视他,他们会一起祈祷,希望坎农能过上真正的生活。"监狱让我成为一个更好的人，"坎农会这么说，"我当时太野蛮狂妄了，对别人毫无顾忌。我要么被杀，要么就是在监狱里度过余生。每天你都会听到那些老家伙说他们在监狱里过得生不如死，他们是想拯救我。"

坎农和约翰尼·威尔成了朋友，后者因参与在 1970 年杀害詹姆斯·塞韦林和安东尼·里扎托警官的案件而被判 100 到 199 年监禁，现在是他服刑的第二个十年。威尔是"眼镜蛇石头帮"成员，但他告诉坎农，在监狱里，他们都是"卡布里尼帮"。来自近北区的黑人社区就像一个小镇，每个人都聚集在一个由几个街区组成的岛屿上，分布在几所街坊的学校里。他们周围都是富裕的白人社区，将他们与南区和西区的黑人街坊隔离开来。就算他们不认识彼此，也认识彼此的家人——你是麦克尼尔家的，对吧？你是布朗家的还是坎贝尔家的？他们是马洛家的人。威尔解释说，这就是卡布里尼-格林住宅存在的意义。他们来自同一个村庄，他们都来自卡布里尼住宅，不管他们是"门徒帮""眼镜蛇石头帮"还是"罪恶领主帮"，他们都代表着自己的街坊。"他教我永远不要忘记自己的根，"坎农回忆道，"他在教育我，告诉我不要摧毁卡布里尼-格林住宅，而是要帮助重建它。"

即便是在 20 世纪 50 年代和 60 年代，卡布里尼-格林住宅的高楼刚刚建起来的时候，第一批居民就说他们的家即将毁灭了。"我们生活在一座金矿上，"休伯特·威尔逊总是对家人说。卡布里尼住宅的选址是一个错误，这座城市不该将一片黑人聚居区建在离市中心和黄金海岸这么近的地方。人们谈论着房地产经纪人和政府官员策划的秘密计划，留心着周遭被迫搬迁的蛛丝马迹。1973 年，芝加哥政府联合市中心的房地产商、商业集团，颁布了"芝加哥 21"[①]规划。这是一份旨在扭转 20 年来经济衰退和郊区化的全面发展计划。"必须复兴城市中心社区，使其再次成为生活

---

① 面对战后的中心区衰退和郊区化趋势，芝加哥商界自发成立了规划委员会，联合市政厅发起"芝加哥 21"战略规划，倡议将城市发展聚焦于中心城区，希望借此复兴城市经济。周边少数族裔社区则发起反对联盟，抗议社区隔离与公共住房和配套建设资金投入的下降。最终，在迪尔伯恩公园住宅项目的实施进程中，反对派取得一定成效；而"芝加哥 21"的大部分规划得以实施，影响力至今仍在延续。

和工作的理想场所,"报告指出,"它们必须是高效、经济和安全的,还必须为人类的自我实现提供最好的机会。"包括卡布里尼-格林住宅在内的 11 个位于城市中心的社区即将被改造和重新安置。为了生存,这个城市不得不重筑税收基础。目前,穷人、黑人和棕色人种正在这些地区寻求自我发展,他们认为自己的家园会被夺走、重建,并被交给更富有和更合适的新来者。

卡布里尼-格林的活动家玛丽昂·斯坦普斯参与组织了"抗议'芝加哥 21'规划联盟"。这一联盟由全市范围的黑人、拉丁美洲人和白人工人阶级组成,也成为哈罗德·华盛顿 1979 年首次竞选市长时背后的支持团队之一。在 1983 年大选时,这一联盟更加系统地组织了起来。华盛顿曾任南区的选区长,这是父亲传给他的岗位。他在老戴利的民主党政党机器中崛起,曾在伊利诺伊州参众两院任职,并在 1980 年赢得联邦众议院的一个席位。但华盛顿表现出的独立迹象使他与党内的中坚分子产生了分歧。因为警察对黑人社区的虐待问题,他和老戴利决裂,并要求该市成立一个独立的审查委员会,调查这些暴行和不正当行为。作为一个天才演说家,华盛顿说话时就像是在表演莎士比亚戏剧,就像福斯塔夫①一样,即使是在宣告对手的死讯,他的大圆脸也会露出微笑。"'政治恩庇'这个词,就像它的近亲'家长式作风'(paternalism)一样,都来自拉丁语'pater',意思是父亲,"1980 年,他向一群人讲道,"每个公民都在为'政治恩庇'系统下糟糕的城市服务和简陋的设施买单。当市政府把大企业和市中心的利益集团置于普通市民的需求之上时,我们就付出了代价。但我们芝加哥的黑人社区,在其中受害最深。"

1982 年夏天,由于伯恩市长削减了黑人在各个市议会和委员会中的代表席位,非裔美国人抵制了计划在格兰特公园举办的"芝加哥音乐节"②。在伯恩第一个任期即将结束时,抗议活动取得了惊人的成功。原定

---

① 福斯塔夫,莎士比亚历史剧《亨利四世》中的人物。
② 芝加哥音乐节(Chicago Fest)是芝加哥市长迈克尔·比兰迪克于 1978 年创立的一个音乐节,每年在海军码头举行两周活动。

出场的史提夫·汪达取消了演出,其他数十场表演也取消了。突然之间,人们齐心协力让该市未登记的黑人选民注册参选。人们在图书馆、教堂、福利办公室、杂货店和公共住房注册选民资格。玛丽昂·斯坦普斯帮助领导了近北区的选民运动,多洛雷丝·威尔逊在她的高层住宅里忙上忙下,帮邻居们登记。全市范围内,有超过 13 万人被添加进选民名单,其中大多数来自以黑人为主的选区。"在这个伟大的城市里,简·伯恩花了 4 年时间试图将种族歧视进一步制度化,而我将终结这一切。"华盛顿宣告说,同时在批判里根总统的城市紧缩政策①时批评了伯恩。在华盛顿宣布他将参选的演讲中,斯坦普斯打断了他,她吼道:"哈罗德,你就像耶稣再次降临。"

斯坦普斯为所在选区的议员服务,当华盛顿和她一起在卡布里尼-格林住宅发表竞选演说时,成千上万的人聚集在他们周围。来自该市东南工业区的议员弗尔多利亚克(Vrdolyak),试图利用伯恩的支持者对种族更替的恐惧来煽动他们。非裔美国人现在占芝加哥人口的 40%。"这是种族问题,"弗尔多利亚克说,"我呼吁你们拯救自己的城市,拯救自己的选区。我们正在为保持城市所该有的样子而战。"只有少数白人政客和极少数的城市媒体机构支持华盛顿。当斯坦普斯被问及她对黑人候选人的支持是否同样表现了芝加哥的种族主义时,她否认了这个观点。"长久以来,人们一直试图让我们不为自己的种族感到骄傲,"她说,"我的回答是:'我投出了属于自己的那一票,这让我感觉很好。'哈罗德·华盛顿流淌着与我们相同的血液。我们不需要为此感到内疚。他是我们的父亲,也是我们的孩子。"

斯坦普斯在竞选中输给了在社区中长期任职的议员伯特·纳塔鲁斯(Burt Natarus)。但是,由于黑人选区的投票率创下了纪录,华盛顿赢得了民主党的初选。与此同时,伯恩和理查德·M.戴利,这位库克县州检察官、前市长之子,实际上瓜分了白人选票。戴利在大选中支持华盛顿,然而在民主党占绝对优势的芝加哥,许多白人也会选择支持种族而非党

---

① 城市紧缩政策(urban austerity measures),指里根总统时期紧缩社会福利规模的一系列经济政策。

派。华盛顿的共和党对手的竞选口号是，"选艾德当市长，趁为时未晚"。在总共 130 万张选票中，华盛顿以不到 5 万票的优势胜出，成为该市首位黑人市长。对其政府的攻击立即开始了。在共有 50 名议员的市议会中，由 29 名白人市议员组成的弗尔多利亚克联盟几乎阻止了所有活动。华盛顿通过削减城市工作岗位的数量降低了预算。他还签署了沙克曼法令[1]。根据该法令，基于政治上的权宜之计雇佣或解雇城市雇员是非法的。但他在改革方面的大部分尝试都遭到阻挠，甚至无法将市议会的成员委派到各个政府部门。每次议会会议都是侮辱和含沙射影的斗争。并不是所有的"弗尔多利亚克 29 人"都是彻头彻尾的种族主义者，但其中一些确实是。这位善用修辞的市长称他的对手为"无耻流氓"。这一僵局后来被称为"市议会战争"[2]。

在黑人市长、黑人住房管理局主席和黑人警察局长的领导下，公共住房依旧问题严峻。芝加哥住房管理局被债务压得喘不过气来。在里根任期内，美国住房与城市发展部的预算削减了 75%，来自房租的收入却持续枯竭，芝加哥住房管理局迫切需要对其老化和维护不良的房屋进行升级。在卡布里尼-格林住宅，卧室的天花板漏水，水槽和浴缸坏了，窗户关不上，公寓也没有冰箱和炉灶。芝加哥住房管理局正在分类鉴别损伤。仅维修电梯一项，就花费了 1.46 亿美元年度预算的近十分之一。另外，还需要 4400 万美元用于清除石棉，五年之内，他们还要花费 7.5 亿美元来修复 1300 栋建筑。

华盛顿提拔了雷诺·罗宾逊[3]来挽救这个摇摇欲坠的机构。罗宾逊

---

[1] 沙克曼法令指针对公民改革家迈克尔·沙克曼（Michael Shakman）提起的诉讼，于 1972 年、1979 年和 1983 年由芝加哥联邦法院签署。这些政令禁止政治恩庇，即将政府工作给予某个政治家或政党的支持者，政府雇员可能会因为不支持候选人或政党而被解雇。

[2] 市议会战争（Council Wars），指 1983 年至 1986 年发生在芝加哥市的种族极化的政治冲突，主要围绕芝加哥市议会展开。

[3] 雷诺·罗宾逊（Renault Alvin Robinson），生于 1942 年，美国芝加哥警察局警官，1983 年 8 月至 1987 年 1 月，罗宾逊担任芝加哥住房管理局主席。他创立了非裔美国巡警联盟，曾对芝加哥警察局歧视少数族裔（非裔美国人和拉丁裔美国人）的案件提起多起民权诉讼。

已经帮助建立了"非裔美国巡警联盟"①，一个挑战芝加哥警察系统内部的种族主义的组织。但是作为芝加哥住房管理局的主席，他与该机构的执行主任发生了冲突，导致僵局。因为一个新闻调查小组发现，数十名电梯修理工在工作中游手好闲，在找到替代者之前，罗宾逊就解雇了他们。住在高层住宅里的居民只能天天爬楼梯。一名租客不得不走下10层楼去医院，不幸倒地而死。罗宾逊突然解雇了260名水管工、管道安装工、玻璃工和电工，因为他们没有"拿着日薪干满一天的活儿"。然而，由于维修人手不足，又正值严冬，锅炉坏了，建筑物没有暖气，管道结冰破裂。芝加哥住房管理局被迫重新雇用维修工人，并支付40万美元的损坏赔偿金。

玛丽昂·斯坦普斯呼吁卡布里尼-格林住宅的居民拒绝缴纳租金，要求华盛顿市长与市政府对这种令人难以忍受的欺诈行为采取行动。到华盛顿任期的第三年时，他的住房机构每年产生800万美元的赤字。由于错过了拨款截止日期，芝加哥住房管理局还失去了700万美元的联邦资助。华盛顿对100名比林北街1230号大楼的居民说："芝加哥住房管理局被有组织地忽视和掠夺了。"他历数了之前的市长，说他们"没有维修电梯，没有维修垃圾道，没有提供警力保卫……他们什么都没做"。华盛顿说："芝加哥住房管理局不是我成立的……如果我是25年前的市长，这场混乱从一开始就不会发生。"

在政治上和逻辑上，拆除高楼大厦的想法都曾被认为是天方夜谭，但作为一项思想实验，这种想法被频繁地提出。芝加哥住房管理局的首席财务官向记者提到，为了支付账单，机构可能不得不出售其位置优越的房产。雷诺·罗宾逊告诉大家，开发商经常打电话给他，表示对购买卡布里尼-格林住宅很感兴趣。一群房地产商带他出去吃午饭，出价1亿美元，想要获得近北区开发项目的明确所有权。"这里曾是全国犯罪最猖獗、社

---

① 非裔美国巡警联盟（Afro-American Patrolmen's League），即现在的非裔美国警察联盟，成立于1968年。当时，芝加哥警官爱德华·"巴斯"·帕尔默（Edward "Buzz" Palmer）见证了马丁·路德·金遇刺引发的暴力执法和黑人抗战。为了使黑人领袖和公民免受警察侵害，帕尔默成立了非裔美国巡警联盟。这个小组的绝大多数成员都是警察，致力于捍卫和保护当地黑人社区的人民。

会最不能接受的公共住房项目之一，这笔交易能让它彻底消失。未来，这里将成为全市最积极的住宅房地产开发项目之一，这笔交易也将为它铺平道路。""弗尔多利亚克29人"的另一位头目伯克（Burke）这样说。华盛顿的盟友、市议员纳塔鲁斯曾在1972年给在任市长理查德·J.戴利写过一封信，信的开头说："正如你所知道，卡布里尼-格林住宅的情况仍然不甚稳定。"他以同样的方式给华盛顿写信，强调十多年来，这里几乎毫无变化。"在我担任公职的每一届政府，高层狙击事件都一再发生。"他提出了一个可能的解决方案。"可以在卡布里尼-格林住宅的空地上建造3层高的无电梯公寓，一旦这些公寓建成入住，就可以逐步拆除这些高层建筑。"

这些建议也反映了卡布里尼-格林住宅周围发生的巨大变化。到20世纪80年代，"芝加哥21"规划中详细描述的复兴中心社区已经开始实现。让中产阶级家庭逃到郊区的反城市倾向已经得到逆转，年轻的专业人士——这十年新兴的雅皮士①——不想住在父母那种周围全是住宅的睡城②，而是想要住在市中心，住在靠近工作和朋友们的地方。卡布里尼-格林住宅旁边的中庭村（Atrium Village）是第一批新开发的项目之一。靠近捷运轨道的那处房产已经空置了近10年，城市更新部门很乐意把它转作他用。1978年，由四个当地教会组成的联盟与开发商合作，建造了一个由307个单元组成的联排别墅和弧形平面的高层住宅组成的小区，住宅的每一个面都朝向中心，形成一个堡垒。中庭村是一个种族多元化、收入多样化的开发项目，有一定数量的租户接受了联邦政府的大额补贴。杰西·怀特搬进那里的一套公寓，多洛雷丝·威尔逊在中庭村的委员会任职。教会想将中庭村塑造为连接卡布里尼住宅和黄金海岸的桥梁，踏出改造公共住房的第一步。但是更多的人宁可从桥的另一边走过来。商

---

① 雅皮士（Yuppie），20世纪80年代初创造的一个术语，指在城市工作的年轻专业人员。

② 睡城（bedroom communities），或称通勤者社区（commuter town），是大都市周围承担居住职能的卫星城。睡城与母城或中心城市的空间距离较近，交通便利。其职能以居住为主，只拥有少量的零售业、服务业等基础生活福利设施，缺乏更多工商业职能，可提供的就业岗位极其有限。

品房单元被抢购一空,引发了建设热潮。

从 1979 年到 1986 年,卡布里尼-格林住宅周围的社区,共花费了 9 亿美元用于新建或升级。就在联排住宅的南面,芝加哥大道的另一边正飘扬着横幅,宣传一个名为"河北"(River North)的新创意社区,那里满是翻新过的阁楼、餐馆和办公空间。如今,在北面,沿拉腊比街的联排住宅环绕着卡布里尼住宅。1979 年,沃勒高中被改造成新的林肯公园高中(Lincoln Park High School),重新修订了课程,翻新了教学楼,还花钱组建乐队和合唱团。校长被允许从区外招收成绩优异的学生。学生中黑人的比重从过去的超过 90% 下降到只有 50%。与此同时,《芝加哥论坛报》连载了 29 集的系列报道"美国重担"(American Millstone),聚焦"主要由黑人和穷人组成的、被无望地困在芝加哥市中心的下层阶级",这座城市也因"城市复兴"而闻名。1986 年,近北区的一篇专题文章指出,"新的精品店和翻修的公寓正在包围这个国家最壮观的公共住房失败案例之一:卡布里尼-格林住宅"。在富裕白人的汪洋中,卡布里尼住宅正在成为一座赤贫黑人的孤岛。

随着近北区黑人人口的下降,留下的黑人也正在被重新定义。福利家庭、单身母亲、常年失业者没能在"伟大社会"福利计划的帮助下,摆脱世代贫困的深渊。芝加哥大学的社会学家威廉·朱利叶斯·威尔逊[①]解释说,更大规模的结构性转型剥夺了芝加哥黑人社区的大部分财富和稳定性。从 1967 年到 1987 年,在芝加哥从工业经济向服务业经济转型时,该市减少了约 32.5 万个制造业工作岗位。芝加哥地区三分之二的就业增长发生在城市以外地区。中产阶级和工薪阶层的非裔美国人从他们长期居住的社区搬了出来,到其他地方找寻工作岗位和更好的住房机会,留下了更集中的贫困家庭。20 世纪 70 年代,在芝加哥以黑人为主的 25 个社区中,生活在贫困线以下的家庭比例有所增加。失业率超过 15% 的黑

---

① 威廉·朱利叶斯·威尔逊(William Julius Wilson),生于 1935 年,美国社会学家。他是哈佛大学的教授,著有关于城市社会学、种族和阶级问题的著作。

人社区数量从 1 个增加到 15 个。在《真正的弱势群体》①一书中,威尔逊提出,那些经济状况较好的人为穷人树立了榜样,是经济和个人生活崩盘的缓冲带。他断言,他们的离开加剧了失业的影响,导致"集中效应"②,让"社会病态"和"贫民区特有的文化和行为"成为主流。到 1983 年,芝加哥四分之三的黑人孩子由未婚母亲所生。黑人和拉丁裔社区公立高中的毕业率下降到 40% 以下。非裔美国人因暴力犯罪被捕的平均年龄越来越低。"人们不仅越来越依赖福利和地下经济,"威尔逊写道,"它们还被视为一种生活方式。"

威尔逊的理论是在富有争议的 1965 年《莫伊尼汉报告》③的基础上提出的。丹尼尔·帕特里克·莫伊尼汉是约翰逊总统手下的劳工部助理部长,他在书中描述了困扰黑人聚居区家庭的"病态混乱"。他对疾病的描述分散了公众对贫困黑人社区社会结构日益崩溃的警告的关注。威尔逊是一位非裔美国学者,他强调说,在接下来的 20 年里,非婚生育、单身母亲家庭、缺乏正规教育和犯罪等问题只会进一步恶化。生活在这些高度贫困地区,人们在职业和个人行为上已经远远脱离了主流。他坚持认为,

① 即《真正的弱势群体:内城、下层阶级和公共政策》(*The Truly Disadvantaged: The Inner City, the Underclass, and Public Policy*),是威廉·朱利叶斯·威尔逊的作品,于 1987 年首次出版。它考察了美国种族与贫困之间的关系,以及美国内城贫民区的历史。这本书驳斥了保守派和自由派关于美国内城社会状况的观点,较早阐述了贫民窟下层阶级的"空间错配"。他还批评 20 世纪 60 年代"向贫困宣战"计划的设计者过于关注贫困问题所产生的环境,而非其"经济组织"。
② 威尔逊认为,经济发展和人口迁移改变了 20 世纪 70 年代以来的内城区空间格局。贫困聚集和社区隔离的主要原因可以归纳为四个方面:一是北方大都市经济转型的背景下,新增技术性岗位与社会底层人力资源不匹配,导致由高失业率引发的城市贫困人口激增;二是人口迁移导致的城市化过程中,大批黑人涌入城市,一定程度上强化了少数族裔聚居;三是全国新增的较低技术要求的工作岗位主要集中在大都市的近郊、远郊和非都市区域,交通可达性阻碍了内城区的就业可能,加剧了内城区的贫困;最后,在经济和社会变迁以及社会政策的共同作用下,中产阶级撤出内城区的贫困邻里,一定程度上恶化了社区资本情况。上述因素共同作用导致内城区的"社会转型",进而引发城市贫困在空间上的"集中效应",尤其是城市黑人人口中最贫困部分不成比例的集中。
③ 即《黑人家庭:国家行动的理由》(*The Negro Family: The Case For National Action*),俗称《莫伊尼汉报告》,是美国学者丹尼尔·帕特里克·莫伊尼汉(Daniel Patrick Moynihan)1965 年撰写的一份关于美国黑人贫困的报告。莫伊尼汉认为,黑人单亲母亲家庭的增加不是由于缺乏工作,而是由于贫民窟文化的破坏性,这可以追溯到奴隶制时代和美国南方在吉姆·克劳法下持续的歧视。

与过去相比,这些问题如今迫在眉睫。在里根时代,威尔逊有时会被误认为是保守派,因为他对自由主义正统学说的排斥,与右翼学者倡导的市中心贫民区的观点有所交集。查尔斯·默里[①]等人谴责福利制度造成黑人家庭的解体,他争辩说,是穷人做出了理性的市场决定,即放弃低工资以申请政府救济;有些父母为获得更多福利,甚至打算生育更多的非婚生子女。根据这种理论,废除一切社会福利对改变现状更为有利。但威尔逊揭穿了这些谬论:例如,劳动所得税抵免是在 20 世纪 70 年代确立的,而且根据保守派的逻辑,提高有工作的群体的福利待遇,将会减少社会福利的总开支。和莫伊尼汉一样,他反对削减政府援助,而是提议更慷慨、更有策略地发放福利。尽管如此,集中的贫困社区正在摧毁居民的生活,并创造了一个永久的"贫民区底层阶级"的概念,在 20 世纪末对许多温和派和自由派产生了影响,就像 1950 年芝加哥住房管理局的"行善者"那样。彼时,他们想要铲平"小地狱"贫民窟——他们敢于重新思考政府应该在这些社区中扮演何种角色,而现在,这种参与意味着公开谈论是否要削减国家福利。

在芝加哥,威尔逊所哀叹的贫困的集中效应,在高层公共住房的强制隔离和高密度人口中反映得最为明显。到 20 世纪 80 年代,芝加哥不仅在全美 12 个最富裕的社区中占有 3 席,令人惊讶的是,在全国 16 个最贫穷的人口普查区中,芝加哥也占有 10 席,都是大型公共住房小区。威尔逊指出,在 80 年代早期,卡布里尼-格林住宅的居民中,有 83% 的人依靠救济生活,而在有孩子的家庭中,至少 90% 只有母亲。"住宅项目简单地放大了这些问题。"威尔逊写道。芝加哥城市联盟[②]发表了一份报告,呼吁结束高层住宅的"暴政"。联盟宣布,芝加哥已经为摆脱这些市民的耻辱

---

① 查尔斯·莫里(Charles Alan Murray),1943 年生,美国政治学家,华盛顿特区保守派智库美国企业研究所(American Enterprise Institute)的学者,曾提出福利导致贫困的理论。

② 芝加哥城市联盟(Chicago Urban League)于 1916 年在伊利诺伊州芝加哥市成立,是全国城市联盟的一个分支机构,致力于发展住房项目和建立合作伙伴关系,并致力于满足就业、创业、经济适用房和优质教育的需求。

做好了准备。

对于卡布里尼-格林住宅的居民来说，公众对他们命运的讨论，更加证实了他们一直担心的大规模驱逐。是的，他们现在生活在公认的集中贫困之中。但迫于需求，他们也把这里当作自己的家。一个又一个家庭、一代又一代人在这里长大。他们照看彼此的孩子，一起购物，分享食物。当一个家庭失去亲人或需要帮助时，他们挺身而出。许多人依赖于理发师、勤杂工、化妆师、保姆、汽车修理工、美甲师、擦鞋匠、裁缝、厨师、木匠和糖果商等账面之外的经济交往。人们交换服务，传递工作的消息。关于"集中贫困"的理论常常忽略了这一切。卡布里尼的居民不知道，如果没有这些长期网络的支持，他们该如何在其他地方生活。他们担心，无论被送到哪里，犯罪和贫困都会无处不在。是否拆除了城市和乡村中这些集中效应最明显的社区，就能真的消抹因歧视、政府效率低下和恐惧等因素共同塑成的城市和国家中的"卡布里尼-格林"，似乎值得怀疑。

一个自称"关注卡布里尼-格林住宅租户之家"（Concerned Tenants of Cabrini Green Homes）的组织宣布召开社区会议，警告那些通过切断电线来反对他们的人。那些被贴在灯杆和高层住宅大厅墙壁上的传单上印着："下一个（被驱逐者）是我们吗？我们要去哪儿？"在传单的简笔画上，西装革履的男子站在一边微笑，他们是"投资者""开发商"和"土地掠夺者"。一位被标注为"房客"的男子畏缩不前，画面旁边，一条写着"芝加哥住房管理局"的腿伸了出来，准备将租客踢出去。

凯尔文·坎农

1984 年 6 月 7 日，罗伯特·坎农开车去斯泰特维尔接他的儿子。凯尔文·坎农出狱了。他被带走时还不到 18 岁；现在他 21 岁，靠举重和监狱里含淀粉的食物，他的身材焕然一新。他的腰围已经从 70 厘米扩大到 90 厘米，他的脖子变粗了，胸膛因肌肉发达而高高隆起。他没有一件合身的衣服。小坎农在斯泰特维尔的厨房赚了 800 美元，父亲直接带他去了马克斯韦尔街（Maxwell Street），一个户外的自由市场。在那里，他买了从裤子、衬衫到袜子和内衣的一切。他的下一站是卡布里尼-格林住宅。

在被释放前的几个月里，坎农想找一个落脚的地方。当他入狱时，他的儿子才三个月大。现在，他的儿子已经四岁半了，但儿子的妈妈已经再婚，又生了几个孩子，坎农显然不会和她住在一起。因为坎农被定罪，他的母亲失去了迪威臣西街714号大楼的公寓。父亲没有邀请儿子加入他在南区的新家庭。坎农联系了威廉·布莱克蒙，他从小到大最好的朋友。威廉在监狱待了一段时间后回到家，他告诉坎农，回到街头的感觉真好。坎农说他很快就会加入他。"在我出来之前，请保持低调。"坎农说。但后来，他在斯泰特维尔得知，他的朋友在试图闯入一套卡布里尼住宅的公寓时被杀了。另一个儿时的朋友现在住在比尔林北街1230号大楼——就是坎农因入室抢劫而被捕的那栋楼——朋友说，坎农可以和他住在一起。于是，坎农投奔了那位朋友，住到另一个被假释到卡布里尼-格林住宅的狱友家里。

坎农听人说过无数次，监狱要么成就你，要么毁了你。这绝对没有让他崩溃。他曾与"门徒帮"的老大们一起服刑，多年来，他证明了自己，赢得了他们的信任。他进去时很强壮，出来时更强壮。现在，回家后，人们因他服刑的经历而尊敬他。他是一个榜样。"黑帮门徒帮"有自己的组织体系，有代理、助理协调人、协调人、理事和税收制度。坎农被任命为"卡布里尼-格林住宅门徒帮教员"，一年后，又被任命为"卡布里尼-格林住宅门徒帮理事"。"不管坎农做什么，他都将取得成功，"一名负责卡布里尼-格林住宅一带的警察说，"如果他在格伦科（Glencoe）郊区长大，他会成为一名医生，拥有最漂亮的妻子和最大的房子。在卡布里尼-格林住宅，他渴望成为社区里最成功的人。他击出了漂亮的一球。他成了名人。"

坎农根本无需在社区内招募成员，因为大多数男孩都热衷于加入"黑帮门徒帮"。对年轻人来说，这既能找乐子，又意味着有人会为你负担买尿布、晚餐、运动鞋和夹克的钱。坎农教育那些十三四岁的孩子，让他们在成为帮派成员之前多念些书。他在这个年纪的时候，波·约翰招募了他,他们必须先接受一些教育。他喜欢把自己想象成和平时期的领导人,而不是战争时期的。他会像西部片里那样,在浴室的镜子前练习拔枪、训练速度。有一次,他不小心把药柜打了个洞。但他不喜欢和其他帮派争斗。他一早起来,就会在地盘内走一走,看看一切是否顺利,了解前一天发生了什么。有时,因为他的朋友抢了谁的钱包,抢劫了另一名成员的房子,或者犯了强奸案,他不得不教训、体罚他们。帮派有固定的准则,必须得到执行。受罚的家伙可能会戴上"黑帮门徒帮眼镜"——因为他的脸被打了太多次,眼睛都肿了起来,也有可能比这还要惨。坎农的目标是,在问题发展到无可挽回的地步之前,就把问题解决掉。他在监狱里学到了一些团结兄弟的方法,并在出狱后付诸实践。卡布里尼住宅的家伙们曾经一起上学,睡在同一间公寓里,在同一张桌子上吃饭。现在他们年纪大了,属于不同的帮派,他不明白为什么他们不能和平相处。他举办了返校野餐,并组织体育联盟。每天化解的问题越多、混乱越少,坎农就觉得自己做得越好。

坎农从未因成为理事而发家致富。这不是《疤面煞星》或《迈阿密风云》——这里没有船、跑车,也没有芝加哥河边的顶层公寓。与此同时,他甚至还拥有合法的工作,开车到郊区,在一家生产预制食品的工厂当叉车操作员。正如威廉·朱利叶斯·威尔逊所记录的那样,大多数低技能的工作,即使没有从芝加哥地区乃至整个国家转移出去,也转移到了郊区。你不能步行或乘公共汽车去郊区的园区或工厂上班。你需要一辆车,一辆在冬天不会坏的车。这正是坎农得到的教训。坎农的车坏了,他因此失去了工厂的工作。

坎农确实在比尔林北街 1230 号大楼拥有了一套自己的公寓,并设法修好了它。外面的走廊上画满了标识。在他位于 13 楼的公寓里,有地毯、窗帘和毛绒家具,一切都是明亮的。他在玻璃桌面上放了相框,在墙上挂了两幅黑豹的大画。这是一套三居室,他把母亲也接来了,因为当初她是因为自己被赶出去的。警察每隔一个月左右就会突击搜查一次他的公寓。从大厅或楼上,你可以看到他们的踪迹,坎农会得到警察在路上的消息。在他们到达之前，他会打开门，躺在铺着地毯的地板上。没必要破坏任何东西或把他摔在地上。警察可能会因为坎农太狡猾而教训他一下，但他们知道自己不会找到任何东西。虽然因为持有毒品、恐吓和扰乱治安，坎农被逮捕过很多次，但他都成功避免了另一次定罪。在警察突袭之后，坎农会再次独自待在自己的公寓里，凝视窗外。他的视线越过周围的高楼，望向湖滨大道沿线的共管公寓。"看起来我就住在黄金海岸附近，"他说，"如果你从我的窗户往外看，你绝对不会以为自己是在卡布里尼住宅。一切都那样奢华。"

8　这是我的人生

J.R.弗莱明

　　在30岁改名叫威利·J.R.弗莱明（Willie J.R.Fleming）之前，J.R.叫小威利·麦金托什（Willie McIntosh Jr.），人们总是叫他"小威利"，让他总觉得自己长不大。在成长的过程中，J.R.听过无数父亲的故事。老威利·麦金托什曾自愿参加越南战争，后来擅离职守。人们说他是芝加哥的弗兰克·卢卡斯①，和东南亚的罂粟种植商勾结，把毒品运到美国。据说他在尼加拉瓜和无人知晓之地担任中情局特工。人们说他向卡布里尼-格林住宅运枪。老威利的绰号是"甜蜜"（Sweetness），J.R.知道父亲必须足够狡猾，才能让他的母亲（一名相信"热爱黑人同胞，停止暴力"的战争反对者）嫁给他。"别惹麻烦。"当J.R.向父亲询问他的人生细节时，马琳·麦金托什（Marlene McIntosh）会这样说。

　　J.R.是麦金托什家的6个孩子之一，1973年出生，当时一家人住在亨利·霍纳住宅。几年后，他们搬到卡布里尼-格林住宅，住在塞奇威克北街1150号"岩石"大楼。父亲会和朋友们坐在楼前，教J.R.如何打架，让他和其他小男孩比赛操练。他们对他大喊，提醒他保持警惕，出拳猛击。然后，就在简·伯恩准备搬进他们的高层住宅时，麦金托什一家搬走了。老威利搬到卡布里尼住宅的另一座"红楼"，和女朋友一起居住；马琳带着

---

① 弗兰克·卢卡斯（Frank Lucas），20世纪60到70年代美国纽约最重要的黑帮头目、毒枭之一，是电影《美国黑帮》主角的人物原型。

孩子去了南区,先是搬到罗伯特·泰勒住宅,在那里,J. R.参加了一个名叫"烈斗"(Tuff Enuff)的垒球队,然后搬到了都是圆形塔楼的希利亚德住宅(Hilliard Homes)。马琳在哈罗德·华盛顿的政府部门有一份行政工作,因此她有机会离开公共住房,凭租房券①搬到南郊区道尔顿(Dolton),那是一个几乎全是白人的小镇,在芝加哥市辖区外约 12 个街区。在马琳的想象中,在那里,她能给孩子们更好的生活。所以,J. R.最终搬进了郊区的一所小房子里。

他们住在一条绿树成荫的街道上,两旁都是独栋住宅。新家的屋前屋后都有院子,还有一个地下室、一个阁楼和门廊。房屋拐角处,是一个大公园的草坪。"真漂亮。"J. R.说。从第 142 街一直到第 151 街,共有 3个黑人家庭,他们是其中之一。上学途中,附近的人们有时会放狗来追他们。J. R.从不缺乏自信。在道尔顿,他靠扫落叶、铲雪和送报纸赚钱。为了证明自己至少和白人孩子一样聪明,他通读了百科全书,从 A 读到 Z,学习了年鉴,还向老师提出质疑。当一位中学辅导员告诉他,他不能"追求"白人女孩时,他没有被吓倒。当有人给他家车库喷上"黑鬼滚回去"的涂鸦时,他把这件事告诉了隔壁人称"大约翰"(Big John)的大男孩,一个满脸青春痘的白人飙车手,并一起追捕了肇事者。"大约翰"带了一把猎枪,把那些男孩的车窗都打碎了。J. R.长大了——上高中时,他的身高长到了一米八,体重达到了 90 公斤。他夏天打篮球,春天打网球,最喜欢的运动是橄榄球。教练说,球队内部不应该互相竞争,而是应当互相依赖,对球队来说,最重要的是打败对手。在 J. R.看来,周五晚上,似乎整个镇的人都会出来看比赛。校友俱乐部会提供煎饼早餐,每个星期天,他还能挤在队友家里看小熊队的比赛。

J. R.在高二的时候担任球队的首发跑锋,人们叫他"进击巨无霸"(Mac Attack),他会穿着棒球服昂首阔步地走来走去。训练结束,他穿着

---

① 1983 年,《住房法》第八款增加了"住房选择券计划"(Housing Choice Voucher Program),提供"以租户为基础"的租赁援助,持有租房券的个人或家庭可以在指定的综合大楼或私营部门租赁一个住宅单元,并支付部分租金。

护甲走在回家的路上,只要人们开车经过,就会跟他打招呼,喊着说他们的侄子或是邻居的儿子也在球队里。球员们需要保持 C 或者更高的平均成绩,但 J. R. 是学术荣誉社团的成员。他在大学考试中名列前茅,大学入学考试(ACT)得了 29 分①,认为自己肯定能进大学。他也尝试过大麻和可卡因,但他认为为了运动,自己不能沾上毒瘾。他会对那些穿着"麦加帝斯"②T恤、在学校浴室抽烟的重金属小子大发雷霆。"你不知道我还在哮喘病恢复期吗? 你是不是想让我输掉比赛? 你是别的队派来的奸细吗?"

J. R. 的姐姐乔伊丝搬回了卡布里尼-格林住宅。他们的父亲还住在那里,母亲的姐妹和堂兄妹也是。在没有球队比赛而且母亲要上班的周末,J. R. 就会乘公共汽车和火车北上。他的表弟格雷,也被称为"格球儿"(G-ball),跟着克利夫兰北大道 1117 号大楼的"门徒帮"混。那是多洛雷丝·威尔逊曾经住过的高层建筑,现在被居民们叫作"堡垒"(the Castle)。J. R. 会从他那儿听到"堡垒组"(Castle Crew)的成员和敌人互相攻击的故事,开枪打死别人或者被打死。回到道尔顿,J. R. 躺在床上,睡不着觉,整晚想着乔伊丝,想象着卡布里尼无处不在的危险。

但是,住在郊区有一种孤独的感觉,这也让 J. R. 深感恐惧。他渴望被关注,他迫使自己取得成功的部分原因,就是为了吸引同伴。他越擅长运动,想要和他出去玩的人就越多。他学会了讲述自己的英雄事迹,如何打趣并手舞足蹈地夸夸其谈。在道尔顿,邻居们下班后就把车停进车库,把自己关在室内。成年人只是偶尔在他们有围栏的后院外社交。黄昏时分,街头棒球赛或后院篮球赛结束后,孩子们都会回家吃晚饭,整个街区陷入了寂静。对于 J. R. 来说,这种平静惹人心烦。所以在高二期末的那个夏天,为了给膝盖养伤,他要求与乔伊丝一起待在卡布里尼-格林住宅。他转学到了离道尔顿不远的一所高中。这支球队参加了

---

① 美国大学入学考试总分为 36 分,考到 20 分左右即可进入普通大学。
② 麦加帝斯(Megadeth)是成立于洛杉矶的重金属乐队,是开创美国鞭笞金属流派的重要乐队之一。

更高级别的比赛,有更多的大学球探关注。他的计划是去卡布里尼住宅附近的理疗师那里修养,并在城里待上几个月,为秋季橄榄球比赛做准备。

对于 17 岁的 J. R. 来说,只要没有大人监督,夏日的卡布里尼-格林住宅看起来就不再可怕。那里简直像是天堂。那是 1990 年,年轻人蜂拥而至,挤满了游泳池、棒球场和篮球场。男孩子们在高楼前骑着装饰华丽的"施文牌"(Schwinn's)自行车,弹起车轮。年长的孩子仔细清洗自家的改装汽车。这里有音乐——珍妮·杰克逊、地下电子乐、贝尔·比文·德沃乐队①的《毒药》。在这里,J. R. 可以和其他青少年一起打篮球和垒球。在卡布里尼住宅,黄昏时,人们不回家。他们在大楼外开派对,工作日也是如此。这里有很多女孩。J. R. 曾在道尔顿约会过,但卡布里尼可不一样。J. R. 会邀请一个女孩到乔伊丝家,去电视节目《盒子》(The Box)点播音乐录影。他们可以花 99 美分打电话订购还没有在 MTV 或 VH1 电视台播出的说唱视频,整晚观看。他不住在乔伊丝家的时候,就睡在姨妈家或表亲家。老威利那时已经搬到亚拉巴马州,但对 J. R. 来说,卡布里尼的每个人都像家人一样。

在卡布里尼,J. R. 第一次喝醉。他抽烟、嗑药,也不再去理疗了。8 月底的一天晚上,他和表弟从另一栋高层住宅参加完派对回来,在杜尔索公园(Durso Park,他们叫它"黑帮公园")的篮球场旁,不小心跌进了灌木丛里。他一直在狂饮奥尔德英式 800 啤酒②,笑称自己喝多了。几个小时后,当他醒来时,J. R. 的眼睛与柏油路齐平,抬头看到了黎明的橙红色日光。他知道自己完全自由了。"结束了,"在空无一人的街道上,他对全世界大喊,"这是我的人生! 我再也不回郊区去了。"

① 贝尔·比文·德沃乐队(Bell Biv DeVoe)是美国马萨诸塞州波士顿的音乐团体。他们的首张专辑《毒药》(Poison)是 20 世纪 90 年代新杰克摇摆运动(New Jack Swing)的重要作品,将传统灵歌、节奏布鲁斯与嘻哈元素结合在一起。

② 奥尔德英式 800 啤酒(Olde English 800)是诞生于 20 世纪 40 年代的美国啤酒品牌,80 年代起深受黑人、音乐界、嘻哈一族的热捧。

1987年，芝加哥首位黑人市长哈罗德·华盛顿赢得连任，阻止了简·伯恩在民主党初选中的复出。然后他痛击了自己的宿敌弗尔多利亚克，他更换党派参加大选。华盛顿也获得了市议会的多数控制权，终于得以推进自己的议程。但就在他第二个任期开始的几个月后，他倒在市政厅的办公桌前。65岁的他死于心脏病。经过一整夜的内部争论，尤金·索耶被市议员同僚选中，出任新市长。为了拯救奄奄一息的芝加哥住房管理局，索耶向大都会地区规划委员会[①]寻求帮助。大都会地区规划委员会是一个很有影响力的非盈利组织，从成立之初就深深影响着城市规划和芝加哥住房管理局。伊丽莎白·伍德在接管住房管理局之前，曾领导过这个非盈利组织。委员会建议索耶为芝加哥住房管理局挑选一位新的领导人，前伊利诺伊州州长迪克·奥格尔维[②]立即接受了这个职位，但随后也死于心脏病。此时，委员会提供了第二个选择。46岁的非裔美国人文斯·莱恩[③]是名低收入住房的开发商，此前一直担任该组织公共住房委员会的主席。莱恩于1988年接管了芝加哥住房管理局，同时被任命为执行董事和董事会主席。先前为了对权力进行制衡，这两个职位通常是分开任命的。

莱恩身材高大，前额高，胡子修长，容易激动。他曾担任伍德劳恩组织的高管，在南区开发非营利性住房，还成功地开办了一家公司，在全国各地建造由美国住房与城市发展部资助的房产。但早在20世纪50年代，他就已经熟悉公共住房了。那时，他在白袜队棒球场附近的出租屋里长大，住在一个名为温特沃斯花园（Wentworth Gardens）的低层公共住房开发项目的对面。他很羡慕那里的工薪家庭，他们的家看起来很新，有整洁的花园和大片公共草坪。然后，莱恩敬畏地看着罗伯特·泰勒住宅的28座塔楼在东边拔地而起。这是一个建筑奇迹，与被取代的贫民窟相比，

---

① 大都会地区规划委员会（Metropolitan Planning Council）成立于1934年，是一家致力于规划和政策调整的非营利组织，旨在改善芝加哥市的住房条件。

② 迪克·奥格尔维（Richard Buell Ogilvie，1923—1988）是第35任伊利诺伊州州长，任期为1969年至1973年。他在20世纪60年代成为伊利诺伊州库克县打击黑手党的治安官，后来成为州长。

③ 文斯·莱恩（Vince Lane），生于1942年，曾为伍德劳恩社区发展公司的高级副总裁。1988—1995年任芝加哥住房管理局的局长兼主席。

环境的改善是显著的。莱恩的一位姨妈租住了一套泰勒住宅的公寓,全家人都为她的乔迁而庆祝。

莱恩对公共住房的衰落程度感到震惊。他是一个喜欢发表意见的人,高扬的鼻音会随着愤怒而加强。"太可怕了,太可怕了!"他大声抱怨现在自己负责的芝加哥住房管理局。由于管理不善,这家机构负债 3000 万美元,人员臃肿,房屋年久失修,多年来都没有得到妥善维护。他听说,有些租户因为害怕子弹横飞而睡在浴缸里。在他上任的头几个星期,黑帮成员用燃烧弹炸毁了西区洛克威尔花园(Rockwell Gardens)的一间公寓,造成一名小女孩受伤。在那一刻,莱恩决定让所有房地产或管理理论都去见鬼。他迫不及待地想得到市长或法官的许可。他必须要在自己管理的住房内建立起公共秩序、保证其安全,这是他的职责。他从自己喜欢的一部战争片中找到了灵感。和电影里一样,莱恩想要派遣军队,在每座塔楼中大规模展示武力,以此压倒敌人。"我要把这些高层住宅当成我的战场,我必须控制它们。"他说。

周二清晨 5 点,芝加哥住房管理局的工作人员和 60 多名警察在丹·瑞安高速公路沿线的集结点会面。除了莱恩和警察局长外,没有人知道第一次突袭的目标,因为担心内部消息会提前泄露给帮派。车队向西行驶到洛克威尔花园。在选定的高层住宅外,一队警察封锁了出入口,另有数十名警察冲进大楼,在每个公寓里搜查武器和毒品。芝加哥住房管理局的工作人员检查了名册,确定哪些人是大楼的正式租户,哪些人需要离开。第二梯队的 100 多名工作人员赶到后,开始用铁栅栏封锁大厅。他们设立警卫站,安装摄像头。大楼实施午夜宵禁,给居民发放身份证明。居民需要出示身份证明才能重新进入自己的大楼。

莱恩称这次突击为"清扫行动"(Operation Clean Sweep),并宣布他将对该市 168 栋高层公共住房和部分低层住房进行类似的紧急"扫荡"。他要通过挨家挨户查房、一栋接一栋的搜查,使住房系统再次变得安全,赢下这场公共住房的战争。但是,当莱恩和他的部队冲入第二栋高层住宅时,出其不意的效果就已经消失了。"放哨人看到了这支由卡车和轿车组成的大部队,他们意识到我们要朝那里去了,"莱恩笑着回忆道,"毒品和枪支就从这栋大楼里消失了。"几周内，载着 150 名住房管理局工作人员和警察的车辆前往卡布里尼-格林住宅，封锁了其中一座高楼。莱恩很快扩大了这些行动，增加租户巡逻队，创建一支独立的、芝加哥住房管理局系统下的警察和安全部队，队员与芝加哥警察一起训练。他在每一个大型住宅区都设立了芝加哥警察分局，让他们采取"破窗"[①]策略，逮捕犯轻罪的居民，以防止更严重的犯罪。

一些芝加哥住房管理局的租户和他们的支持者反对这种围攻战术。莱恩从未申请搜查他人公寓或没收违禁品的搜查令，当美国公民自由联盟（ACLU）对芝加哥住房管理局提起集体诉讼时，该机构不得不签署一项具有法律效力的同意令，对搜查设定限制，制止其反复进行的越权搜查。但是，其他公共住房的居民欢迎这些"扫荡"。人们权衡个人自由和警察保护之间的利弊，希望自己的社区和芝加哥的其他社区一样安全，拥有同样的法律和秩序标准。莱恩走访某个项目时，女人们会拥抱他、亲吻他；男人们会抓住他的手，感谢他接受了这项挑战。居民们提交了要求警察突击搜查他们大楼的请求——更常见的是突击搜查旁侧大楼的请求。在卡布里尼-格林住宅，租户们找到市议员纳塔鲁斯，他随后传递了申请。"在这场卡布里尼-格林住宅的公共安全危机中，您和警察发挥的领导作用值得感谢。"他在交给莱恩的信中说。他请求该机构终结高层住宅之间的交火，并补充说："我会全力支持你。"

对很多公共住房外的市民来说，莱恩的策略似乎是对内城混乱局面的恰当回应。这次扫荡行动，正值人们对"快客可卡因"[②]日渐狂热、帮派之间为争夺日益扩大的市场而相互争斗的时候。毒品确实在肆虐——到

---

① 破窗效应（broken windows theory）是犯罪心理学理论，由詹姆士·威尔逊及乔治·凯林提出。20 世纪 90 年代，美国纽约市警察局局长威廉·布拉顿（William Bratton）和市长鲁迪·朱利安尼（Rudy Giuliani）进一步推广了这一理论。在这十年里，城市的犯罪率显著下降。该理论认为，犯罪、反社会行为和内乱的迹象会鼓励严重的犯罪和混乱，所以，针对轻微犯罪（如破坏公物、公共饮酒和逃票）的定罪有助于维护秩序和法制，从而防止更严重的犯罪。

② 快客可卡因（crack cocaine）是吸食可卡因的一种常见形式，最早于 20 世纪 80 年代中期在纽约、洛杉矶和迈阿密等市的贫困街区首先出现，因制备时会发出爆裂声而得名。

1991 年,芝加哥被捕的男性中,有 70% 可卡因检测呈阳性。然而,这场危机并没有引发人们对医疗和社会服务的关注,上瘾者也没有得到同情。与之相反,他们被视为瘾君子和祸害,不是被丢在贫民窟里无人关注,就是被逮捕、关进监狱、肃清出去。是时候让公民社会表明立场、收回街道了。

从 20 世纪 80 年代中期到 90 年代初,青少年杀人率稳步上升,这是蓬勃发展的毒品贸易、经济不景气和日益壮大的帮派团伙所造成的悲剧性影响。芝加哥的杀人案每年都在攀升,接近 20 年来的最高峰。与此同时,还有许多耸人听闻的信息。新闻大量刊载早产"可卡因婴儿"的图片,这些婴儿在子宫里就接触到毒品,在婴儿床上抽搐。媒体大声疾呼,声称即将到来的受害儿童潮将从这个国家的黑人贫民窟蔓延开来,他们将成为永久的下层阶级,不但会耗尽社会公共服务资源,长大后还会恣意妄为。1989 年,在纽约市,一名 28 岁的白人投资银行家在中央公园夜跑时,被人强奸、殴打,几乎致死。警方调查了这起名为"中央公园慢跑者"①的案件,逮捕了五名居住在哈莱姆区的 14 岁至 16 岁的少年。根据口供,他们承认自己外出"撒野"。这五个少年从来没有说过这个词,是警方在一整晚的欺凌审讯和哄骗后编造出来的;十多年后,这些定罪终于被撤销。但"撒野"这个词唤起了人们情感上的共鸣。它塑造了一种流行的成见:面对失控的青少年暴力,罪犯就像狼群中的狼,"野蛮""凶猛"且"原始"。"我们伟大的社会,怎么能容忍它的公民继续被疯狂的异类残害?"在男孩们接受审判之前,唐纳德·特朗普在《纽约每日新闻》上刊登了一整版付费广告。"当安全遭受到威胁时,公民就失去了自由!"普林斯顿大学的政治科学学者约翰·迪尤里奥(John Dilulio)创造了"超级捕食者"②这个词,

① 中央公园慢跑者(Central Park Jogger)是发生在 1989 年 4 月 19 日晚上的一起强奸案,28 岁白人女性特丽莎·梅里在案件中受重伤,在 12 天的治疗后才从昏迷状态中恢复。1990 年,《纽约时报》将此案称为"20 世纪 80 年代最有名的犯罪之一"。

② 超级捕食者(super predator)是 20 世纪 90 年代在美国流行的一种犯罪学理论。犯罪学家和政治学家约翰·迪尤里奥提出一小部分不断增长的冲动青年(通常是城市青年)会毫无悔意地犯下暴力犯罪,导致青少年犯罪和暴力事件大幅增加。美国立法者由此在全国范围内对少年犯实施了严厉的犯罪立法,包括终身不得假释的判决。

用来描述这种在想象中日益壮大的青年谋杀者群体。他们大多是黑人，迪尤里奥说，他们"没有父亲、没有信仰、没有工作"。他援引了一名检察官的话："他们不需要任何明显的动机，只凭一时冲动，就能杀人或使人致残。"

在芝加哥，"超级捕食者"显然来自卡布里尼-格林住宅。"什么地方能迅速让芝加哥市民心生恐惧？"1988年，一名敢于在卡布里尼-格林住宅打击犯罪的警官在一份档案中问道。"格林已成为'丛林'的同义词，一个野生动物四处游荡、吞食弱小生物的地方。"一档关于卡布里尼-格林住宅的全国性电视新闻节目，鼓动观众想象一个野蛮的战区："这是一片无人区，这里窗户破损、光线昏暗、建筑废弃、缺乏法律和秩序。两支敌对的武装力量在废墟上战斗，各自控制着经过仔细划分的地盘。几乎每天晚上都有狙击手开火。这听起来像是在贝鲁特发生的事，实际上却是在美国。这是州、地方和联邦政府共同造就的产物，更是糟糕的政治、失败的政策和官方忽视的后果。"

逐渐增长的社会恐惧并没有可靠的科学依据，然而，这在当时几乎无关紧要。在出生前接触可卡因并不会对婴儿造成严重的长期影响；大多数早产婴儿都会这样颤抖；如果母亲在怀孕期间酗酒，对胎儿也会造成同样的伤害，而且更加普遍。此外，迪尤里奥曾预测，未来几年，贫民区青少年犯下的可怕罪行将增加一倍或两倍，但事实证明，他的预测非常不准确。暴力犯罪在1991年达到顶峰，然后急剧下降：到20世纪90年代末，随着经济的改善和可卡因使用的减少，青少年犯罪率将回落到80年代初的水平。然而，在当时，这种歇斯底里的情绪已经固化到政策之中。几乎每个州都通过了更严厉的针对未成年罪犯的量刑法：在审判中，青少年被当作成年人，并被强制判处最低量刑，其中包括终身监禁。怀孕的可卡因吸食者被指控虐待儿童，甚至被控过失杀人。芝加哥在不到10年的时间里，每年因大麻以外的毒品滥用被捕的人数增加了两倍，其中非裔美国人占了大部分。

正是由于这种恐慌，文斯·莱恩被吹捧为英雄。华盛顿的共和党人赞扬了他的激进做法，认为这应当是其他城市效仿的榜样。莱恩被拿来与乔·路易斯·克拉克(Joe Louis Clark)相比，后者是新泽西州一所高中的"铁腕"校长。在根据真人真事改编的电影《铁腕校长》①中，由摩根·弗里曼饰演主角。克拉克草率地开除了数百名学生，他说："你们就是水蛭、恶棍和暴徒。"国家需要克拉克这样愿意改变规则的义务警员。莱恩正在解决一些其他人认为太棘手、希望渺茫甚至懒得去处理的社会问题，在这个过程中，他赋予芝加哥住房管理局的雇员一种新的使命感。在他手下工作的人都戴着徽章，上面写着："我负责解决问题。"他说，那些在公共住房里活动的团伙就像占据操场的恶霸，"扫荡"是他"赶走恶霸"的方式。1990年，莱恩登上了《芝加哥论坛报》周日特刊的封面：他站在一座卡布里尼-格林高层住宅的屋顶上，其余红砖方盒子搭起的塔楼像城垛一样在他周围耸起。莱恩身穿深色西装，双臂交叉放在胸前，统治着自己治下的社区。

但这种"扫荡"从一开始就存在问题。除了被裁定违宪之外，它们的成本也高得令人却步。据估计，扫荡一栋高层住宅的成本为 17.5 万美元，这还不包括付给芝加哥警察的加班费。"这花了一大笔钱，"莱恩承认。他从华盛顿那里获得额外的资金。芝加哥住房管理局还动用了维修基金，来开展打击犯罪的行动。建筑物越来越破败。每当莱恩扫荡一幢高楼，周围建筑物里的犯罪率就会增加。与其说他在清除枪支、毒品和无赖，不如说他在帮他们做转移。每次行动中，警察没收的武器和毒品越来越少，因为人们已经做好了准备。J. R. 说，芝加哥住房管理局的武装力量正在逼近的消息会传到卡布里尼-格林住宅的大楼，那些携带违禁品的人们会把他们的货物收起来，存放在外面的汽车后备箱里。

莱恩足够了解公共住房的世界，他明白，如果把所有没有租约的男性都赶走，行动会适得其反。据官方统计，芝加哥住房管理局的房产中，十分之九的家庭都是女性户主。但是男人就在她们身边，他们是女性的儿

---

① 《铁腕校长》(Lean on Me)是 1989 年的美国电影，主要讲述克拉克成为某个风气不良的学校的校长后，为了改变学校风气而努力的故事。

子、情人和父亲。"我是矛盾的。"莱恩承认。他该如何确定这些人是毒贩还是好父亲，或者两者都是？"我认为，把一个人从家庭环境中赶走是不对的，"莱恩说，"这不是正确的事，不该传递这样的信号。我们想传递的信号是，如果你和某人有一段感情，并且有孩子，我们会和你一起努力，帮助你的孩子接受教育。但是我会继续前进，保卫一栋又一栋楼的安全。我真的以为我们可以保卫整个城市。谁有把握保护罗伯特·泰勒住宅和卡布里尼-格林住宅？我成功了吗？"他自问自答，音调越发高亢。"我绝对成功了。绝对是的。"

J.R.弗莱明

因为 J.R. 刚从郊区出来，所以他在卡布里尼-格林住宅遇到了一些麻烦。他穿着全红色的橄榄球服，衣领像《好时光》里的方兹一样竖起来，他没意识到它的颜色代表着"罪恶领主帮"和"眼镜蛇石头帮"。有一次，詹纳学校附近的一个"门徒帮"成员问他："你乘哪辆车？"（你跟谁混？）J.R. 按照字面意思回答了这个问题，甚至没有试图搞笑。"公交车？"他住在由"门徒帮"控制的大楼里，他不能穿过柏油路，去他小时候住过的大楼，因为那里现在是"眼镜蛇石头帮"的地盘。起初，J.R. 对此感到困惑。住过以白人为主的道尔顿社区之后，他希望卡布里尼-格林住宅是一个没有紧张气氛和偏见、全是黑人的世界。"这是为什么？"他问，"黑人难道不该彼此相爱吗？"秋天，当他进入林肯公园高中读书时，大家都以为他是"门徒帮"的，因为他的表亲和隔壁邻居都在那个帮派。他会告诉别人，他不是"兄弟联盟"的人。"我是个书呆子，还是个运动员。我是有竞争力的。"然而，这一切并不重要。一群"罪恶领主帮"成员把他从泳池里赶出来，他只能穿着泳裤跑回家。回到卡布里尼住宅的地盘上，人们取笑他："你现在已经不在堪萨斯州了。"

"好吧，那就告诉我，我现在在哪里，需要做什么才能活下去。"J.R. 要求道。

有一天，他推着自行车走在街上，拉腊比街的几个人告诉他，他们准备抢劫他。"伙计，我能看看你的自行车吗？我只是想骑一下。"这辆自行车属于他住在克利夫兰北大道1117号"堡垒"大楼的表弟"格球儿"。J.R.没有放弃，他决定保护自己。然而这不是扣篮或冲阵达成首攻。一个家庭成员借给他一把0.32口径的自动手枪。第二天，他和一名叫特里西娅的姑娘一起去拉腊比街，他把自己遇到的麻烦告诉了她。"我为他们准备了这个。"J.R.说，给她看藏在口袋里的手枪。武器并没有让她感到惊讶。"你可以朝他们的腿开枪，"特里西娅客观地建议道。但当他们真的遇到那些人的时候，特里西娅发现威胁者是她的亲戚。"你不能向我的堂兄弟开枪，"她喊道，"这小子有枪！"

"你真找了把枪来对付我们？"两个威胁者中大一点的那个家伙笑了，卡布里尼住宅的人叫他弗兰克·尼提（Frank Nitti），以阿尔·卡彭的打手命名。他似乎被逗乐了，好像J.R.与这件事无关。"我们只是在耍你，伙计。"后来，他和J.R.成了朋友。

J.R.倾向于将世界视作一场体育比赛，所以，他把卡布里尼-格林住宅当作一场橄榄球比赛，在混乱中分辨规则。"你只需要跟随你的阻挡队员。跟着他走，你就能活下来。"他去找了"格球儿"，拜读了"门徒帮"的宣传材料。该帮派的首要准则之一，是"黑帮门徒帮"的成员要援护并帮助自己的兄弟。但是J.R.环顾四周，发现这个帮派在迪威臣街对面的几栋"白楼"里，靠卖毒品赚了很多钱；他所居住的拉腊比街的"红楼"就在斗争前线，正对着一座19层的"罪恶领主帮"大楼，似乎没有人对援护和帮助他们感兴趣。J.R.打电话给父亲，老威利叫J.R.别掺和帮派的事。他说J.R.大脑的运作方式和住宅项目中的其他人不同，他太聪明了，不该被卷入琐碎的争斗。这个建议刚好迎合了J.R.的自负。"别在别人的棋局里当棋子。"父亲这样劝说他。

J.R.没有加入帮派，而是在自己的大楼里组建了一个叫"滑雪爱好者"（Skee Love）的小团体，主要是开开派对、卖卖大麻、勾搭女孩。他们的口号是："砰，砰，砰。滑，滑，滑。"在被赶出林肯公园高中后，J.R.到另一所当地的高中就学,前往 2.5 公里以西的威尔斯(Wells)高中。然而,那所高中里,没有任何人在学习。学生们把枪和刀放在鞋子里带到学校。波多黎各人打黑人,而黑人又打其他黑人。一天,一群"西班牙眼镜蛇帮"成员在校门口等他。J.R.知道他不能惹恼整个社区,于是打了校长助理。他觉得自己会被开除,他的推理是正确的。警察开车送他回家,警车经过那些蹲守的帮派分子。这让他的母亲很伤心,但 J.R.再也不用上学了。

9　信念指引我们前进

多洛雷丝·威尔逊

　　当多洛雷丝·威尔逊所在大楼的租户委员会主席一职突然空缺时，她很纠结是否要接受这个职位。正如祷词所说，她需要区分什么是她能够改变的，而什么在她的力量之外。她能控制自己的公寓，但管理一整栋楼呢？屋顶漏水，被水淹泡的公寓在腐烂。住宅最上面的两层公寓最终被完全关闭了。人们不应该去那里，但警告并没有效力。楼梯井和电梯上到处是帮派标志的涂鸦，垃圾遍地都是。多洛雷丝感到很尴尬，很久以来，她都不敢邀请任何人到她家做客。"我不能让客人在来我家时穿过这一切。"

　　多年以来，比尔林北街 1230 号大楼租户委员会的主席是多洛雷丝的一个朋友，名叫埃塞雷尼·沃德（Ethelrene Ward）。沃德女士与玛丽昂·斯坦普斯合作，致力于为租户提供更好的服务，她还帮助建立了一个社区食品储藏室。她让十几岁的孩子们在这栋楼里表演，组织居民去威斯康星州德尔斯市（Dells）的小湖郊游，在那里打排球和钓鱼，尽管多洛雷丝不忍心把鱼钩穿到虫子身上。沃德女士去世后，住在这栋楼里的一位牧师接手了她的工作，但最近人们发现他在电梯里被杀了，人们说他卷入了一场家庭纠纷。多洛雷丝认为，人们应该以其鼓舞人心的话语而非其行为去评判一位牧师。她喜欢牧师在葬礼上的讲话："我不会和死者说话，她听不见我。我是在对所有观众席上的人们宣讲。"但现在，这位牧师已经死了，而她还坐在教堂的长凳上。她决定承担起责任，接替他担任租户委员会的主席。

在丈夫去世大约一年后,多洛雷丝召开了楼里的第一次居民大会。女儿黛比和谢丽尔都已经在这栋大楼里有了自己的公寓,所以多洛雷丝知道她们会来,但她觉得其他人并不会出现。然而,当她走进一楼的娱乐室时,发现里面挤满了老人、单身母亲和小孩,甚至还有一些帮派成员。老租户们谈到,要让比尔林北街 1230 号大楼回到 20 世纪 60 年代初的辉煌,那时它刚刚被粉刷一新,周围是绿地、鲜花和长凳。年轻的父母们抱怨那些帮派分子坐在电梯里收过路费,他们的孩子会被打、被抢。在场的帮派分子多半也同意这些建议——他们对高层建筑的环境表示不满。其中一名帮派头目举手,建议在每层楼面都放上凳子,因为那些够不到垃圾槽的矮个子小孩会把垃圾洒出来,或者把垃圾袋直接扔在地上。

会上有十几个人表态,愿意轮流监视大楼,他们中只有一位是女性。许多邻居都说那些人疯了,觉得他们有可能被杀害。但志愿者找到帮派成员,让他们去别的地方。他们分成小组工作,一组守在通向贺斯提特街的后门,另一组守在前门,其他人守在电梯上。凯尔文·坎农从斯泰特维尔监狱出狱后也搬进了比尔林北街大楼,他也参与轮班,在领导"门徒帮"的同时,帮助保护电梯。多洛雷丝迫使芝加哥住房管理局更换了大厅里的灯,并在那里装了部电话。一名妇女在她的公寓外卖糖果,她用卖糖果的钱给安全小组买了蓝色制服,并在袖子上缝了 1230 号大楼的标志。最后,芝加哥住房管理局雇用了其中一部分志愿者当保安。他们带着对讲机和记事本,把所有未上锁的、空置的单位和破损的窗户记录下来,交给芝加哥住房管理局。"这是我们生活的地方,我们必须保护它,"多洛雷丝说,"我们开始制定规则,因为我们发现,规则对我们有利。"

芝加哥住房管理局每月给这栋大楼拨一笔小额专项津贴,用于杂项开支,使多洛雷丝能够给娱乐室置办一张二手台球桌、一张乒乓球桌和一张 60 年代迷幻风格的旧货店沙发。她说服当地一家商店捐赠了一桶 10 加仑的油漆,并支付给楼里的人 6 美元作为刷一层楼梯间的工钱。有些住户是如此渴望得到一份工作,甚至自己刷了两到三层楼。夏天,这栋大楼里举办了义卖,居民们把衣服挂在外面的栅栏上,他们摆起烧烤架,卖热狗和点心。几个租户在大楼旁边的空地上种植了一个花园。他们还办了一场时装秀、一场赠送大衣的活动,还有一个辅导项目。

多洛雷丝征召了一些孩子来帮忙维护大楼。现在,那些本可能在电梯里嬉闹的男孩和女孩,衣服上都贴着印了"监督员"字样的纸条。他们两人一组走在高层住宅里,确保其他孩子没有乱扔垃圾、撑开电梯门或是从电梯厢里跳出来。市长华盛顿的行政部门批准了该栋大楼封闭高层住宅北面的史考特街(Scott Street)的要求,让居民们举行跳绳比赛和大轮车比赛。多洛雷丝讨厌竞技,讨厌大人们在篮球或棒球没有命中时大喊大叫,所以她给每个孩子都颁发了奖品。邻居们告诉多洛雷丝,他们从来没有想过自己会为别人打扫卫生,但这栋楼看起来太漂亮了,以至于他们会情不自禁地从大厅的地板上捡起乱扔的薯片袋。很快,多洛雷丝就对这栋高层住宅的现状感到满意,于是邀请圣家路德会的牧师来家里喝茶。当牧师在她的客厅里说,比尔林北街 1230 号大楼看上去和其他卡布里尼-格林住宅不一样时,她激动极了。

多洛雷丝仍然在水务管理局做全职工作,还在当地理事会和委员会做志愿者。作为卡布里尼-格林住宅全体租户委员会的秘书,她在 1985 年的一次会议上做记录时,发现会议正在讨论大都会地区规划委员会资助的一个奇怪的试点项目。这个民间非营利组织想要在全市范围内培训一些公共住房开发项目的租户,让他们接替芝加哥住房管理局的管理职责。

近年来,大都会地区规划委员会曾考虑拆除芝加哥所有的高层公共住房。但在 20 世纪 80 年代,芝加哥的贫困家庭和需要低收入住房的家庭数量都在增加,联邦资助却在减少,可负担住房的选择也消失了。芝加哥的无家可归者和在住房管理局等候名单上的人越来越多。"鉴于这些情况,芝加哥不能失去任何为低收入家庭准备的住房,包括 38685 套公共住房单元。"大都会地区规划委员会总结道。因此,该组织探索了居民管理模式。其前提是,比起房屋管理部门或私人管理者,租客更有动力去翻新大楼里的空置公寓、收取租金,并与坏邻居打交道。除此之外,其他管理办法都毫无作用。芝加哥市议会通过了一项决议,旨在通过居民自治创造"更光明的明日愿景"。这篇报告读起来更像是对公共住房项目的事后调查:

> 有鉴于芝加哥住房管理局为居民提供的服务质量极差,其管理简直是恐怖故事的素材——大片15层到19层的建筑中,电梯在70%的时间内都不能正常使用——居民们等待多年才换上新窗帘、给门窗装上遮阳罩,等待多月才更换窗户、进行最简单的维修,并且……

> 有鉴于工薪家庭大规模逃离芝加哥住房管理局的开发项目……留下了一片巨大的城市荒野,(住宅项目中)四分之三的成年人失业,80%家庭的家长是失业的单身母亲……在那里,对福利的依赖和这种心态就像空气中躲无可躲的瘴气一样,与过于频繁的犯罪、边缘化、帮派暴力、酗酒、吸毒和其他由根深蒂固的贫困和绝望所滋生的自我毁灭行为共存……

让公共住房的居民管理自己所居住的建筑不仅出于无奈,还是保守党和黑人活动家之间达成的罕见共识。对非裔美国人来说,居民管理意味着获得工作岗位和培养技能,这或许会帮助他们在公共住房之外获得成功。这种自我赋权[①]与右翼所倡导的个人责任和缩减政府干预的理念是一致的,共和党人曾将公共住房谴责为林登·约翰逊的"向贫困宣战"计划建立的、浪费万亿美元的"贫困工业综合体"。芝加哥不是第一个尝试这一实验的城市。在波士顿、圣路易斯、泽西城和纽瓦克(Newark),公共住房的居民已经成立公司,并接管了自己所住大楼的维护和日常运营,尽管结果喜忧参半。房屋管理部门仍然保持警惕:房东和房屋管理人员本应是盟友,共同经营物业,但在公共住房里,管理机构与租户之间的敌

---

① 自我赋权(self-empowerment)指个人和社区的自治和自决,这使居民能够以负责和自主的方式代表自己的利益、掌控自己的生活并主张自己的权利。自我赋权也指对人们提供专业支持,使他们能够克服无能为力和缺乏影响力的状态,认识和利用他们的资源。

对关系由来已久。居民们也几乎没有财会、招聘或监督的经验,并且他们负责管理的是城市中环境最差的建筑之一。然而,租户们欣然接受了这个机会,保守派智囊团也推动该项目向其他城市扩展。当大都会地区规划委员会调查了芝加哥卡布里尼-格林住宅和其他两个公共住房开发项目的居民后,发现许多失业的单身母亲宁愿工作也不愿领取救济金:她们接受培训后成为缝纫工、美容师、收银员、教师、秘书和厨师。这里有未开发的劳动力资源。"勇敢的居民管理先驱正在全国各地的城市播下希望和可能性的种子。"罗纳德·里根在白宫宣布。

当多洛雷丝·威尔逊第一次听说这个计划时,她并没想太多。"我甚至不知道居民管理是什么意思。"但后来,大都会地区规划委员会的人打电话到水务管理局找她。由于她所在的高层住宅的居民展示了管理社区的主动性,并且已经为改善自己的家园作了许多贡献,所以这位负责人希望多洛雷丝和她的大楼一起申请这个项目。多洛雷丝向她的邻居科拉·穆尔(Cora Moore)寻求建议。作为 6 个孩子的母亲,穆尔曾在芝加哥住房管理局担任比尔林北街 1230 号大楼的副经理,自 1969 年以来一直住在卡布里尼-格林住宅。"是的,我们想参与居民管理。"穆尔喊道,说这是他们一直在等待的机会。多洛雷丝签了约。

"红楼"有一位名叫罗德内尔·丹尼斯(Rodnell Denis)的 10 岁居民。他没有 J. R. 那样的语言能力和运动能力,也不像凯尔文·坎农那样精明自信。但就他的年龄而言,他身高力壮,人们给他"脏罗德"的绰号。他会对其他小孩子"做肮脏的事情",在他们去奥尔良街糖果店的路上掐住他们的脖子,抢走他们的零钱。而且,他自己也承认,他很脏。他的母亲染上了毒瘾,不再抚养他,父亲也不在身边。他家里没什么钱,衣服又破又无人清洗。1989 年的一天,罗德惊讶地得知,一个"门徒帮"的协调人告诉他,这个帮派已经观察他好几年了,而且认为他表现不错。他说,"黑帮门徒帮"一般不让年轻人加入,但他们在罗德内尔身上发现了一种无畏的精神,并且相信只要稍加指导,他就能有所作为。作为一个饥肠辘辘、需要各种食物的男孩，罗德内尔被这种赞美唬住了。他被介绍给负责"野蛮尽头"的"黑帮门徒帮"成员，那是卡布里尼-格林住宅的南部，包括"红楼"和联排住宅。"你觉得你能为组织做些什么？"一名"黑帮门徒帮"的头目问他。"你让我做什么都可以。"罗德内尔脱口而出，周围的年轻人都笑了。

看到罗德内尔什么都缺，帮派成员给他买了新鞋子和新衣服，都是代表"黑帮门徒帮"的黑色和蓝色。作为回报，他要做出一定的"牺牲"。对于组织底层的人来说，这意味着负责"安保时间"。每天放学后，从下午三点半到晚九点，他会站在两栋高楼之一的外面，其他人则在大楼内贩卖毒品。他的工作就是在警察靠近时大喊："只说一次，熄灯。""门徒帮"成员们总是恪守五字箴言——"有备则无患"。现在，这就是罗德信奉的信条。在下北中心的健身房或台球室，他定期参加帮派举行的会议，讨论过去一周的生意和社区事务。他们得到指示，要立刻干掉敌人。成员们和附近塔楼里的"罪恶领主帮"和"石帮"发生了冲突。帮派的上级领导问："谁愿意去完成'使命'？"罗德内尔急于表现自己的积极性，成为第一批自愿报名者。

1992年3月，13岁的罗德内尔执行了一项任务。那是一个寒冷的周日下午，他最好的朋友之一冲进"黑帮领主帮"的地盘，但很快就丢掉了性命。在离詹纳小学不远处，他发现了一群"罪恶领主帮"的人。那么，谁去教训那些"罪恶领主帮"成员呢？当朋友拿出一把银色0.22口径手枪时，罗德内尔伸手拿起了枪。他跑到几百米外的橡树西街500号大楼，躲在曾经"死亡角"的一只垃圾箱后面。人们聚集在那栋高层住宅的正门外。罗德内尔能听到自己的枪发出的声音，能感觉到后坐力，但除此之外，他的脑子一片空白。当意识到自己已经"清理"了房间时，他跑回自己的大楼，把枪交给另一个男孩，那个男孩把枪藏进了电梯井。罗德内尔在大楼外的楼梯上坐了下来，在冰冷的空气中喘着粗气，努力装作什么事也没发生。也许真的什么都没有发生。在十分钟之内，罗德内尔便恢复了最初的平静。

大多数枪击事件发生后,都会有一两辆警车出现。但现在,有十辆警车和一辆救护车沿着橡树街飞奔而至。罗德内尔要观察一下骚乱的情况,于是他返回犯罪现场,强装淡定地扫视了一周。大楼的入口被黄色警戒线围住,一条白色的床单盖在一具尸体上。罗德本来并不想杀人。他了解到,受害者是一名叫安东尼·费尔顿的 9 岁男孩,他没参加过"罪恶领主帮"或者任何其他帮派。罗德内尔认识这个孩子的家人。他回到自己的大楼,两名警察已经在外廊上和他的母亲谈话。肯定有人指认他就是开枪的人。他看到了一辆警车,然后躲进了一座高楼。

卡布里尼-格林住宅有两个便衣警察,人们把他们叫作"艾迪·墨菲"[①]和"21"。他们是年轻的黑人,尊重当地居民,那些被他们逮捕的人,更像是他们的"客户"。当卡布里尼住宅平静的时候,警官们就会到公寓里探望那些家庭。他们和男人们一起练举重,帮助举办棒球小联盟的比赛,在篮球场上和男孩们打二对二。卡布里尼住宅的人们相信"艾迪·墨菲"和"21",他们不像其他警察那样滥用暴力,不会随意栽赃,也不会私吞钱款。有时,当一个人身犯重罪、走投无路时,会选择向这两个警察自首。现在,"艾迪·墨菲"找到了罗德内尔的表弟,让他传话:"如果罗德逃跑,那我们只能向他开枪。"

罗德内尔无处可躲。他 13 岁,除了卡布里尼-格林住宅,哪里都不认识。第二天晚上,他失眠了,惊慌失措地走到橡树西街 365 号大楼一层的警察局,砰砰地敲着栅栏。一名警官问他想干什么。他说:"我听说你们都在找我。"

"你是谁?"警察问。

"我是罗德内尔·丹尼斯。那个朝男孩开枪的人。"由于他从 7 岁起就积累了大量犯罪记录——刑事财产损害、轻微破坏公私财产、盗窃、盗窃未遂、入店行窃、殴打、抢劫、持有武器、盗窃汽车——他从少年法庭被转移到刑事法庭,以成人的身份受审。他认罪了,并被判处 39 年徒刑。

---

① 艾迪·墨菲(Eddie Murphy),出生于 1961 年,非裔美国喜剧演员、歌手和电影演员。

"艾迪·墨菲"和"21"的本名分别叫詹姆斯·马丁（James Martin）和埃里克·戴维斯（Eric Davis）。马丁在芝加哥南部担任巡警时,曾给小杰西·杰克逊①——后来名誉扫地的美国国会议员、著名牧师的儿子,开过几张交通罚单。给杰克逊开完罚单后,他被调往北部公共住房警局（Public Housing North）,卡布里尼-格林住宅的高级警官朝他打招呼,笑得十分茫然。上任第一天,"红楼"的敌对帮派交火时,他的巡逻车正在橡树街上行驶。一名男子从联排住宅慢跑过来,加入枪战,用里面坐着警察的警车作掩护。"我这辈子都没见过这么无知的家伙,"马丁说。他自己也在公共住房里长大,住在南区的艾达·贝尔·韦尔斯住宅。他和祖父母同住的联排住宅外,栽种了一棵桃树。高中毕业后,他在西点军校待了一年。租户们给他起了个绰号叫"艾迪·墨菲",因为他长得很像这位喜剧演员,还喜欢没完没了地开玩笑,在给一个人扣上手铐时,还要嘲笑他的衣服或跑步的方式。

　　1987 年,年轻的埃里克·戴维斯来到卡布里尼-格林住宅,居民们叫他"21",这个绰号来自那档讲述年轻警察假扮高中生卧底的电视节目《龙虎少年队》②。20 世纪 60 年代,他在卡布里尼高层住宅度过童年,当时他的家人第一次从南卡罗莱纳长途跋涉来到北方。后来,他在上城区的预科学校成为篮球明星和足球明星,然后作为替补控卫,担任休斯顿大学篮球队"灌篮兄弟会"（Phi Slama Jama）的联合队长。这支由哈基姆·奥拉朱旺（Hakeem Olajuwon）和克莱德·德雷克斯勒（Clyde Drexler）领衔的球队,在 1982 年的四强赛中输给了迈克尔·乔丹所在的北卡罗莱纳大学。作为一名警察,戴维斯想为他曾经的家园服务。

---

① 小杰西·杰克逊（Jesse Louis Jackson Jr.）,美国政治家,出生于 1965 年。他从 1995 年开始担任伊利诺伊州国会第二选区的代表,直到 2012 年辞职。他是民主党成员,是活动家、浸信会牧师和前总统候选人杰西·杰克逊的儿子。
② 《龙虎少年队》（21 Jump Street）,1987 年首映的美国电视连续剧,描写一群长相年轻的警官进入校园卧底,侦查美国青少年关于吸毒、酗酒、枪械等犯罪的案件。

那时,快克可卡因刚刚开始在附近肆虐。一直以来支撑着整个社区的母亲们近来消失了,她们把自己的孩子交给其他人看护。在卡布里尼-格林的"白楼",一支脱离"黑帮门徒帮"的小队从帮派领导层原先不认可的供应商那里购买毒品,赚取利润。在迪威臣街的分界线附近,你不仅能看到"门徒帮""眼镜蛇石头帮"和"罪恶领主帮"互相火并,还能看到"黑帮门徒帮"的各支突击小队用自动步枪朝对方开火。"白楼"里的"门徒帮"还曾与来自几个街区之外的埃弗格林公寓(Evergreen Terrace)敌对帮派的年轻人发生冲突。埃弗格林公寓位于塞奇威克街的马歇尔菲尔德花园公寓旁边,是个小型低收入开发项目。

为了与卡布里尼-格林住宅的孩子们交谈,并对抗当时流行的匪帮说唱①,戴维斯、马丁和另一名警察组成了自己的说唱乐队,名叫"滑头男孩"(the Slick Boys),在俚语中,这是"卧底警察"的意思。彼得·凯勒(Pete Keller),一名来自卡布里尼住宅的前毒贩,人称 K-So,帮他们写了歌词。这首歌是对匪帮说唱的反驳,也是公共服务的承诺:"C 是芝加哥住房管理局的 C,是我们真正缺乏的东西/D 是贩卖毒品的 D,比如交易可卡因/E 是代表"经济"的 E/F 是我从没见过的父亲。"媒体欣然接受了警察试图通过音乐挽救生命的故事,并配上了诸如"警察也要跟上节拍"的标题。"滑头男孩"在公立学校发表了关于帮派和毒品危害的演讲。他们晚上在卡布里尼住宅工作,白天和傍晚在城市和乡村四处传递想要努力扭转衰败社区的音乐信息。他们从公共住房中雇用伴舞和乐团杂役。他们还拍了一部音乐录影带。录影带根据真实生活经历改编,一个虚构的卡布里尼-格林毒枭和"21"发生了一段不可避免的争吵,这两个年轻人儿时曾是朋友,现在却站在了法律的对立面——也站在了麦克风的两边。

1991 年夏天,"艾迪·墨菲"和"21"得知,卡布里尼一栋高层住宅的保安从大楼里绑架了一名 13 岁的女孩。迈克尔·基思(Micheal Keith)26

---

① 匪帮说唱是嘻哈音乐的一个子类,起源于 20 世纪 80 年代的美国洛杉矶。许多帮派说唱歌手来自瘸帮、血帮等街头帮派,歌曲内容多与种族主义、犯罪、贫穷、警察暴力有关。

岁,已经在这家私人保安公司工作了半年。这个女孩叫韦罗妮卡·麦金托什(Veronica McIntosh),是 J. R. 弗莱明的宝贝妹妹。那年 6 月,她和母亲刚刚一起搬回了卡布里尼-格林住宅,住在拉腊比北街 1017 号大楼。韦罗妮卡和其他女孩经常一起跳绳到深夜。一天下午,当她和 14 岁的表姐在卡布里尼住宅的另一座高楼前面停留时,基斯在女孩们旁边停下来,让她们搭车。她们知道他是楼里的保安,稍做犹豫就上了车。

基斯驾驶一辆白色的两门奥斯莫比短剑①,韦罗妮卡挤进后面,她的表姐坐在前面。起初,基思谈笑风生,和蔼可亲,一边开车带她们在近北区转,一边给她们介绍商店和建筑。当女孩们说该回家了的时候,他才变得奇怪起来。长时间的沉默后,他告诉她们,现在还不急着回家。在红绿灯处,韦罗妮卡的表姐从车里跳了出来。韦罗妮卡也想溜出去时,基思抓住了她,把车门关上。韦罗妮卡不得不直面基思,而他用枪指着她的脸。在接下来的 20 个小时里,韦罗妮卡窝在红色皮革后座上,基思默默地开车。他把车停在僻静的地方,爬进车后面强奸她,然后继续开到别的地方。

韦罗妮卡几乎不了解这个城市,所以她不知道自己的方位。晚上,基思停在一个居民区的房子外面,试图让她进去。但韦罗妮卡紧紧抓住座位尖叫,他放弃了。稍后,韦罗妮卡才知道,那是基斯在南区的家。她很后悔自己没跟着他一起进去。韦罗妮卡被绑架时,J. R. 正和一个女孩在一起,但他后来通过保安公司查到了基思的家庭地址。韦罗妮卡想,如果她当时进了基思的家,那么 J. R. 就有可能把她拯救出来,她将不必面临此后十几个小时的地狱。悔恨伴随了韦罗妮卡几十年。直到第二天,基思睡眼蒙眬、嘟囔着的时候,韦罗妮卡才从他的手中溜走,逃离了那辆正在行驶的汽车。她沿着一条拥挤的街道跑开了。她抬起头,看见远处的卡布里尼高层住宅,便朝它们走去。基思没有回家,但去公司领了工资,"艾迪·墨菲"和"21"在等他。

① 奥斯莫比短剑(Oldsmobile Cutlass)是通用汽车在 1961 年至 1999 年生产的一款车型。

多年以后,当基思服完 14 年的刑期时,韦罗妮卡在南区的一家餐馆里与他对质。在那之前,她一直避免谈论"那件事"。她已经失去了信任别人的能力。她认为所有的男人都不正经,也很难让自己的孩子单独和父亲待在一起。有一段时间,她尝试吸毒,变得有暴力倾向。在姐姐的陪伴下,韦罗妮卡问基思,他怎么能对她做出那样的事,她那时才 13 岁,还是个小女孩。她的卧室里还摆着一排洋娃娃,而基思偷走了她的童年。然而,基思没有道歉,也没有请求原谅。相反,回忆起他们"在一起"的时光,他腼腆地笑了。基思说,他真的很想要她。那儿是公共住房,所以,他就直接把韦罗妮卡带走了。

多洛雷丝·威尔逊

对多洛雷丝·威尔逊和其他正在接受自我管理培训的公共住房居民来说,参加培训就像是在上学。"我们的课程比大学还多。"多洛雷丝说。他们在研讨会和晚间会议上花费了几个小时,研究筛选租户和节约热能、电能的最佳做法。他们学会了如何阅读租赁合同,复习了芝加哥住房管理局及美国住房与城市发展部颁布的没完没了的规章制度。他们讨论了如何成立委员会、给供应商付款和填写纳税申报单。"我认为自己比杰克·肯普(Jack Kemp)更了解住房。"多洛雷丝说,她指的是美国国家橄榄球联盟四分卫出身的共和党参议员,他曾经担任住房部长。周末,他们到芝加哥郊外继续进修,那里的培训师将教授他们领导技能。作为管理者,他们不能凌驾于他人之上,要明白聆听的重要性。在新的岗位上,他们必须激励邻居。"如果没有人跟随你,你就不是一个领导者。"老师重复道。但是,他们也要制定规则,来制止建筑内的非法活动。他们扮演着解决冲突的角色,并驱逐那些引起无法解决的冲突的租户。

大都会地区规划委员将这种努力称为"赋能培训",意在教导居民如何成为"管理大楼和决定未来的参与者"。为了训练这种自我决定的能力,大都会地区规划委员会雇用了伯莎·吉尔基(Bertha Gilkey),一名住在圣路易斯公共住房小区的居民。1969年时,吉尔基还是一位20岁的单身母亲。她组织了一场持续9个月的全系统罢缴租金行动,并继续带领租客团体,从圣路易斯住房管理局手中接管了科克兰花园(Cochran Gardens)的监督和管理职责。科克兰花园很像卡布里尼-格林住宅;那里毗邻一个士绅化的城市中心,被视为"屋顶狙击手和毒品战争"密布的"战区"。但在居民管理下,改造后的公寓住满了人,犯罪率下降,租金翻了一番。

多洛雷丝立刻喜欢上了吉尔基。这位圣路易斯的活动家主持的会议,既教授互助与复兴的知识,也有运营和金融课程。吉尔基的声音沙哑而富有戏剧性;她的头发剪成不对称的波波头,眉毛拱起,一副永远不服输的样子。她低沉且洪亮地说,租客们长期被虐待、被误解,他们被污蔑为毒贩、皮条客和瘾君子,就好像穷人没有梦想和抱负一样。她让芝加哥人相信自己,将管理大楼视为自己的愿望与权利。她向学员们解释说,她不接受社会救济,是个人有意而为之的反抗。她对卡布里尼也抱有同样的期待。"我想说的是,有那么一天,你将不再在风中哭泣,"她宣布,"比尔林北街1230号大楼将是一个体面、安全、干净、卫生的居住地。"吉尔基让所有人围成一个小圈,手握着手。她带着他们唱歌:"我的眼睛看见了主降临的荣耀!"[①]"她是个革命者,"多洛雷丝说,"当伯莎说话时,你不得不听。她会强迫你聆听。"

吉尔基强调,住宅外面的人们希望他们的行动失败,这在意料之中。另一些人一直指望着靠他们发财,没有一番斗争,他们不会将利益拱手相让。"你能从穷人身上赚大一笔钱。"她讲道。她要求调查芝加哥住房管理局臃肿低效的员工、副代表和行政人员。她说,几十年来,本该用于改善环境的资金都花在了那里。不管这些住房是空置还是有人居住,芝加哥住房管理局都能从美国住房与城市发展部得到资金,所以该机构没有

动力去改善手中的项目。芝加哥住房管理局未能履行其职责，没有为那些被私人房地产市场忽视和利用的人提供安全的港湾。现在，只有租户才能改变这种局面。否则，他们将继续生活在日益恶化的环境中，或者面对更糟糕的未来、住到大街上。市民们终究会提议拆除这些破旧的项目，她已在圣路易斯的普鲁特-艾格社区中目睹了这一切。吉尔基要告诉卡布里尼的居民们，他们该如何取得成功。她宣称："拥有掌握自己命运的力量，就拥有了自由。"然后，他们所有人都聚在一起大喊："我（的热情）被点燃了！我厌倦了（这一切），再也受不了了！"

多洛雷丝和她的邻居们都很兴奋，但他们也过分激动了。他们面对的任务似乎过于错综复杂，也过于抽象。当他们准备放弃的时候，吉尔基带学员去了圣路易斯。50名芝加哥人在科克兰花园下车，他们不敢相信自己看到的是公共住房。在一项由租户主导的翻修工程中，科克兰花园在塔楼中间的空地上新建了联排住宅；这些高层公寓经过翻修，建筑得到升级，并配备了可以俯看公共庭院的阳台。所有东西都是崭新的，连垃圾焚化间都是。戴着哈罗德·华盛顿徽章的多洛雷丝说，这一切都令人难以置信。科拉·穆尔想象着这一计划在比尔林北街1230号大楼实施的可能性，点头表示同意。

1988年春天，经过18个月的学习，参加培训的学员们在芝加哥市中心的一家银行举行了毕业典礼，来自比尔林北街1230号的租户们受到表彰。许多居民穿上礼拜日的盛装——他们穿着粉红色和黄色的连衣裙，戴着雨伞样的宽檐高帽。多洛雷丝捂着嘴，又哭又笑。芝加哥住房管理局主席文斯·莱恩对毕业生们说："如果没有你们和更多像你们这样的人，我就无法获得成功。"

多洛雷丝给报纸写了一封信，报告他们的成绩。"我们学到了很多有关租户管理的知识，"她写道，"现在，如果我们想要成功，就必须让知识发挥作用，并让所有居民敞开心扉。"1990年，比尔林北街1230号大楼的领导者们被任命为大楼的临时管理人。1992年，经过7年的筹备，比尔林北街1230号居民管理公司接手600万美元的年度预算，不仅负责提供安保服务，还负责收取租金、筛选租户和维护设施。在一份书面声明中，其成员宣称，他们的使命是"提供社会、教育、文化和精神方面的管理方案和服务，以改善比尔林北街 1230 号居民的生活和生活条件"。多洛雷丝设计了组织个性化的信笺抬头——那是一栋由粗线条勾画的文件柜堆叠而成的高层住宅，窗户涂了色，以突出白色的外立面。公司的座右铭是"信念指引我们前进"，它被设计在标志上，字母从屋顶延伸到塔楼的另一边。

多洛雷丝担任该组织的董事长，这是一个无薪职位，科拉·穆尔作为总经理负责日常工作。他们建立了一个 7 人的民选董事会，并聘请 7 名全职的付薪员工，包括一名租赁专员、一名会计和五名管理员。他们从每层楼招募两名居民担任楼层负责人，还有许多租户加入该建筑 15 个不同的委员会。威尔逊要求管理团队的成员着装体面，因为他们现在是大楼的代表。"我说的不是穿着高跟鞋、化着妆去取邮件，"她说，"你只需要衣着体面，别一副鬼鬼祟祟的样子走进大厅就好。"信箱旁边放上了盆栽。现在，访客须要按蜂鸣器进入大楼。经理们检查了每一套公寓，并开始驱逐那些不遵守规定的房客。多洛雷丝说，他们必须把"不受欢迎的人"拒之门外。他们在大楼里开设了一个托儿所，煤渣砖砌成的墙壁绘有黄色和蓝色的心形图案；二楼开了一家自助洗衣店，与租赁洗衣机和烘干机的公司协商利润六四分成，租户们在管理办公室出售代币，机器里不存钱。（《卡布里尼租户们的又一项伟大成功》，这是报纸的头条。）他们为年轻人和老年人提供社会服务项目；与非营利组织合作，为住在楼里的数百名儿童新建了一个价值 6 万美元的游乐场。

来自其他卡布里尼高层住宅的住户开始接近多洛雷丝，问她能不能在这栋楼里给他们找一套公寓。但她不想让任何人觉得自己偏心，便把申请者都推荐给了董事会。这栋建筑被媒体描述为"一线希望""草根力量的光辉典范"。对多洛雷丝来说，最高的赞扬来自首都华盛顿。"布什总统说我们的建筑是国家典范。"她说。

10　恐怖如何运作

J.R. 弗莱明

1990 年，J.R. 因殴打副校长被高中开除后，他的母亲收拾好行李，把他送上一辆开往亚拉巴马州的灰狗巴士。他不能再整天待在卡布里尼-格林住宅了，当时谋杀案正在芝加哥肆虐。但 J.R. 已经和大楼三层的邻居多娜在一起了。他 17 岁，女孩多娜 15 岁，已经怀了他的孩子。但是 J.R. 的母亲还是把他送到父亲那里。老威利住在塔拉普萨县（Tallapoosa County）的亚历山大市（Alexander City），一座位于伯明翰和奥本之间的纺织小镇。当 J.R. 走下巴士时，他的爸爸站在白人警长旁边迎接他。这两个人直接把 J.R. 送到警察局，带他去参观监狱。"我希望你别惹麻烦。"警长慢吞吞地说。J.R. 保证他不会。

J.R. 的姐妹们都是"爸爸的跟屁虫"，每当老威利来芝加哥时，走到哪里，她们都要跟着他。现在，J.R. 有机会和父亲单独相处了。他被派去做木工和园艺。但他也和父亲一起骑马，在县里沿着河流和湖泊散步，经过许多罗素（Russell）运动品牌的缝纫工厂。那时，这些品牌尚未把工厂迁到墨西哥以及后来的洪都拉斯。他们一起打台球，在靶场射击，在酒吧喝酒。老威利给 J.R. 讲他在军队内外的经历，包括合法的和非法的。J.R. 听着父亲和一群越战老兵交换故事，在某种程度上，这些人似乎管理着亚历山大市。J.R. 18 岁时，他的父亲让他填写了一张兵役卡片，但他也告诉儿子，政府工作可能不适合他。"做自己的主人。"他厉声对 J.R. 说。J.R. 在二头肌上纹了一个手写的"M.O.M."，这些字母看起来代表着"妈妈"，但其实是"做自己的主人"(My Own Man)的缩写。

5 个月后，当 J.R.回到卡布里尼-格林住宅时，那里的生活似乎发生了改变，但也变得不多。他和"滑雪爱好者"成员在拉腊比北街 1017 号大楼举办派对，但现在，他和唐娜有了儿子，他们给他取名叫乔纳森。J. R.还在打篮球比赛和垒球联赛，在队友们因吸食海洛因而弯着背打盹时，他跳起来接飞球。但一直以来，占据他全部生活的大学体育梦已经结束了。J.R.决定，他需要赚点钱。一个叫乔·佩里(Joe Peery)的人在当地的一个青年组织工作，J.R.的鲁莽和聪明给他留下了深刻的印象。他帮助 J.R.找到了第一份有报酬的工作，在美国联合包裹运送服务公司(UPS)按邮政编码分拣包裹。

这份工作，J.R.只干了不到 3 个月。当时的最低时薪是 4.25 美元，靠每小时 4.25 美元，他买不起帮宝适纸尿裤，也喂不饱儿子。当然，他也负担不起他想要的所有其他东西。J.R.痴迷于汽车，他总是喜欢新技术，试图尝试任何市场上的新产品，无论是电脑、掌上电脑、寻呼机还是摄像机。但税费让他望而却步。当收到 UPS 的第一张工资支票时，发现有 11 美元被扣了，他勃然大怒。他卖三天大麻赚的钱，比他分拣邮件整整一周赚的还多。

于是，J.R.决定去卖可卡因。他身边的人都靠干这个开上了车、玩上了游戏机，吃得像国王一样。J.R.四处打听，但是，在卡布里尼住宅，没人愿意带他去卖货。即便远在亚拉巴马州，老威利在卡布里尼住宅仍然有着影响力，他已经要求当地头目，不要让他的儿子卷入帮派事务。J.R.来自"堡垒组"的表弟"格球儿"告诉他："这些是我才做的事，你根本不必这么干。"

然而，J.R.很执着。他说服了一名"滑雪爱好者"的成员给他找了点活干，前提是他们有利润分成，并且要向卡布里尼住宅的居民保密。他的朋友从拉腊比街的一个酒水店老板那里得到一批来路不明的货，老板说，他是从一个在西区工作的警察那里得到这些毒品的。J.R.远离卡布里尼住宅，一路向北走进一个街区，在他看来，这是个卖毒品的好地方，家里的人都不会发现。他干了不到一天就被警察抓住了。他们一直在街上监视，准备立案调查那里的"眼镜蛇石头帮"，然后这个愚蠢的、大嗓门的孩子就出现了。他们告诉 J.R.，如果他们没有逮捕他，他很可能在当晚就被杀了。警察没有把 J.R. 算进他们正在调查的、针对"眼镜蛇石头帮"的大型刑事起诉中。作为一个初犯，他免于入狱。

他短暂的毒品交易生涯就此结束。很快，J.R. 就想出一个新的赚钱计划。当时正值 1991 年春天，芝加哥人正在为公牛队和迈克尔·乔丹疯狂。在过去连续三年败给底特律之后，公牛队刚刚在季后赛中横扫活塞队，向他们的第一个总冠军进发。乔丹正在崛起，开始出现在麦当劳、可口可乐、佳得乐、惠特斯（Wheaties）麦片、球场热狗（Ball Park Franks）、边界（Edge）剃须膏、汉斯（Hanes）内衣、耐克以及雪佛兰的广告中。那时即将上映的篮球电影《天堂是个篮球场》①就取景于卡布里尼-格林住宅，最初说由乔丹签约出演主角，但他变得太过出名之后就退出了。公牛队击败湖人队取得总冠军后的那个 6 月，拉腊比街沿线的许多商店都被洗劫一空，人们在狂欢和绝望中开枪、砸碎玻璃，把能抢的一切都抢走。这些当地商店中，有几家的老板是来自中东的约旦人，来抢劫的都是街坊的常客。然而，当一个店主在店铺前举起一把枪，试图保护他的生意时，混战中的另一个人夺走了他的武器，朝他开枪。

J.R. 用他在 UPS 领取的失业救济金，加上一点卖大麻赚来的钱，从罗斯福路的一个小贩那里买了一堆盗版的公牛队总冠军 T 恤。他回到家和黄金海岸附近，以原价两倍的价格转卖，再用赚来的钱增加库存。J.R. 不会小声说话、轻声细语，但他是个天生的推销员。"3 件 25 元！今天促销！"他会强买强卖、自吹自擂、连哄带骗。他不接受拒绝，不让顾客掉头就走。他说，为了从他们的口袋里赚到钱，他做什么都愿意。像任何伟大的推销员一样，J.R. 始终在推销他自己。他对自己的天赋深信

---

① 《天堂是个篮球场》(Heaven Is a Playground) 是 1991 年上映的美国体育电影，改编自里克·泰兰德（Rick Telander）的同名小说。

不疑。

J. R. 很像公牛队的替补前锋克利夫·莱文斯顿（Cliff Levingston），他们有着同样深邃的圆眼睛，总是咧着嘴笑，还有宽阔的倒三角身材和头顶褪色的狮子头发型。在北区的俱乐部里，J. R. 假装是莱文斯顿的儿子，这样他就能免费入场，或者有免费酒水喝。当公牛队在下一个赛季进入季后赛，离获得第二个总冠军头衔还有几个星期的时候，J. R. 把所有钱都花在了这些假冒的特许商品上——比如帽子和衬衫，还有成对的戒指和奖杯。为了增加利润，他给罗斯福路的送货员送了 700 美元，让他打听纽约经销商的名字和地址。之后，他与马来西亚的批发商建立了直接联系。他找到另一家出售 NBA 授权产品的全息贴纸的供应商，将其贴在山寨产品上。他从"滑雪爱好者"成员中雇了几个人，每个人都推着一辆被改造成移动体育用品商店的购物车，车子的三面搭着木梁，用来展示商品。他们在密歇根大道"华丽一英里"①上的摇滚麦当劳②旁以及近北区的体育用品超市外出售公牛队的特许商品。J. R. 最近加入了库克县青年民主党人，下午就去打扫选区公室，或者为杰西·怀特搬运垫子。当警察让他离开店面时，他就背诵有关销售产品的法律条文。如果那不起作用，他就让警察去联系联系杰西·怀特、市议员纳塔鲁斯，甚至选区的大老板乔治·邓恩本人。

⒜ 安妮·里克斯

安妮·里克斯一家（包括她的孩子们和母亲）被安排住进迪威臣西街600 号大楼五楼的公寓里。起初，她拒绝送孩子们去新街坊的学校上学。每天早上，她把他们送上回西区的公共汽车和火车，单程需要 1 小时。

---

① 华丽一英里（Magnificent Mile）是美国芝加哥密歇根北大街的一段，从卢普区与近北区边界、芝加哥河上的密歇根桥开始，到橡树街为止。它将芝加哥的黄金海岸与市中心连接起来。

② 摇滚麦当劳（Rock N Roll McDonald's）指麦当劳芝加哥旗舰店，于 1983 年开业。它以摇滚为主题，是世界上最著名的麦当劳门店之一，一直是当地的旅游景点。

"我了解那个地区，"她说，似乎认为西区更安全、更有把握，"我对卡布里尼住宅一无所知。"但在席勒小学，校长欢迎安妮，并向她保证里克斯家的孩子们会喜欢那里的。他是对的，他们确实喜欢席勒小学。里克斯很快就成为班级志愿者。当她还是亚拉巴马州的一个小女孩时，她就想成为一名教师。她的一个表亲在芝加哥的一所公立学校工作，这也是里克斯的梦想。当她被聘为卡布里尼-格林街坊学校的助教时，她的梦想在某种程度上实现了。

不过，那只是她的工作之一。安妮还负责当地教会的一个课外项目。下午三点，她离开小学，去买美术用品和垒球，领着二十几个孩子从她的大楼走到柏油路上。她会带着孩子们长距离散步，一直走到湖滩和海军码头（Navy Pier），并警告他们，如果他们再调皮捣蛋，就再也没有远足了。她照看邻居的孩子，还在另一个当地组织负责体育项目，并给阿尔·卡特的"卡布里尼-格林住宅奥运会"帮忙。每到夏天，她就在高层住宅旁的公园里提供免费午餐。

里克斯带着自己的孩子穿过卡布里尼-格林住宅，到曾是蒙哥马利·沃德总部的大楼去进修。他们参加了社区教会和青年中心的课外活动。里克斯很少缺席他们的比赛。里克斯一家都打篮球，男女都是各自球队的明星。里克斯带的 13 个孩子，在苏厄德公园的选拔赛中包揽了全队名单。当公牛队球星出资整修杜尔索公园（Durso Park）的篮球场时，她的大孩子们见到了斯科特·皮蓬（Scottie Pippen）。1993 年，在公牛队第三次参加 NBA 总决赛时，里克斯生下了罗斯，下一次总决赛期间，她生下了雷蒙德。

安妮在卡布里尼-格林住宅住了很久。在家里，里克斯可能会和她的孩子们打闹、摔跤。她喜欢职业摔跤手"猛士迪克"[1]和"冯·拉斯克男爵"[2]，他

---

① 猛士迪克（Dick the Bruiser），原名威廉·弗里茨·阿弗里斯（William Fritz Afflis, 1929—1991），美国职业摔跤手和美国职业橄榄球大联盟球员。

② 冯·拉斯克男爵（Baron von Raschke），原名詹姆斯·唐纳德·拉施克（James Donald Raschke），生于1940 年，美国职业摔跤手。

们会互相锁住对方的头，飞肘猛击。很多个晚上，她都会出去进行马拉松式的散步。她会离家外出几个小时，冒险去几公里外的凯马特（Kmart）或杂货店。她会在湖边漫步，或者重温第一次来卡布里尼-格林住宅时所走过的路，沿着它徒步回到西区，拜访某个仍然住在那里的家庭成员。"妈妈，你得在家里待一会儿。"基诺莎、拉塔莎或恩内斯汀会这样对她说。

"你在跟谁说话呢？你又不是我妈妈。"里克斯会假装生气地回答。

其他夜晚，里克斯会待在家里，在外廊上烧烤，邻居的孩子们也想要一盘。只要她喂饱了自己的孩子，她就会欣然应允。"我们就像一个大家庭那样和睦相处。"里克斯喜欢这样说。

卡布里尼-格林住宅的居民们经常重复这句话，外人很难理解其含义。但是像家人一样的邻居也会互相伤害。在柏油路上完成课外课程的时候，偶尔会发生枪击事件，安妮会让孩子们躺平，把他们三三两两赶回大楼里。里克斯帮姐姐在同一层租了一间公寓，有一天她来拜访时，听到了枪声。两个男孩从露天走廊向安妮公寓的窗户开枪。女儿基诺莎把小家伙们塞进角落，以免他们受伤。儿子拉科恩当时还在蹒跚学步，枪声响起时，他正在电梯旁与基诺莎和另一个女孩玩耍。但安妮二十多岁的侄子在屋里，倒在地上，身旁是血和玻璃。两支枪射出的两发子弹击中了他的肚子。急救人员一开始不愿意来——他们认为这里不安全。当侄子最终被送去医院时，他"死"了两次——他的心脏两次停止了跳动，然后又活了过来。"上帝不会让他死的。"里克斯说。

她认识那些开枪的人，还有他们的兄弟、婶婶和表兄弟，并听说他们嫉妒她的侄子，因为他有一份工作和一辆新的雪佛兰汽车。其中一名枪手后来在一起不相干的事件中开枪自杀，腰部以下瘫痪。里克斯会看到家人用轮椅推着他到处走。

"过了一段时间，我就不再关心枪击了，因为我已经习惯了，"里克斯说，"我不怕男人也不怕女人。我只敬畏上帝。"

恐惧把伯纳德·罗斯①带到卡布里尼-格林住宅。他是一位伦敦人，创作并执导了 1992 年上映的恐怖电影《糖果人》②，剧本改编自克莱夫·巴克③以利物浦公共住房为背景的短篇小说。当罗斯来到芝加哥时，不知道电影该在城市的什么地方取景，市电影办公室的人看了剧本，便告诉了他答案。但是，他们说没有警察护送，罗斯没法到那里去。在安保人员的陪同下，罗斯走进了一栋卡布里尼高层住宅：他看到昏暗的楼梯井，被大火熏黑的"洞穴"公寓，以及整层被封锁、废弃的楼房。"那里显然有一些令人毛骨悚然的东西。"他回忆道。他知道此处危险频发，但是他和里克斯那样的家庭相处过，他们吃晚饭、做作业、看电视，过着寻常的生活。"卡布里尼住宅周围蔓延的恐怖是非理性的。"罗斯总结道。人们对这个地方的印象只剩下恐怖，其他情感都被抹去了。不过，对《糖果人》来说，卡布里尼是完美的取景地。恐怖代表着危险潜伏之时，真实和想象之间存在的不确定性。在精心准备的袭击发生的前一刻，在未知的阴影中，依托危险的故事，恐怖侵袭了大脑的空白空间。"山上黑暗的老房子一直是恐怖故事的标准场景，"罗斯说，"但在我看来，大型公共住房项目成了恐怖活动的新场所。"

海伦是罗斯电影的主角，一个在芝加哥研究都市传说的白人研究生；她正在调查"糖果人"的荒诞故事，据说连着喊五次他的名字，那个有着铁钩手的幽灵就会出现。大学里的一个黑人清洁女工无意中听到海伦的一次采访，清洁工说她来自南区，而非近北区，但她有个朋友的表亲来自卡布里尼-格林住宅。在那里，天黑之后，每个人都害怕"糖果人"的出现。据说，这个超自然杀人犯的老巢在一栋空置的高层公共住宅里。这部电

---

① 伯纳德·罗斯（Bernard Rose），1960 年出生于伦敦，英国电影制片人和编剧。

② 《糖果人》（Candyman）是 1992 年上映的美国哥特式超自然恐怖电影，由伯纳德·罗斯编剧和导演，改编自克莱夫·巴克的短篇小说《禁忌》，讲述了一名芝加哥市的研究生在完成一篇关于城市传说和民间传说的论文时，发现了"糖果人"的传说。

③ 克莱夫·巴克（Clive Barker），生于 1952 年，英国小说家、剧作家、作家、电影导演和视觉艺术家。他在 20 世纪 80 年代中期以一系列短篇小说《血之书》（The Books of Blood）成名，并由此奠定了他在恐怖小说作家中的地位。

影介于神话和现实之间模糊地带,第四手信息①模糊不清。然而,这足以驱使海伦前往报纸档案馆——在那里,她发现了卡布里尼-格林住宅的暴力犯罪报道,并助长了这种幻觉——然后,她进入了其中一座大楼。

从电影中普通人的视角出发,海伦开始明白,居民们描述怪物的传说,是为了解释那些实际存在的、难以理解的残酷。还有什么能解释他们生活中的肮脏、疏离和暴力呢? 这是杀死黑人的社会阴谋与彻底的冷漠,还是自作自受的苦果? 为什么不把这些事归咎于"糖果人"呢? 在这一点上,"糖果人"与凯尔文·坎农年轻时出没于奥格登大道立交桥荒芜地带的女巫几乎完全不同。"女巫"是为了让孩子们安全地待在房子里,"糖果人"则在物理上反映了公共住房所象征的威胁。

但是《糖果人》更关注的是,对那些不住在卡布里尼-格林住宅的人来说,这片街区意味着什么。"就像都市传说基于那些相信它们的人的真实恐惧,城市的某些地方也能够使恐惧具象化。"1992 年秋天,评论家罗杰·艾伯特(Roger Ebert)在他的三星影评(满分四星)中这样描述卡布里尼-格林住宅。电影一开始,镜头俯视之下,芝加哥的冬天是灰色的,色彩寡淡,菲利普·格拉斯(Phillip Glass)钢琴和管风琴协奏的配乐更增添了不祥的预感。这座城市不是后工业时代的恶托邦,没有燃烧的汽车或黑压压的人群。它也不是《纽约大逃亡》或《颜色》②。相反,从空中俯瞰,摩天大楼的尖顶此起彼伏,外形千篇一律、单调乏味、毫无生气。然后,镜头飞向卡布里尼-格林住宅。镜头在卡布里尼-格林结束,住宅高耸的大楼并非奇怪的建筑物:它们与周围的建筑几乎难以区分。这就是问题的关键:无论身在市中心的什么地方,卡布里尼-格林住宅的危险总是近在咫尺。电影参考了发生在卡布里尼-格林的一起真实犯罪,一名男子通过共用的浴室洗手台进入相邻的公寓,洗手台的构造十分简陋,只需要把镜子推进去,就能走到隔壁的房间。海伦在进入高层公寓的浴室时,发现她可以挪

---

① 第四手信息,泛指非第一手或第二手的信息,也指充满个人经验的情绪化表达。
② 《颜色》(Colors)是一部 1988 年上映的美国警察动作犯罪电影。

开镜子,进入身后的公寓。那时,她才知道这栋建筑原来是卡布里尼-格林住宅的一部分。从房间内部,住宅项目的影响延伸开来。

从 1990 年开始,芝加哥的人口开始缓慢增长,这是 40 年来的第一次。近北区迎来 4000 名白人居民。20 世纪 80 年代,该地区的中位收入从该市平均水平的四分之一跃升了两倍。获得建筑许可的项目增加了三倍多。10 年前售价为 3 万美元的空置地块,如今以 5 倍的价格被抢购一空。对选择住在市中心的年轻白人精英来说,贫民窟的威胁不再遥远——现在,他们就居住在"过渡"社区。马丁·斯科塞斯[①]1985 年的喜剧《下班后》[②]等影片就充分挖掘了新雅皮士阶层的恐惧——一位白人上班族发现自己被困在曼哈顿市中心尚未经过士绅化改造的地段。"我们谁都不安全。"一则评论"中央公园慢跑者"案件的小报头条歇斯底里地写道。当简·伯恩搬到距离她位于黄金海岸的家 6 个街区之外的卡布里尼-格林住宅时,她称这个住宅项目是"一种可以扩散到城市每一个社区的癌症"。

1992 年春天,贫民窟的暴力和混乱会不断蔓延、影响整个城市的想法,在其他地方得到了证明。《糖果人》在好莱坞一家电影工作室拍摄的时候,四名警察在视频记录下殴打了黑人摩托车司机罗德尼·金[③],然后被判无罪。洛杉矶爆发了骚乱。一名录音师混剪了电影在卡布里尼-格林住宅拍摄的场景和事件录像里在中南部[④]的街道上狂奔的青年。"抱歉,我再也干不下去了。"录音师对罗斯说。于是他收拾好行李,逃回家了。

在改编《糖果人》的剧本时,罗斯为杀人凶手精心设计了一个背景故事,使用了大量种族隐喻。还活着的时候,"糖果人"是一位有天赋的肖像

① 马丁·斯科塞斯(Martin Charles Scorsese),1942 年出生,美国电影导演、监制、编剧和电影历史学家。

② 《下班后》(After Hours)是 1985 年的美国黑色幽默电影,由马丁·斯科塞斯执导,讲述办公室文员保罗·哈克特在夜晚的纽约苏荷区经历的一连串不幸。

③ 罗德尼·金(Rodney Glen King, 1965—2012),非裔美国人,出生于加利福尼亚州萨克拉门市。1991年 3 月 3 日,他因超速被洛杉矶警方追逐,在截停后拒捕,被警方用警棍暴力制服。1992 年,法院判决逮捕罗德尼·金的四名白人警察无罪,从而引发了 1992 年洛杉矶暴动。

④ 中南部(South Central),亦称南洛杉矶(South Los Angeles)或洛杉矶中南部(South Central Los Angeles),位于洛杉矶市区中部,是洛杉矶最危险的街区之一,犯罪率高,并以帮派暴力闻名。2003 年,洛杉矶市议会将其更名为"南洛杉矶"。

画家,他是 19 世纪之交一个奴隶的儿子,而他的父亲在内战后发明了一种批量制鞋的方法,赚了一大笔钱。"糖果人"爱上了一位白人女客户并让她怀孕,女孩的父亲雇人去卡布里尼-格林住宅(当时还不存在)追杀他,锯掉了他画画的手,然后放火烧了他。"糖果人"在电影中转世,再度出现时,他面容憔悴、皮肤黝黑,穿着一件毛皮衬里的风衣。他或许还执着于跨种族通婚与谋杀——海伦长得酷似他南北战争后的爱人。

在电影中最可怕的场景之一,是海伦在卡布里尼-格林住宅进行调查,据说"糖果人"曾经在此挖出一个受害者的内脏。电影布景就像是终极的城市噩梦。故事发生在一个超大市中心住宅项目的男厕所里。厕所很小,独立的建筑孤零零地坐落在"红楼"之间的混凝土广场上,就像一棵被巨大的针叶树遮蔽的腐烂灌木。它被遗弃了,却也同时存在于成千上万隐形的公寓居民面前。当然,海伦独自一人进入了公厕。油漆喷绘的恐惧、难以辨认的符号覆盖了每一面墙。她飞快地拿起相机为研究拍照。为了寻找答案,她望向一个隔间,但被气味吓退了。她走进另一个隔间,座便器布满裂缝、冲水失灵、满是污垢。在最后一个隔间,她似乎找到了涂鸦的线索。她向前靠近,掀起马桶盖,然后退缩了。她转过身,一个年轻的黑人男子站在那里,占据了狭小的空间,挡住了她的去路。他穿着一件皮革风衣,断手上连着金属钩子。他还有三个同伙,其中一个从后面抱住了海伦。"我听说你在找'糖果人',贱人,"第一个人直截了当地说,"你找到他了。"然后,他用钩子的钝处把海伦打蒙了。

在这一刻,电影捕捉到一些蕴含在卡布里尼-格林住宅司空见惯的暴力之中的真实恐怖。这不是关于怪物的胡说八道。一个住在大楼里的家伙一直在盗用"糖果人"的传说,以提升自己的名望。就像安妮·里克斯的公寓里发生的、两次险些让她的侄子丧命的枪击事件一样,在这座城市的极度贫困之中,这些事随处可见。电影的这一幕以四个年轻人的漫步结束,长镜头拍下了他们轻松的步伐、周围的卡布里尼高楼,以及近处芝加哥市中心的天际线。

一天下午，J.R.的表弟"格球儿"和其他"堡垒组"成员注意到，一个奇怪的白人正穿过被称为"杀戮场"的柏油路，向他们蹦跳而来。他像幽灵一样出现，穿着一件破旧的衣服，但与其说他是"糖果人"，不如说他是"鬼马小精灵"①。这个中年男人肥胖且秃顶，戴着一副厚厚的廉价眼镜，红润的脸上挂着孩子般的笑容，像发信号一样挥舞着双臂。"有警察。"一个未成年的放哨员喊道。但任何有理智的人都知道他不是警察。从远处看起来，他穿着一件像裙子一样的东西，几十条褪色的蓝色牛仔裤缝成了一张长袍。长袍被腰带系着，腰带上挂着一串念珠和一个木头制成的大十字架。流浪汉神父喊道："弟兄！弟兄——"他把最后一个音节拉得很长，仿佛他们是一辈子的朋友。令他们惊讶的是，他和每个人都行了"黑帮门徒帮"的握手礼。他说自己是比尔弟兄②，在天主教慈善机构工作，会在这个社区待上一阵子。

　　比尔弟兄在第二天和之后的大部分日子都来了。他经常在大楼之间徘徊，有时甚至待到后半夜。他总是在克利夫兰北大道 1117 号大楼停下来，与"堡垒组"成员待上一会儿，和他们拉拉家常、聊聊公牛队或小熊队。他从未呼吁人们停止贩毒或放下枪。"嘿，比尔弟兄。"居民们会在外廊和操场上欢迎他。但是一听到枪声，或者哪里有暴力事件发生，他就会冲过去。在空旷的操场和柏油路上，在一座高楼旁或是住宅的大厅里，他会站在对立的帮派之间，希望自己的存在可以阻止交火。至少，他想为帮派成员提供一个结束战斗的理由。有时，子弹从他身边呼啸而过，他能听到子弹经过时的真空声，恐惧的金属味在他嘴里挥之不去。

　　比尔弟兄相信他受到了上帝的庇护，只要保护不解除，他就不会受到伤害。接近一场枪战时，他会说，是神圣的声音让他站在此地。在那些时刻，随着肾上腺素的飙升以及幸存下来的庆幸，比尔弟兄感受到了恩典的存在：他正在实现自己的目标，即拯救生命。有一天晚上，他在迪威臣街

---

① 鬼马小精灵（Casper），美国卡通角色，他是一个友善的鬼孩子，喜欢认识朋友。
② 方济各会成员将彼此称为"弟兄"。

上的一栋"白楼"外碰到了 10 个十几岁的孩子。他们在用棍子殴打另一个青少年。比尔弟兄抱起那个男孩,用身体挡住他。一个拿棍子的男孩说:"比尔弟兄,你不该这么做。"另一个袭击者不同意,他说:"不,那是他应该做的。"

几年前,1983 年,比尔·托姆斯(Bill Tomes)面前有两份工作邀请,他来到芝加哥的一个乌克兰东仪天主教会,仔细考虑自己的选择。他发誓要过贫穷的生活,并在全芝加哥最贫穷的教区——圣马拉奇(Saint Malachy's)教区当志愿者。近西区教区多年来一直为爱尔兰、意大利和斯拉夫家庭服务。现在,它为亨利·霍纳住宅(Henry Horner Homes)的居民服务,这是一个由 19 栋建筑组成的公共住房小区。亚历克斯·科特洛威茨(Alex Kotlowitz)1991 年出版的纪实类畅销书《这儿没有小孩》(*There Are No Children Here*),讲述了里弗斯(Rivers)两兄弟,拉菲特和法洛夫,和他们的母亲拉乔伊以及兄弟姐妹们住在霍纳住宅的故事。"5 月,拉乔伊两次把孩子们赶到走廊,他们面向墙蹲着,躲避流弹,"科特洛威茨写道,"法洛夫的口吃加重了,所以他几乎不说话,大部分时间都一个人待着。他听到一声巨响,持续颤抖着。拉菲特告诉母亲:'妈妈,如果不逃走,我们就会死。我有这样的预感。'"托姆斯在霍纳住宅认识的很多年轻人都是帮派成员,他发现自己喜欢和他们交谈。他早上在教区干活,从中午到深夜,就在公共住房社区里漫步。有时,他很难原谅杀人犯,比如那些不分青红皂白地向人群开枪,或向束手无策的年轻母亲出售毒品的人。但是,正如基督教导他的那样,宽恕是这份工作的关键。

到了 20 世纪 80 年代中期,芝加哥的红衣主教约瑟夫·伯纳丁(Joseph Bernardin)认为天主教会需要采取更多措施来解决困扰该市教区的暴力问题,他要求托姆斯也在该市其他地区的帮派成员中开展工作。托姆斯没有领受圣职,所以不能成为神父。按照官方规定,他将成为天主教慈善机构的顾问,收入微薄,但教会允许他自称"比尔弟兄",他将所有人都视为弟兄。芝加哥最容易与暴力联系起来的地方是卡布里尼-格林住宅,所以,比尔弟兄就被派来了。他用牛仔布条模仿圣方济各的破布衣衫。比尔弟兄的袍子看起来就像你最旧的那条牛仔裤,布料因为磨损而发白,连接处破了洞,然后又打上补丁,许多片碎布拼接在一起,就像是弗兰肯斯坦的怪物[①]。他可能是圣人,也可能是流浪汉。他穿着自制的短披肩,僧袍上还有一个兜帽[②],但他从来没有戴过,因为那样穿太像是"3K党"了。总教区认可了这身行头,将其视为对帮派成员的善意。在公共住房社区,哪怕在深夜,托姆斯也很显眼。没有人会意外射杀他。

托姆斯做这份工作的时间越长,他离开这片土地时,就感觉越不自在。他会在卡布里尼-格林住宅、亨利·霍纳住宅或洛克威尔花园工作到凌晨 2 点,起床做晨祷,然后日复一日重复这个循环。多年来,他以比尔弟兄的身份参加了每一场葬礼,从 10 场、80 场再到 130 场。他几乎不睡觉,如果有人在他不在场时受伤,他会感到自责,好像他本可以做得更多。在楼梯间,在电梯里,在橡树街,在联排住宅,在斯坦顿公园(Stanton Park),在柏油路上,在捷运旁,在"岩石"大楼前,在下北中心外,比尔弟兄应该出现在每一个地方。

J.R.弗莱明

1991 年,公牛队第一次夺得冠军的那个夏天,芝加哥频发的凶杀案令人痛心:仅 8 月就发生了 121 起凶杀案,是芝加哥历史上案发最多的一个月,官方统计的全年凶案数据超过了 920 起。在卡布里尼住宅,大部分日子都很平静,但狙击手伏击是一种影响力极强的恐怖威胁。联邦爱迪生电力公司(Commonwealth Edison)的员工拒绝在附近的变电站进行维护,因为他们担心员工站在 15 米高的吊车里,会成为枪手的目标。一些工人穿着防弹背心修补卡布里尼高层住宅的混凝土外墙。当 J.R.走出大楼时,他会抬头扫视周围塔楼的顶层,好像在确认天气。如果他看到窗户

---

① 弗兰肯斯坦的怪物(Frankenstein),出自《科学怪人》,西方文学中第一部科学幻想小说,作者为英国女作家玛丽·雪莱。作品出版于 1818 年,弗兰肯斯坦是故事中的疯狂医生,以科学的方式使死尸复活。

② 3K党成员通常会戴亚麻布制成的白色尖顶头罩,美国不少州通过禁蒙面法取缔了 3K 党。

上挂着白床单,那么穿过柏油路大概是安全的。但如果他没有看到床单,那么窗后可能有人正埋伏着,手举步枪扫视场地。问题是,J. R. 永远不知道准星瞄准的是否是他,也不知道是否会突然射出如闪电般的火光。

形成"杀戮场"南北界的高层公共住宅向东西界的高楼开火,反之亦然。在一份内部备忘录中,卡布里尼住宅的一位房屋经理告诉芝加哥住房管理局,克利夫兰北大道 1157—1159 号大楼的狙击手至少朝 10 个从橡树西街 500—502 号大楼来的人开过枪。每栋建筑都有一些越战老兵,但即使是未经训练的人,也会在那里感受到狙击步枪的威力,枪手决定着楼下移动的微小物体的生与死。"我住在一个你一定听说过的社区,卡布里尼-格林住房项目,"一位署名"亨利·约翰斯夫人"(Mrs. Henry Johns)的长期租客给老布什总统写信,"这个社区的无辜居民无法在街上行走时不担心自己的生命安全,"她说,"我相信你的外交政策。美国必须在世界事务中发挥主要作用,但为了有效发挥这一作用,我们还必须在国内树立榜样……我建议当局(在卡布里尼社区)施行在波斯湾采取的措施来解决问题:派遣军队,清除反对派,解除武器。"

一天晚上,当 J. R. 和他的朋友们正要离开拉腊比街上的一家酒馆时,他们先是听到了撞击声,然后才看到周围地面上微小的火星。J. R. 过了好一阵子才意识到有人在向他们开枪。他们扔下瓶子,趴在地上,用肘部和膝盖爬行,像军人一样爬回店里。一进去,他们就检查自己是不是被击中了。无人受伤,但现在,他们被困住了。他们把手枪交给店员藏起来,然后店员做出了唯一的选择:报警。出现的两名警察咒骂了 J. R. 和他的朋友们,埋怨说他们要冒着生命危险来处理这件荒唐的事。30 分钟后,四辆警车前前后后停在拉腊比街对面,形成一道墙,J. R. 和他的朋友们用这些车作掩护,穿过了街道。

J. R. 的教母是数名管理他所居住的那栋高层建筑的女士之一:卢埃拉·爱德华兹(LueElla Edwards)。她曾经离开卡布里尼-格林住宅一段时间,把家搬到南区的哈罗德·伊克斯(Harold Ickes)公共住房,但她认为自己的孩子们在那里更危险。至少在卡布里尼住宅,她认识每一个人。

对于那些在她的大楼前闲逛的年轻人，她要求他们缴纳一种税款。当 J. R.进入大楼的门厅时，爱德华兹会冲出租户委员会的办公室，说她检查了登记表，告诉 J. R.他还没有完成义务劳动。像其他人一样，他被要求打扫和擦洗外廊、监督一楼的电脑俱乐部、为爱德华兹的"带女儿去工作俱乐部"(Take Our Daughters to Work Club)做志愿者。他们还护送孩子离开大楼，去看棒球比赛或去六旗美国乐园①，他们被派到操场的另一边，去给一个名叫"圣家兜帽男孩"(Holy Family's Boys in the Hood)的青年团体帮忙。1017 号大楼的门厅里有一个卧推架，有时，J. R. 会在那里坐着。突然，他被领进一场租户委员会的会议，他懒洋洋地坐在社区会议室的后面，心不在焉地听着女人们谈论市政府打算把他们都赶出卡布里尼住宅的城市规划。"我已经有钱了。我是我自己的老板，"J. R. 说，"推倒卡布里尼住宅不会影响到我。"

卢埃拉·爱德华兹把 J. R.介绍给吉姆弟兄，他是天主教会的另一位信徒，与比尔弟兄一同在这个城市的公共住房中穿梭。吉姆·福格蒂(Jim Fogarty)比比尔·托姆斯年轻 20 岁，他也穿上了用牛仔布条拼成的长袍。他身材高大，体格健壮。参加篮球比赛时，他会把长袍脱下来，如果穿着长袍，J. R. 和其他年轻人就不会和他打球了。当他还是芝加哥一所神学院的学生时，比尔突然出现了，他讲述自己是如何阻止了枪战，并询问是否有人愿意加入他的事业。在后来的生活中，福格蒂会更加小心翼翼地区分现实与象征、意义与神话之间的界限。但在当时的他看来，比尔弟兄就像是从《使徒行传》中走出来的。福格蒂相信特殊的人在特殊的地方会获得神圣的经历，他渴望看到上帝是如何通过这个奇怪的人改变现实的。

对于报道 20 世纪 90 年代城市危机的媒体来说，比尔弟兄是不容错过的选题——一个看起来像是从中世纪走出来的白人，声称是上帝把他送到了这个国家最臭名昭著的公共住房项目中。《时代》杂志曾对他做过

---

① 六旗美国乐园(Six Flags Great America)位于伊利诺斯州格尼，属于芝加哥北部的大都市区。

专题报道。1992 年 8 月,全国新闻节目《放眼美国》(*Eye on America*)的摄制组跟随比尔弟兄在卡布里尼-格林住宅周围拍摄。这里是"美国最危险的柏油路",主持人说,而比尔弟兄则是"街头帮派的布道者",他躲过了近 30 次险些命中的袭击,拯救了上百人的生命。该节目的记者采访了卢埃拉·爱德华兹,她说她 15 岁的女儿拉昆达(Laquanda)曾恳求她,说要搬离卡布里尼-格林住宅。爱德华兹说,每次孩子们出去玩,她都很担心,但她能做的只有祈祷。比尔弟兄装上了麦克风,摄像机跟在他身后,他潜伏在暗处,等待让他行动起来的枪声。那天晚上,那片土地上确实发生了枪击事件,托姆斯跑了过去。一名女孩在圣家路德会教堂附近的拉腊比街行走时,被狙击手击中了后脑勺。随着摄像机的转动,比尔弟兄俯下身,看着女孩的脸。这正是几个小时前接受新闻记者采访的拉昆达·爱德华兹。当时,她正想去街角商店买牛奶。比尔对着尸体哭泣。在他身后,J.R. 前后躲闪,伺机报复,他运动裤的兜里揣着一支 0.357 口径的手枪,在吉姆弟兄的劝说下,他才放下了枪。

吉姆弟兄帮 J.R. 拿到了小摊贩执照,也为其他许多人找到了工作,尽管大多数受益者都没能坚持下来。他甚至为 J.R. 提供了一条离开卡布里尼-格林住宅的道路。出演过《比弗利山警探》(*Beverly Hills Cop*)和《开放的美国学府》(*Fast Times at Ridgemont High*)的演员祖德·莱茵霍尔德(Judge Reinhold),带领团队买下了《比尔弟兄的生活》(*Brother Bill's Life*)的电影版权。在拍摄陷入困境时,吉姆弟兄安排 J.R. 为这些来自好莱坞的家伙提供一些记录卡布里尼住宅生活的纪实录像。J.R. 已经拥有了视频设备,也喜欢拍摄和编辑的过程,试图从 1000 个零散的瞬间中创造一个故事。当他的朋友们聚集在大楼前面、穿过拉腊比街去购物中心,或者在中庭村对面、捷运轨道旁的萨米热狗店里闲逛时,他都会捕捉下他们的身影。有时,他会担任"舞台监督",命令每个人回到热狗店里,这样他就可以重新拍摄他们走出来的镜头,让他们走得自然一点。他开始拍摄卡布里尼住宅里年轻的说唱歌手,突然间,每个想炫耀自己押韵技巧的人都来找他试镜。来自好莱坞的团队喜欢这些影像。吉姆弟兄建议 J.R.

像《库利县高中》片尾的"布道者"一样,离开卡布里尼-格林住宅,去西海岸从事电影业。J. R.已经靠卖东西赚了些积蓄,他还可以请求莱茵霍尔德给他一份电影行业的入门工作。这种重新开始的想法很吸引人。

但是J. R.不愿离开。他告诉吉姆,他已经从西海岸的说唱音乐与《颜色》《街区男孩》①和《中南部》②等电影里看到了关于"血帮"③和"瘸帮"④的一切。洛杉矶的帮派已经变得和卡布里尼-格林住宅一样臭名昭著,是城市里的妖怪。如果J. R.搬去西海岸,他半开玩笑地说,除了橙色⑤,其他任何颜色的衣服穿上都不安全。比起一个陌生的地方,他倒是没那么害怕暴力。他宁愿待在熟悉的地方,一直待在朋友和家人身边。无论情况好坏,他都会说:"我来自卡布里尼-格林住宅。"

---

① 《街区男孩》(*Boyz N the Hood*)是 1991 年上映的美国犯罪剧情片,讲述了特雷·斯泰尔斯被送到洛杉矶中南部和父亲盖世·斯泰尔斯一起生活的故事,反映了猖獗的帮派文化。

② 《中南部》(*South Central*)是 1992 年上映的美国犯罪电影。这部电影改编自 1987 年的虚构小说《最初的洛杉矶中南部瘸帮》(*The Original South Central L.A. Crips*),作者唐纳德·贝克(Donald Bakeer)曾是洛杉矶中南部的一名高中教师。

③ 血帮(Bloods)是主要在加州洛杉矶活动的非裔美国街头帮派,因为与瘸帮敌对而广为人知。其成员可以通过红色的衣着与特定的帮派符号来识别。

④ 瘸帮(Crips)是扎根于南加州沿海地区的帮派,1969 年在洛杉矶成立,帮派成员传统上穿着蓝色服装。在历史上,瘸帮成员主要是非裔美国人,是美国最大和最暴力的街头帮派之一。瘸帮与血帮有着长期而激烈的敌对关系。

⑤ 橙色是监狱囚服的颜色。

11 丹特雷尔·戴维斯路

那年,她12岁,他15岁。在安妮特看来,他似乎比其他看守高层住宅大厅的家伙要帅。他的穿着更显眼、更有趣、更精致。她就这样爱上了他。1982年,凯尔文·戴维斯(Kelvin Davis)和母亲住在西区,但他每天都会出现在卡布里尼-格林住宅。人们都叫他大K(K-Mac)。有很多男孩和男人都想和安妮特·弗里曼(Annette Freeman)说话。她是个假小子,个子小小的,留着短发,十分可爱。然而,凯尔文理解她的痛苦。安妮特的父亲在前一年去世了,在南区死于枪杀。从那时起,她就从继母橡树西街500号大楼的公寓跑了出来。珍妮丝·弗里曼喝酒,打安妮特,然后在清醒时请求原谅,但到了晚上,殴打只会变本加厉。因此,安妮特离开了家。"是时候拿出男人的样子了。"她对自己说。她拒绝出卖自己的身体,而是选择卖大麻。她也找到一份卖报纸的工作,在芝加哥大街、州街和密歇根大道叫卖报纸。她和男孩一起工作,是其中唯一的女孩。有些晚上,安妮特会睡在100多个街区以南的祖母家,但每天早上,她都会跳上捷运回到自己的房子。凯尔文会在那里等她,他叫安妮特"迷路的孩子",并在她难过时逗她笑。

1984年,当安妮特14岁时,她得知自己怀孕了。在她看来,这就像世界末日一样。在大楼的朋友中,她是第一个怀孕的。她觉得很丢脸。她的肚子鼓了出来,说明她已经有了性生活。她再也不能展现男子汉气概了,不得不辞掉卖报纸的工作。"我还是个无家可归的孩子,但马上就要有自己的孩子了。"她回忆道。她不知道自己会是个什么样的母亲。但凯尔文一直告诉她,一切都会好起来的。"我们会没事的,安。"他重复道。

他们用凯尔文两个叔叔的名字给孩子取名——丹特雷尔·特里梅因·戴维斯(Dantrell Tremaine Davis)。安妮特叫他丹尼。

安妮特还是个孩子的时候，就被遗弃了，她在南区一个素不相识的女人①那里住了几年。因为她仍然在政府的看护之下，儿童与家庭服务部想让安妮特签字放弃孩子的监护权。毫无疑问，孩子是个负担，但她不会放弃丹尼。这绝不可能。经历了那么多坏事，她甚至不愿让他单独和其他人待在一起。他们俩形影不离。她带着丹尼一起去卡布里尼住宅，散步去市中心、林肯公园动物园，或者去橡树街和北大道的湖滨。他们会步行到"奶球"(Milk Duds)工厂买糖果，在老城闲逛，逛自行车店和"信不信由你!"博物馆②。凯尔文和其他姑娘有其他孩子，但他有时也会过来，一家三人团聚。安妮特和丹尼睡在她祖母家，或是凯尔文的母亲那里，或是橡树西街500号大楼的电梯里。她偶尔和丹尼一起乘火车，从铁路的一端睡到另一端，直到早晨。

当安妮特18岁，丹尼3岁时，她填写了一份申请，想在卡布里尼-格林住宅申请一套自己的公寓。她永远不会忘记她得到它的那一天——1989年2月9日。这套公寓位于橡树西街502号大楼的六楼，这栋楼和她继母所在的大楼是双子楼。对安妮特来说，搬家就意味着自由。从此之后，她不仅可以摆脱无家可归、寒冷和陌生男人的威胁，也反驳了那些说她注定会一事无成的人。他们还说，安妮特可能活不到18岁，无法照顾自己的孩子。她的叔叔亨利是公交车司机，帮她搬了家具。一名来自儿童与家庭服务部门的官员检查了她的情况，发现她的公寓很干净，也在正常抚养儿子。安妮特被授予丹特雷尔的监护权，这是她第一次掌控自己的生活。

安妮特让丹尼在卡布里尼住宅打棒球，在苏厄德公园体育馆打拳击。她从不让他缺课，哪怕只是一天。丹尼长大后，绝不允许加入帮派或贩卖毒品。安妮特会贩毒，但那是为了让丹尼有鞋子和衣服穿，仅靠公共救济

---

① 或指养母珍妮丝·弗里曼。

② "信不信由你!"博物馆(Ripley's Believe It or Not! Museum)是由罗伯特·里普利创立的美国特许经营公司，展示奇怪而不寻常的物品。

的支票,根本买不起这些东西。她在自家的大楼外轮班,这份工作非常抢手,她根本轮不上几小时。当小丹尼因为调皮捣蛋被送到一家为有行为问题的儿童开设的幼儿园时,安妮特的朋友们说她很幸运,因为她可以申请一笔专为残疾人提供的补充安全收入①。"我才不要什么狗屁的特殊救济金,"她说,"因为我的儿子很聪明。"丹尼只是生性固执,除了父母,他不听任何人的话。安妮特每天和他一起坐公共汽车去学校,确保他被认真对待。她说服了教育部门,让他重新回到卡布里尼住宅的一所学校读一年级。

1992 年,丹特雷尔还在上幼儿园的那年春天,当他在家里的沙发上睡觉时,安妮特离开了他,去外面轮班。凌晨 4 点,住在隔壁的一个女人在闻到烟味之前,就听到丹特雷尔的尖叫。大楼里的一个男人踢开了门,沙发边的一支烟或许引起了火灾。一辆救护车迅速将丹特雷尔送往急诊室,消防队员扑灭了大火,警察找到了安妮特。丹特雷尔的一半皮肤被烧伤了,主要集中在左侧,包括腹部、手臂和面部。脸颊上,他被烧灼的皮肤有着粉红色的斑点,指尖像木头一样硬。他在医院里度过了接下来的几个星期,安妮特和凯尔文陪在他身边。皮肤移植后,丹尼的身上虽然还能看到烧伤的痕迹,但已不太明显。

她们搬到了橡树西街 502 号大楼的另一间公寓。安妮特被要求参加育儿课程,她欣然接受了。老师们告诉她,她不能再丢下丹尼一个人。安妮特明白这个道理。在医院待了几周后,丹特雷尔即将在詹纳小学读一年级。这太完美了,因为小学就在高层住宅外面,离前门不到 30 米。尽管丹尼仍然不能读写字母,但他的新老师说这只是时间问题,丹尼相信了他。开学那天,当老师给全班同学读故事时,他呆呆地坐着。他在一次拳击比赛中获得了第二名,他的教练认为,丹尼灿烂的笑容令人兴奋。安妮特觉得他们做得很好,他们都克服了很多困难。丹特雷尔会一直说他爱

---

① 补充安全收入(Supplemental Security Income, SSI)为残疾儿童、残疾成人和 65 岁或以上的美国公民或国民提供现金补助。SSI 源自 1972 年《社会保障修正案》,并被纳入《社会保障法》第 16 章。该计划由社会保障署管理,1974 年开始运作。

她,像唱歌一样重复着"我爱——爱——爱你"。他只有 7 岁,但他有一颗沧桑的灵魂。"即使我放弃了自己,他也不会放弃我,"安妮特说,"我的小战士不会这么做,我最好的朋友也不会。"

9 月 13 日,开学一周后,凯尔文·戴维斯死了。他死于 27 岁,尸体躺在他母亲位于西区的公寓床上。安妮特认为他死于哮喘;官方报告称,他在睡梦中窒息,可能是海洛因或美沙酮①药物过量的结果。他有一长串犯罪记录,包括私藏毒品、人身攻击、入店行窃。他一共有 9 个孩子,但安妮特说他是丹尼的好父亲,是她唯一爱过的男人。他们在一起已经 10 年了,几乎是她生命的一半时光,他的死让安妮特想要大醉一场,或者去自杀,抑或是伤害别人。为了丹尼,她忍住了。"我也会想他,"安妮特对儿子说,"但现在只有我们了。"

10 月,葬礼结束几周后,凯尔文的姐姐顺道来看望他们。夜很冷,他们走着送丹特雷尔的姑姑回到公共汽车站,安妮特低头看着儿子,默默地走在他们中间,看丹尼的脸因担心而扭曲起来。"啊,妈妈,我不想被打死。"他说。丹尼的话很奇怪,以前,他从来没有为暴力而烦恼过。他们的建筑是"罪恶领主帮"的地盘,两侧的塔楼都被"黑帮门徒帮"控制。安妮特上高中的时候,她和朋友们每天早上都会去林肯公园散步,倒数着(从大楼里)冲刺出去,周围高楼里的人会往她们身上扔东西,或者涌出来拿着高尔夫球杆追赶她们。安妮特从小就让丹特雷尔远离柏油路,躲避一切战斗。听到枪响时,他知道自己要倒在地上。安妮特让丹尼不要担心,因为他知道该怎么做。"我不是一直陪着你吗?"安妮特说,把丹尼搂在怀里,"我会照顾好你的。"

第二天早上,1992 年 10 月 13 日,星期二,安妮特在穿衣服的时候,丹特雷尔在他的房间里消磨时间,看卡通片。这可不像他的风格,他通常会率先出门,比她还快。"你今天不去上学吗?"安妮特取笑他。丹尼说他想待在家里陪她,但是安妮特不想让他逃学。看着一动不动的丹尼,她勉强

---

① 美沙酮(methadone)是一种鸦片类药物。

同意陪他下楼。他们走出大楼，安妮特等待他穿过街道去詹纳小学。有几位老师在外面迎接学生，穿着闪亮黄色背心的家长担任过马路的指挥员，两名警察在街角的巡逻车里无所事事。安妮特用手指向丹尼的朋友们。"嘟嘟走了。"她告诉他。丹尼没有动。"我没跟你说，让你穿过马路去上学吗？"她轻轻一挥手，催促丹尼，就像父母看到孩子反应迟钝时那样恼火。"做点什么吧。"她厉声说。

"我正在做，妈妈。"

然后，学校上午9点的铃声响起了。过了一会儿，安妮特听到了第一声枪响。她倒在地上，大声喊着让丹特雷尔也趴下。她回头一看，只见他已经趴在地上，她的心中顿时产生了一丝自豪。"那是因为他学过如何保护自己。"安妮特想。安妮特已经为丹尼做好了准备，她一直在保护他的安全。枪声停止后，安妮特爬向她的儿子。"好了，我们起来吧。我们进楼去。"但丹尼起不来了。旁观者说她一直尖叫着："求求你，宝贝，不要死！""求求你，过来救我的孩子！请快一点！"但后来，她都不记得这些事了。半小时后，在儿童纪念医院（Children's Memorial Hospital），丹特雷尔·戴维斯被宣布死亡。子弹射入了他大脑的左侧。

丹特雷尔·戴维斯是1992年芝加哥被谋杀的第782人。枪击案在10月发生，到年底，官方统计的被害者数字将达到943人。除1974年外，这是芝加哥谋杀案历史数据的最高峰。1974年，在芝加哥约60万余名居民中，有970人死于谋杀。大部分暴力事件源于帮派和毒品。那是可卡因成瘾的高峰期，毒贩、买家和成瘾者聚集在像卡布里尼-格林住宅这样的罪恶地带。丹特雷尔也是1992年被杀的第74名儿童，他甚至都不是詹纳小学的第一名受害者。3个月前，拉昆达·爱德华兹在拉腊比街买牛奶时被狙击手击中；3月，13岁的罗德尔·丹尼斯（Rodnell Denis）盲目地向人群开枪，杀死了二年级的安东尼·费尔顿。丹尼几乎和这个小男孩死在同一个地方。"在丹特雷尔·戴维斯之前，已经有很多丹特雷尔·戴维斯了。"多洛雷丝·威尔逊的女儿谢丽尔说。

这是命运的捉弄，也是环境造就的风暴，它为这场悲剧赋予了远超城市恐怖日常的意义。令人羞耻的规则运转着，旁观者被枪杀，男孩被警察射杀，孩子们谋杀其他孩子。在今天看来令人震惊的事，在当时并没有引起广泛的公众抗议。丹特雷尔·戴维斯是个罕见的例外。"丹特雷尔将被载入这个国家的史册，"芝加哥住房管理局负责人文斯·莱恩在枪击事件发生后对记者们说。"丹特雷尔已经引起全世界的关注。"正如《太阳报》(*Sun-Times*)的编辑所宣称的那样，他之所以变成"埃米特·蒂尔①那样的象征"，部分源于他的死亡环境。一大早，他就站在离学校门口只有几十步路的地方，周围都是老师和警察。他和母亲肩并肩站在一起。他代表了每一个 7 岁的孩子，他的一天才刚刚开始，他未知的一生也是如此。丹特雷尔的遇害让人们越来越觉得这座城市已然崩溃。它已经失去了同情的能力。红衣主教约瑟夫·伯纳丁说，丹特雷尔的死亡凸显了"我们一直以来拒绝承认的社会病态"。

然而，要不是因为丹特雷尔来自卡布里尼-格林住宅，他那短暂的一生可能已经被人遗忘了。丹特雷尔·戴维斯和卡布里尼-格林住宅被并称为美国内城危机的表现。在延伸报道中，各大媒体都对这个住宅项目的悲惨历史展开了长篇介绍。"卡布里尼-格林住宅诞生于'小地狱'，"《论坛报》写道，"遗憾的是，这个名字现在仍旧很贴切。"在全国新闻节目中，卡布里尼-格林住宅是能与贝鲁特、萨拉热窝和索马里相提并论的"卡布里尼要塞"(Fort Cabrini)。"那是一个充斥贫穷和犯罪的公共住房地狱。"哥伦比亚广播公司的晚间新闻报道。报纸上关于枪击事件的数百篇文章中有一篇写道："现在，'卡布里尼'已经成为许多人眼中美国最恐怖城市的代名词：愤怒和绝望失去了控制。"考虑到丹特雷尔·戴维斯事件和《糖果人》就产生于同一个时代，这些反应似乎是合理的。在丹特雷尔生命的最后一晚，当他与母亲和姑姑一起散步时，这部以卡布里尼-格林

---

① 埃米特·蒂尔(Emmett Louis Till, 1941—1955)，一名非裔美国人男孩。1955 年，14 岁的他被指控在家里的杂货店冒犯了白人妇女卡罗琳·布莱恩特，此后在密西西比州被绑架、折磨、受到私刑。他被残忍杀害后，凶手被无罪释放，蒂尔死后成为民权运动的象征，反映了美国长期以来对非裔美国人的暴力迫害。

住宅为背景的恐怖电影正在仅四个街区外的芝加哥国际电影节首映。

丹特雷尔被枪杀的当天早晨,大约在同一时间,300名警察突袭了阿尔盖尔德花园,这是位于该市南部城郊的一个占地77公顷的公共住房小区。20世纪80年代,年轻的巴拉克·奥巴马在那里组织了三年社区活动,试图从建筑物中移除石棉材料,并为青少年开办了一项课外活动。他发现,那种他童年时在雅加达的贫民窟所目睹的社会秩序缺失"让像阿尔盖尔德花园这样的地方变得令人绝望"。奥巴马在回忆录中写道:"它还不像芝加哥的高层项目罗伯特·泰勒住宅和卡布里尼-格林住宅那么糟糕,那里有漆黑的楼梯井、尿迹斑斑的大堂,还有稀松平常的枪击事件。"奥巴马没有说错。阿尔盖尔德花园最初依钢铁厂而建,随着工厂的关闭,项目中成千上万的居民与城市和工作的联系被切断了。现在,它是遥远南区危险而萧条的、被称为"野蛮100大街"(Wild 100s)的街道的一部分。这次清晨突袭中,警察发现了20支枪、一小批毒品,以及警方称毒贩们用来协调行动的便携双向无线对讲机。公共住房中有35人被捕。

但是,这在距离市中心25公里、远在另一个世界的阿尔盖尔德花园几乎算不上什么新闻。当莱恩得知近北区发生了枪击事件时,他飞速穿过城区。他知道丹特雷尔的死会引起轰动。"那可是卡布里尼-格林住宅!"二十多年后,他含泪解释道,"没人关心其他项目。卡布里尼住宅坐落于城市的心脏。全世界都知道卡布里尼-格林住宅。"当他到达现场的时候,母亲和祖母们已经把孩子从詹纳小学接走了。停课的教师们挤在一起发呆。数十辆警车停得横七竖八,蓝色警灯一直在旋转。新闻转播车在街道上造成交通堵塞,记者和市政官员笨拙地在建筑物之间奔跑,低着头,担心再一次枪击。在面朝橡树西街500—502号的大楼里,警方发现了一枚用过的步枪子弹,60名警官冲入其中。他们断定,这颗子弹很可能来自克利夫兰北大道1157号大楼一个废弃的10层公寓。第二天中午,警察逮捕了安东尼·加勒特(Anthony Garrett),一名33岁、在卡布里尼住宅住了一辈子的居民。

当丹特雷尔·戴维斯被枪杀时,理查德·戴利(Richard M. Daley)49

岁,担任市长还不到 3 年。他在 1989 年的补选中击败了哈罗德·华盛顿的继任者尤金·索耶(Eugene Sawyer),并在两年后再次当选,完成了第一个完整任期。他在民主党初选中获得了 63% 的选票,甚至超过他父亲在选举中的最佳表现。在老戴利任职 21 年后,五位不同的市长在十多年的时间里管理着芝加哥。在威胁华盛顿市长职位的市议会战争后,年轻的戴利似乎相当稳重。与简·伯恩上任初期犯下几次种族错误不同,戴利任命少数族裔成员进入他的班底,并领导该市的许多部门。他与该市的黑人和拉丁裔社区领袖结成联盟,并成为首位在该市骄傲游行中领队的市长。在成为市长之前,他担任了 20 年伊利诺伊州参议员和库克县检察官。但是,他与父亲的民主党政党机器保持距离,后者的忠实信徒仍然指责他在 1983 年与伯恩分散了白人选票,从而让华盛顿当选。

在两位戴利市长任期之间的 13 年里,党派体系实际上已经有些过时了。1983 年全面签署、成为法律的沙克曼法令,将大部分以城市和州政府职位换取政治支持的"政治恩庇"体系定为非法。到 20 世纪 90 年代,政治纽带不再通过发放工作岗位,而是通过分配市政相关的合同建立起来。年轻的戴利证明了自己对新体制的掌握,他与郊区的共和党人建立了联系,许多市政公司都搬到了郊区。他开始选用忠于他而非忠于库克县民主党的议员来填补市议会的空缺。他重组了城市官僚机构,确保白袜队留在芝加哥,并为复兴市中心投入巨资。经济复苏也使他受益匪浅。在经历 40 年的人口下降、净流出 83.7 万人之后,当戴利上任时,芝加哥的居民又开始增加了。戴利带领着崭新而闪亮的、拥有迈克尔·乔丹、奥普拉和查理·特罗特①的芝加哥。他本人在 1993 年搬了家,从破旧的布里奇波特街坊搬到豪华的中央车站,这里曾是卢普区南侧的铁路站场,如今已经被"芝加哥 21"计划定位为城市的重点再开发目标之一。

在此之前,戴利一直以低调的风格管理着这座城市,在日益严重的暴

---

① 查尔斯·特罗特(Charlie Trotter, 1959—2013)是一位美国厨师和餐馆老板。他最著名的餐厅 Charlie Trotter's 于 1987 年至 2012 年在芝加哥营业。

力犯罪问题上,他并没有表现出多少领导力。在他任职期间,该市的谋杀案数量逐年上升,从 1989 年的 742 起,升至 1990 年的 851 起,再到 1991 年的 928 起。在任期内,戴利有时会因为语焉不详而被嘲笑或称赞——他信得过的助手们会说,这是因为"他的脑子转得比嘴更快"。在一次新闻发布会上,他谴责"驾车枪击"①;在另一个场合,他宣称,"如果杀人和谋杀事件越来越多,它就防止了更多破坏"。在丹特雷尔·戴维斯被谋杀的时候,戴利正在康涅狄格大学看望女儿。他没有预估到这起死亡的政治意义。在这个创纪录的血腥年份里,戴维斯似乎只是另一位悲惨的受害者或另一场悲剧,但不是值得全体出动的市政紧急事件,甚至不必对此发表公众评论。简·伯恩很早就发现了卡布里尼-格林住宅紧紧牵动着市民的心,她将这场枪击惨案塑造为她职业生涯中最重要的政治时刻。

相比之下,戴利的持续缺席被拿来与洛杉矶警察局长达里尔·盖茨(Daryl Gates)相提并论。那年的早些时候,当暴徒在城市中肆虐时,后者却在布伦特伍德(Brentwood)的鸡尾酒会上闲谈。《太阳报》这样描述芝加哥市长:"上周,这座城市迫切需要领导者,而最大的一把交椅却空着。"戴利抨击了他的批评者,说家庭是最重要的,这让很多芝加哥人想起了他父亲对媒体的回应。当时,有报道称他帮助小戴利和他的兄弟们获得了丰厚的市政合同和法院任命。"如果我不帮助我的儿子们,他们尽可以看不起我,"理查德·J.戴利曾在 1973 年说道,"如果一个男人不能保护他的儿子,那我们究竟生活在一个怎样的世界?"然而,看望女儿后,理查德·M.戴利并没有返回芝加哥,而是前往马萨诸塞州的海恩尼斯港(Hyannis Port),与肯尼迪夫妇一同出席了一场高尔夫球锦标赛。

由于戴利缺席,文斯·莱恩走上了演讲坛,对着一排麦克风宣布,他将尽一切努力把这个臭名昭著的公共住房项目变成一个"正常的社区"。他准备增派 1000 名州和联邦执法人员,搜查每一栋建筑。杀害丹特雷尔的凶手开枪的那栋大楼,官方公布的空置率已经超过 75%。莱恩宣布,这

---

① 原文为"drive-by shootalongs",为戴利的口误。

座大楼将永远关闭。"我指的不是用木板钉上,而是用砖头砌死。"他要求国民警卫队对卡布里尼-格林住宅进行监督,并要求武装部队在社区的23栋塔楼和所有600幢联排住宅周围形成一道防线。

戴利是时候缩短他的行程了,莱恩不该做出所有声明。市长宣布,他将于周一上午与顾问开会,而戴维斯已经被杀6天了。然后,与20名高级官员的紧急会议被提前到周日。在随后的新闻发布会上,戴利看起来像是被晒伤了——他的助手说,这是市长在芝加哥参加其他活动时造成的,而非源于此后的高尔夫之旅。戴利为卡布里尼-格林住宅提出了11条计划。作为策略的一部分,他采纳了莱恩的几项临时提议,决定关闭4栋卡布里尼高层住宅,并为剩下的建筑配备金属探测器和单向旋转门。他将在大厅里安插武装警卫。市政机构将加快驱逐速度,组建一个律师团队,无偿帮助驱逐毒贩和黑帮分子的工作。市政府将有偿雇用270名不当班的警察,请他们清缴社区里每栋建筑中的武器,总花费超过50万美元。他向芝加哥人承诺,他将把城市从黑帮手中夺回来,让所有守法公民都能安全生活。"我们不能投降,"戴利保证,"我们拒绝在一个7岁的孩子从家步行到学校都要担心死亡降临的城市里袖手旁观。"呼应肖恩·康纳利在《铁面无私》①里扮演的角色,他承诺要用"芝加哥方式"扳倒阿尔·卡彭。市长表示,他将采取必要措施抹杀卡布里尼-格林住宅等地的犯罪团伙:"我们必须在这里打一场战争,我们必须像他们对付无辜的人那样对付他们。"

在丹特雷尔·戴维斯死后第4天的葬礼上,他身着一件白色燕尾服,系着粉蓝色的腰带,打着领结,戴着一顶白色的皮帽,盖住了头部的伤口。牧师将丹尼描述为一名战士,一个在被巨人歌利亚攻击的社区中辛勤劳作的小大卫。讲述卡布里尼-格林住宅的电影《库利县高中》,以一位独唱

---

① 《铁面无私》(The Untouchables)是1987年上映的美国警匪黑帮电影。影片取材于真实人物和事件,被公认为20世纪80年代最出色的警匪片之一,时代背景设在禁酒末期的芝加哥。影片中,肖恩·康纳利塑造了一个正直、尽忠职守,且通晓社会习气的老警察。

者的挽歌结尾:"对昨天说再见真的很难。"这首歌响起时,人们都崩溃了。在墓地,安妮特·弗里曼亲吻了一朵红色康乃馨,把它扔到儿子的棺木上。当棺木沉入地下时,她大声喊道,丹尼是唯一一个爱她的人。

为了安全起见,安妮特的养母珍妮丝·弗里曼搬到了卡布里尼-格林住宅。当时,她正在躲避叔叔"矮子王"(King Shorty)的追杀(她的另一位叔叔是杰罗姆·弗里曼)。"矮子王"是一个拥有数千人的芝加哥帮派"黑人门徒帮"的首领。他小时候就加入了这个帮派,为其创始人大卫·巴克斯代尔跑腿。巴克斯代尔创造了"黑人黑帮门徒帮",他自称"大卫王",他的"兄弟联盟"以六角星"大卫星"作为标志。"众伙联盟"的标志则是五角星。在 1970 年"黑石游骑兵帮"的伏击中,巴克斯代尔腹部中弹。他活了下来,但并发症不断,在四年后死于肾衰竭,"门徒帮"也随之没落。"矮子弗里曼"接管了"黑人门徒帮",拉里·胡佛①接管了"黑帮门徒帮"。

侄孙被谋杀的时候,"矮子弗里曼"正在服第二年的刑期,他因贩毒被判了 28 年。胡佛和"黑石游骑兵帮"的杰夫·福特也在监狱里待了很久。据报道,这三位领导人都是在狱中进行街头活动的。在斯泰特维尔,弗里曼定期在监狱礼拜堂举行会议,安妮特被车接送到监狱,与他谈论杀害丹特雷尔的凶手安东尼·加勒特。在一份认罪书中,加勒特承认他曾站在克利夫兰北大道 1157 号大楼一间空置公寓的浴缸上,用 AR - 15 步枪朝安妮特住的大楼外的一群青少年开火。武器没有瞄准镜,他没有击中目标,但误伤了丹特雷尔。第二天,加勒特声称自己是无辜的,供词也源于逼供。他说,自己被单独关押了 5 个小时,一直被殴打,直到他同意警方的要求——在芝加哥,这并不是一项令人难以置信的指控。当时,一个警察小组被揭露在指挥官乔恩·伯格②的领导下,在过去的 20 年里折磨了一百多名黑人嫌疑人,用电话簿殴打他们直至窒息,并用电子设备电击他

---

① 拉里·胡佛(Larry Hoover),生于 1950 年,美国前黑帮头目,芝加哥街头帮派"黑帮门徒帮"的联合创始人。

② 乔恩·伯格(Jon Graham Burge, 1947—2018),美国芝加哥警察局探长,曾直接参与或默许对至少 118 名在押人员实施酷刑、逼供。

们的生殖器和直肠。

　　加勒特在卡布里尼-格林住宅一带被称为"奎宾"（Quabine）。他曾是一名受过射击训练的陆军四级专家，从 18 岁时起，他已经被定罪 9 次，其中 6 次与武器有关。1981 年，就在伯恩市长宣布她计划搬到卡布里尼-格林住宅的同一天，他因在高层楼梯间杀害另一名居民而被捕。虽然他被判无罪，但警方表示，他承认自己开了枪，并吹嘘自己是"眼镜蛇石帮"的领导人，负责多个建筑。在丹特雷尔被杀前几个月，在文斯·莱恩的一次扫荡搜查中，警方在他停在卡布里尼-格林公寓的车中发现了一把上膛的枪。一名法官后来裁定警察非法扣押武器，因为芝加哥住房管理局的突袭违反了各种防止非法搜查的保护规定，加勒特被释放了。

　　像卡布里尼-格林的许多人一样，加勒特不只有一个身份。他在小区里当棒球裁判，他当了三年志愿者，后来每小时挣 8 美元。他是丹特雷尔·戴维斯在少年棒球联盟的教练，安妮特认识他。"他以前很喜欢我，但我不会离开丹尼的爸爸，"她说，"我很忠诚。"加勒特曾经在尼尔·科伊尔的《硬球》①中出现，这本书记录了在丹特雷尔被谋杀之前的几个月，卡布里尼-格林小联盟一个赛季的故事。

　　加勒特是丹尼所在的小联盟的教练，他们关系融洽。尽管那把来福枪从未被找到，有的警官也暗示加勒特不过是替罪羊，但其实没有人关心这些事。安妮特整日陷入悲伤，黑帮头目"矮子弗里曼"急于对事件做出回应以维护帮派秩序，加勒特被送去进行世纪审判。科伊尔写道，加勒特是球队见过的最好的裁判："他是一个长着《圣经》式煤黑色胡子、肌肉发达的男人，他对待比赛非常认真，以无可争议的权威大声喊着'坏球'和'击中'。""我喜欢和孩子们一起工作，"加勒特告诉教练，"在我的生活中，我并不总是正直的，但如果我能让孩子中的一些人远离麻烦，那我就完成了自己的工作。"联盟的一家赞助商对加勒特印象深刻，帮他在距离卡布

---

① 《硬球》，全称是《硬球：住宅项目中的一个赛季》（Hardball: A Season in the Projects），由丹尼尔·科伊尔（Daniel Coyle）著，后被改编成美国体育喜剧电影《硬球》，于 2001 年上映。

里尼不远的豪华"东岸俱乐部"（East Bank Club）找到一份维修工的差事（"'东岸俱乐部'的会员资格是一份享受美好生活的邀请函"）。

杀死丹特雷尔的步枪一直没有找到，卡布里尼住宅的一些警察认为，加勒特成了这起迫切需要找到元凶的热门案件的替罪羊。但安妮特和"矮子弗里曼"都不关心加勒特是否有罪。他们都认为"奎宾"是意外杀死了丹特雷尔。安妮特悲痛欲绝，而"矮子"知道人们都在等待他的回应。"矮子"知道，他需要表现得像个大人物，因为丹特雷尔是他的亲戚，凶案有可能引发一系列致命的报复。没人想看到这种事。与戴利市长或者文斯·莱恩不同，帮派头目需要证明，他们可以在一个似乎没有任何秩序的城市里建立秩序。有组织犯罪是一回事，而无组织犯罪完全是另一回事。

"矮子"让他的伙伴们知道他不会报复，他的手上已经有太多条人命了。但当加勒特在"矮子"掌权的斯泰特维尔监狱开始他的百年刑期时，他并没有阻止人们在私下进行一些报复。

戴维斯枪击案发生整整一周后，上午9点刚过，数百名芝加哥警察和市政官员涌入卡布里尼-格林住宅，还有来自芝加哥住房管理局的安保队、库克县警察局、缉毒局（DEA）、烟草火器与爆炸物管理局（ATF）和联邦调查局（FBI）。警察开着他们的蓝色军用指挥车，停在"红楼"前。一队队全副武装的警察在两栋高层住宅中逐层逐户搜查。此外，警察学院的100名新兵也参加了扫荡。男人和十几岁的男孩被赶出大楼，反复搜查。一名后来参与对芝加哥住房管理局的诉讼的居民抱怨说，他在一个小时内被搜身了7次，不仅是轻轻拍打，警察还把手伸进他的内衣；他2岁的儿子也被搜身。警官们只发现了一支枪——一支0.45口径、无法发射弹药的仿真枪。

除了展示武力，戴利市长还派出了100名街道和环卫工人。他们在社区中安装了泛光灯，设置了捕鼠毒饵，填补坑洼，在小区中寻找废弃的汽车并拖走。工人们给满是涂鸦的墙壁涂上新油漆，修剪工修剪树枝，电工修理电线，木匠们给空置多年但仍可进入的单元钉上胶合板。30名男子与该县达成协议,清理满是垃圾和杂草的地面,以此完成社区服务并抵消监狱服刑的时间。团队安装了金属探测器和警卫岗哨,来自城市公共服务部的顾问团队会见了被迫离开家园的居民。

记者被允许跟随由社会工作者、神职人员、芝加哥住房管理局官员和武装警察组成的流动队伍。《居民日报》(*Residents' Journal*)是一份由公共住房租户出版、面向公共住房租户的报纸,其出版人伊桑·米夏埃利(Ethan Michaeli)当时是《保卫者报》一名初出茅庐的记者,他也加入了其中一支队伍。似乎灾区出现了一支紧急救援部队——"我们代表政府,会在这里帮助你"。在高层住宅,人们敲响了一间公寓的大门,一位穿着讲究的年轻女子出现了,流动队伍问她是否需要帮助。女子很困惑:"我要用什么来回报呢?"然而,看着门外的人们,她忍不住在意起自己的举止。米夏埃利问他们能否进到家里来,记者们急于体验真正的卡布里尼-格林住宅,便挤进了这位女士的家中。但他们失望了。客厅和厨房的布置很简单,但很干净。地板上铺着粗毛地毯,窗户上挂着长长的白色窗帘。一个穿着整齐、蹒跚学步的孩子好奇地盯着他们。米夏埃利后来被市中心的景色所震惊,在一处外廊上逗留,一个芝加哥住房管理局的人气喘吁吁地跑向他。"我以为我们把你弄丢了。"她哭着说。

卡布里尼-格林住宅的居民一直在申请定期房屋维护,比如在楼梯间安装新灯泡,进行蟑螂熏杀和电梯维修。以丹特雷尔·戴维斯的名义,所有积压的服务终于都如寓言般实现了。随着一车车重型设备的运来,工人们忙碌不停,链锯和焊机的声响交织在一起,就像好莱坞剧组从零开始搭建一个想象中的公共住房项目的布景。卡布里尼社区离奇地重现了1970年和1981年的事件,塞韦林和里扎托在1970年被杀,而市长伯恩在1981年上任。整个城市的机构似乎再次集中在近北区一块28公顷的土地上,这里只容纳了8%芝加哥住房管理局的租户。自1968年大火以来,西区还有几十公顷的土地没有重建。在亨利·霍纳住宅,1800套公寓中有一半是空置的,而十年前只有2%,因为芝加哥住房管理局既不打算维修空置的公寓,也不打算招收新租户。该市另外7个公共住房项目的暴力犯罪率甚至超过卡布里尼住宅，罗伯特·泰勒住宅和州街花园等社区是芝加哥谋杀率最高的地方。"现在他们在卡布里尼住宅投入了大量人力，但其他社区也需要帮助，"一名困惑的西区议员抱怨道，"可是它们上不了头版新闻。"

在这场闪电战中，T先生[①]带着他标志性的莫西干发型、羽毛耳环和大金链子来到卡布里尼-格林住宅。这位一线明星走下一辆劳斯莱斯，告诉孩子们如果他们努力学习，未来就能拥有一辆这样的车。1992年，总统大选前两周，比尔·克林顿在市中心的戴利广场发表演讲，请求支持者帮他赶走布什总统，他说布什永远不会为维持芝加哥安全所需的额外警力买单。"我们亏欠丹特雷尔·戴维斯!"克林顿大声疾呼。

《芝加哥论坛报》举办了一场建筑竞赛，这是为丹特雷尔·戴维斯精心组织的纪念活动之一。报纸号召人们设计"安全、宜居"的卡布里尼-格林住宅。这是一次创意竞赛，获胜者不会被聘请完成他们的设计，项目意在为近北区社区的重建提供一种模板。"砖块和混凝土并不是杀死丹特雷尔·戴维斯的凶手。"该报的建筑评论家布莱尔·卡明（Blair Kamin）写道。但卡明也指责"花园中的塔楼"这一前卫现代主义建筑理念，是卡布里尼-格林住宅变成一个贫穷孤岛的部分原因。"美国式的种族隔离制度，"卡明写道，"为本应自由流动的大城市生活强加了一件意识形态的紧身衣。"

在300名参赛者中，有一位叫马克·阿姆施塔特（Marc Amstadter）的建筑师二代，他是卡布里尼拓展区塔楼的建筑设计师劳伦斯·阿姆施塔特（Lawrence Amstadter）的儿子。小阿姆施塔特说，父亲的作品被认为是一种考虑不周、有缺陷的设计的典型。他想要赢得比赛，把自己（和他父亲）从过去的创伤中解放出来。另一位参赛者提议给卡布里尼住宅建造一个游乐园：大地狱摩天轮（the Big Hell Ferris Wheel）。有人设想

① T先生（Laurence Tureaud），生于1952年，美国演员。因出演20世纪80年代的电视剧《天龙特攻队》（The A-Team）和1982年的电影《洛基3》（Rocky 3）而闻名。

了一个中世纪的村庄,高楼上耸立着引人注目的尖塔。还有人建议把卡布里尼住宅和密歇根湖的潮汐联系起来。但获奖者都支持当时流行的新城市主义①,从传统的城市规划和简·雅各布斯(Jane Jacobs)倡导的反现代主义中汲取灵感。获胜的团队来自北达科他州的法戈(Fargo),他们设计了一种传统的小型城镇,重新连接了街道网格,围绕社区广场建造低层联排住宅,还包括商业建筑、几所学校、教堂和一个日托中心。它将不再是一个与周围环境有所分隔或截然不同的区域。半个世纪后,它宣布了美国第一个公共住房项目之典范的回归。

在过去,要求拆除卡布里尼-格林住宅和其他芝加哥高层公共住房的呼声会招致种族主义的指责,倡议者只能无奈地耸耸肩。近十万贫穷的黑人居民住在该市的公共住房里,另有4.4万人在芝加哥住房管理局的等候名单上,7万人无家可归。公共住房居民应该搬去哪里? 然而,在美国种族分歧最严重的城市,丹特雷尔·戴维斯创造了一点共识。"现在,是时候拆除芝加哥住房管理局的高层住宅了,"《芝加哥论坛报》的社论称,"此刻,卡布里尼-格林住宅的小学生丹特雷尔·戴维斯在上学的路上被枪杀的记忆,仍在我们的公民记忆中燃烧。"就像安·兰德在《源泉》中所描写的主人公那样,那些曾经支持政府为穷人提供住房的人准备在塔楼里装满TNT炸药,然后一炸了之。在《保卫者报》的一项调查中,三分之二的受访者认为应该拆除卡布里尼-格林住宅。该市的报纸开通了热线电话,供致电者提出解决方案。文斯·莱恩希望在南区的湖畔拓展一项实验,在那里,芝加哥住房管理局的塔楼将得到修复,并由公共住房单元和市价商品房单元对半组成。莱恩声称:"如果我们能控制卡布里尼住宅,在不大规模迁移居民的情况下扭转局势,我认为,这一设想可以成为整个国家的蓝图。"芝加哥大学诺贝尔经济学奖得主加里·贝克尔(Gary Becker)建议,将卡布里尼住宅私有化,由政府将公寓出售给现有住户。

---

① 新城市主义(New Urbanism)是一种城市设计的理念,该理念希望建设可以容纳各种不同住房和工作岗位的步行社区,并改善环境。新城市主义起源于20世纪80年代初的美国,并逐渐影响地产开发、城市规划和市政土地利用战略的许多方面。

芝加哥住房管理局提出了在郊区购买独栋住宅并将居民转移到那里的想法。

事实上,卡布里尼-格林住宅的确需要变得更安全、更宜居,甚至可能需要被更好的项目完全取代。但是可以肯定的是,在道德恐慌的刺激下出于恐惧而采取行动,无论其结果如何,住在那里的人都会吃亏。透过对丹特雷尔·戴维斯的纪念,我们看到了造成城市公共住房现状的根本问题——空间隔离和过多的孩子,管理不善和维护不佳,城市赤字和收入下降,附近工作岗位的流失和工薪家庭的离开,帮派、毒品以及社会歧视——想要解决其中任何一个问题,都几乎是不可能的。越来越少的美国人认为,他们有集体责任为那些低收入群体提供充分的援助。关于内城、社会服务和住房补贴的最严肃的辩论,纷纷让位于关于警察、监狱和拆迁的强硬对话。为了以防万一,郊区博林布鲁克(Bolingbrook)的村长说,他所在的 4 万人口的村庄将不会接受任何来自卡布里尼-格林住宅的家庭。丹特雷尔死后的那年 12 月,席勒小学传出消息说,好心人捐赠的圣诞礼物不够发给八个年级全部 325 名学生。无奈之下,一些父母开始将剩下的礼物藏起来。跟着卡布里尼-格林这个名字,这些"圣诞怪杰父母"(Grinch parents)成为全国新闻,报道宣称公共住房的居民是如此品行不端,甚至会偷走圣诞节的传统。一位电视新闻主播悲伤地说:"即使是旨在给予的季节,也无法让卡布里尼-格林住宅的穷人免受贪婪的侵害,这是最贫穷、最卑鄙的住房项目之一。"

几个月前,那一年的复活节前后,玛丽昂·斯坦普斯从一场梦中醒来。这位卡布里尼-格林的活动家看了看时钟——凌晨 4 点——然后开始写她梦见的那封信。她不是一个虔诚的人:她不会在教堂度过整个周日,亵渎神明的言语甚至能吓到和她一起工作的帮派成员。但她确实认为自己是有灵性的。"主向我启示他要我去做的事。"玛丽昂谈到了自己的梦,并决定为卡布里尼-格林住宅举办为期四天的宴会,这是一个团结的节日,她将与"街头组织"共进晚餐,这是她称呼帮派的方式。她写下这封信不仅是为了向帮派分子请愿,也是向卡布里尼-格林住宅的所有居民请愿。他们在令人震惊的日常交火和随之而来、不可避免的破坏中屈从了,包括她在内的所有人,都为自己的社区遭受破坏而感到内疚。信中首先提到了男人们:"你说你贩毒是因为找不到工作。兄弟们,你们会做任何事,除了站起身来、做一个生来就应当勇敢的黑人。"然后,她大声对妇女们说:"你们应该对疾病和疲劳感到痛苦和厌倦。姐妹们,在贫民窟、战壕、山谷或其他任何地方,你们生活着、养育孩子、每天遭遇强奸。"在被帮派界线划分的卡布里尼-格林住宅里,斯坦普斯的"安宁神射手"与两栋由"眼镜蛇石头帮"控制的高层住宅刚好一路之隔,旁边则是由"黑帮门徒帮"监视的"白楼"。她坚持认为自己的社区中心是一个安全的避风港,并将自己视为所有卡布里尼-格林居民的领袖,也是为芝加哥乃至全世界的贫穷黑人争取权利的人。她在信上签了恩津加女王[①]的名字,这是 17 世纪时在战争中击败葡萄牙人的安哥拉君主。

1992 年,斯坦普斯 47 岁,在这个地区生活了差不多 30 年。那年 8 月,拉昆达·爱德华兹被杀一周后,她加入了卡布里尼居民的游行队伍,从他们的家游行到市政厅。"作为美国公民,这些居民有权得到保护和保障。"卡布里尼-格林住宅租户联盟在递交给市长办公室的一份声明中写道。该组织指出,警察没有在大楼内巡逻,空置的公寓和废弃的楼层从未被封锁,枪支和毒品能够轻易地在整个公共住房社区中运输。"为了应对这一可怕的局面,卡布里尼-格林的居民们已经'穷尽'了所有方法,并向您恳请有效的领导和坚定的行动。"9 月,斯坦普斯在自己的中心前举办了一年一度的劳工节派对,她已经坚持了 22 年。派对包括儿童游戏、免费汉堡、冰淇淋和音乐。斯坦普斯谈到了自己的信,以及居民为结束暴力承担责任的必要性。在街对面的运动场上,摩根大通母羊队(J. P. Morgan Ewes)击败了第一芝加哥近北区基库尤人队(First Chicago Near North

---

① 恩津加女王(Queen Nzinga,约 1583—1663)是 17 世纪西南非洲的姆班杜人(Ambundu)建立的恩东戈(Ndongo,1624—1663)和马塔姆巴王国(Matamba,1631—1663)的女王。

Kikuyus），赢得卡布里尼-格林住宅棒球小联盟的冠军。一个月后，丹特雷尔·戴维斯被杀。

这是一场几乎不能被称之为意外的悲剧，斯坦普斯与其说是震惊，不如说是愤怒。她是一个有策略、会长篇大论的人，她通过猛烈抨击去阻挠会议、吸引媒体，或是宣布她不会屈服，不向戴利、查尔斯·斯维贝尔、简·伯恩或任何人屈服。但是现在，她的愤怒已经不带任何战术计划了。她不认识丹特雷尔·戴维斯，也从未和他的母亲说过话，但他的死还是让她崩溃了。她边哭边咒骂，穿过迪威臣街，走到橡树西街 500 号大楼。她需要见见男孩的家人，分担他们失去孩子的痛苦。在去那里的路上，她在大楼外遇到了帮派成员，告诉他们她将要为之发声。"我不允许再有任何一个倒霉的孩子死去，"她咆哮道，"既然大家都搞不定，那么就让我来。"

"什么，玛丽昂·斯坦普斯？你说什么？"

"够了，真他妈够了。"她放出话来，说她想和黑帮头目谈谈。她叫他们到"安宁神射手"来。

下个星期，就在戴利市长向卡布里尼-格林住宅的犯罪分子宣战后不久，斯坦普斯在马歇尔·菲尔德花园公寓旁边的一座使者浸信会（Missionary Baptist）小教堂举行了自己的记者招待会。戴利有一个 11 条的"卡布里尼计划"，而她为卡布里尼准备了 13 条"和平计划"。与其把发现枪弹的那栋高楼封起来，斯坦普斯更希望把它改造成一所高中、一座图书馆、一个青年庇护所和戒毒所。她要求修缮其他高层住宅的空置公寓，让需要住房的家庭搬进去。她要求当地学校配备充足的人员，并在社区内建立食品合作社、电影院、保龄球场和一个露天游乐场。大多数的社区视这些配套设施为理所当然；而在卡布里尼-格林住宅，补充这些设施可能关系到居民的生死。斯坦普斯强调了计划中最重要的第一点，呼吁卡布里尼住宅的街头组织"停止所有负面活动……宣布全市范围的休战，告诉黑人社区，帮派组织为其造成的所有痛苦和破坏感到抱歉"。几个月前，在洛杉矶，罗德尼·金被殴打一案的判决引发骚乱后，交战的帮派达成了停火协议。如果"瘸帮"和"血帮"能在瓦茨社区和中南部取得成功，卡布里尼-格林住宅和整个芝加哥为什么不能这样做呢？斯坦普斯已经为停战做好了准备："如果任何人想要破坏近北区的和平,他们得先把我像街上的狗那样打死,因为我会朝他们扑过去、直冲过去。我不会允许他们这么做。"

当"短吻鳄"华莱士·布拉德利(Wallace "Gator" Bradley)听说停火的呼声时,他相信自己能够在街头宣传这个想法。"短吻鳄"是很少去卡布里尼-格林住宅的南区人,但通过斯坦普斯的激进主义认识了她,并钦佩她拒绝让步(尤其是面对男性)的态度。"她就像当代的哈莉特·塔布曼①。"他说。作为"黑帮门徒帮"的前执行者,"短吻鳄"认为自己也是和平的使节。他和拉里·胡佛一起在南区长大,20世纪70年代,他们一起在斯塔特维尔监狱服刑。他被释放后,"短吻鳄"创立了一家公关机构——遗赠者工作室(LeGator Productions),他还曾担任库克县委员"冰人"杰里·巴特勒的助手,这位来自卡布里尼-格林住宅的歌手后来从政了。1989年,伊利诺伊州州长、共和党人詹姆斯·汤普森(James Thompson)赦免了布拉德利,他在儿童工作上的贡献抹去了自己的前科,此后,"短吻鳄"竞选了罗伯特·泰勒公寓所在选区的市议员,但在最终投票时输给了现任议员。他还继续担任胡佛的发言人,胡佛正在芝加哥以南6小时车程的一个最低安全级别的监狱里领导着帮派。

1992年夏天,"短吻鳄"参观耶路撒冷旧城的圣殿山②时,突然有了顿悟。盯着哭墙,他想着犹太人和阿拉伯人,想着那些认同六芒星的人和那些追随新月的人,"短吻鳄"突然明白,家乡的黑人帮派之间几乎不存在什么区别。不管属于"众伙联盟"还是"兄弟联盟",他们都说着同样的语言,拥有同样的文化,都是非洲人和南方人的后裔。回到芝加哥后,"短吻鳄"开始对人们说,只要加上一个代表爱的字母"L"(Love),五角星和六芒星就能组合成一颗十角星。这种说法很矫情,但人们正在为这些细微的差

---

① 哈莉特·塔布曼(Harriet Tubman, 1822—1913),原名阿拉明塔·"明蒂"·罗斯(Araminta "Minty" Ross),是美国废奴主义者和政治活动家。

② 圣殿山(Temple Mount),位于耶路撒冷旧城的宗教圣地。

别而互相残杀。"短吻鳄"须要证明这些符号是任意、可变的,新的集体身份可以轻易形成。他在白色的纽扣上面印了两只紧握的手,环绕该市主要黑人帮派的标志,还印上了"和平团结"的标语。

作为对玛丽昂·斯坦普斯宣言的回应,胡佛下令停战。"矮子"弗里曼下了同样的命令,其他黑人帮派的头目纷纷效仿。在城市的不同区域,"短吻鳄"、斯坦普斯和其他人把和平的消息从一个街角传播到另一个街角。任何不尊重它的普通成员都会被自己的同伙教训。违反条约被捕的人必须在监狱的高墙后为他的罪行负责。"短吻鳄"告诉年轻的"黑帮门徒帮"成员,他不希望小伙子或他们的母亲事后来找他,请他再提供一次机会,他什么都做不了。

10月底,也就是丹特雷尔·戴维斯被杀的三周后,"安宁神射手"举行了一场正式签署和平协议的仪式。每个帮派的头领——每个"联盟"——都带着二三十人的随从出现了,挤满中心后面的大厅。黑帮头目们不仅带着他们的干将,还带着他们的母亲、祖母、妻子、女朋友和孩子。来自对立帮派的表兄弟多年来第一次拥抱在一起。"米奇眼睛蛇帮"的领袖阿尔-杰米·穆斯塔法(Al-Jami Mustafa)宣读了一份长达 5 页的文件,要求那些参加集会的人证明他们不是阿尔·卡彭的后代,而是伟大的黑人国王的后代。虽然斯坦普斯主持了这次活动,但她那天几乎没有说话。她想让人们认真对待丹特雷尔·戴维斯的死亡,以及其他在暴力中丧生的孩子。

在卡布里尼-格林住宅,11 月没有发生枪击事件。12 月,这个数字也是零。圣诞节前两天,一名 19 岁男子在拉腊比大街上和女友散步时,被五个家伙用棒球棒袭击。这是两个月来报道的第一起严重袭击,因而引人注目。8 个月的时间里,卡布里尼-格林住宅只发生了一起枪击案,没有发生谋杀案。在全市范围内,杀人案同比略有下降。停战协议只约束黑人帮派,并没有涉及帮派内部的暴力或与帮派无关的事件。警方报告了570 起重大案件,其中包括两起谋杀案。对比前一年,重大罪行和谋杀案的数量分别为 717 起和 7 起。

"短吻鳄"等人想让自己的工作得到肯定,便寻求与市长会面,但戴利认为,这个条约不过是一种诡计:"这不是帮派休战。他们照常出售毒品和武器,向商人勒索钱财,威胁人们的安全。忘了它吧。"那么,为什么卡布里尼-格林住宅的谋杀案比之前少了呢?戴利简单地说:"因为热度还在。"警察把卡布里尼住宅封锁了。在《论坛报》上,专栏作家迈克·罗伊科(Mike Royko)讽刺了应该表扬帮派的观点,说他也好久没有开枪了,但并没有人为他举行游行庆祝活动。"帮派头目与其社会活动的代言人显然认为,他们只是一个月没有互相残杀,就应该得到特别表彰,"罗伊科写道,"大多数芝加哥人几年、几十年甚至一辈子都没有向别人开过枪。想象一下他们的沮丧吧……这个城市普通的独栋业主从不杀害任何人。"

人称"21"的警官埃里克·戴维斯说,警察官员不能公开表扬这些帮派。但私下里,他的上级指示他和詹姆斯·马丁,即"艾迪·墨菲"警官尽可能长时间地维持帮派休战。孩子们在卡布里尼-格林住宅的操场上跳绳和骑自行车。学生们步行走向商店,不用仔细检查建筑物的上层是否有狙击手。戴维斯和马丁帮助成立了一个棒球小联盟,让来自芝加哥住房管理局不同住房项目的球队互相竞技。在条约签订之前,这是不可能发生的。多年以后,当他从警察部队退休时,戴维斯后悔自己浪费了一个能以更持久的方式改变卡布里尼-格林住宅的机会。他们本可以利用这种相对的平静作为卖点吸引雇主,开办职业培训、戒毒项目和高中同等学历(GED)课程。"这是一次好的尝试吗?""21"说:"是的。但那又怎样?我们没有坚持下去,最终还是失败了。"

"短吻鳄"帮助发起了一场全国和平运动,杰西·杰克逊牧师、伊斯兰国度的路易斯·法拉坎(Louis Farrakhan)、全国有色人种促进协会(NAACP)主席也加入了,数百名现役和前帮派成员参加了全国各地的峰会。他们在堪萨斯城、克利夫兰、纽约市、华盛顿特区、明尼阿波利斯会面,最后又回到芝加哥,他们坚持认为,国家不能通过逮捕和监禁来解决青少年暴力危机。1994年1月,就在比尔·克林顿发表第二次国情咨文的前一天,"短吻鳄"布拉德利和杰西·杰克逊开着一辆白色凯迪拉克来到白宫,就迫在眉睫的城市暴力问题向总统提供建议。没人知道总统从这次会晤中得到了什么。同年晚些时候,克林顿签署了美国历史上最全面的犯罪法案①,大大加速了已经持续了 20 年的大规模监禁倾向。该犯罪法案为建设新监狱提供了资金,规定了大量额外的强制性最低刑期,并取消了许多监狱教育项目。

次年,芝加哥的联邦官员以阴谋罪指控了 39 名"黑帮门徒帮"成员。拉里·胡佛也被指控,因为特工观察到他在监狱里经营生意,他将被转移到科罗拉多州佛罗伦萨的超级监狱,与杰夫·福特、"炸弹怪客"特德·卡钦斯基②、1993 年世贸中心爆炸案制造者拉姆齐·优素福(Ramzi Yusef),以及一众其他"高级"恐怖分子和有组织犯罪头目关在一起。在芝加哥,所有被捕的人都是著名的"门徒帮"领袖,但随着他们的离去,警方与其说是清除了城市中的这一帮派,不如说是消灭了它自上而下的权威。芝加哥帮派分裂成数百个彼此争斗的小团体。在他主持的一次全国和平峰会上,"短吻鳄"祝福与会者,祈祷"非暴力运动"的繁荣,然后再转向那些诋毁他的人。"上帝,我请求您,所有那些反对、挑拨离间、阻碍和平实现的人,我请求您弄瞎他们的眼睛,折断他们的四肢,把他们从地球上抹去。阿门。"

在儿子死后的几个月和几年里,安妮特·弗里曼时而想要报复,时而想到丹尼已经走了,而她没能保护他这一令人震惊的事实。她责怪每个人,但最主要还是自己。为什么前一天晚上,丹尼对她讲述死亡的恐惧时,她没有好好听呢?她为什么就不能放他一马,让他待在家里不去上学呢?每个月的 13 日,她都希望自己能死去。她唯一爱过的男人死于 9 月 13 日;然后是他的儿子,她唯一的孩子也在一个月后的同一天离去。她随

---

① 这里指 1994 年《暴力犯罪控制和执法法案》(The Violent Crime Control and Law Enforcement Act),通常被称为"1994 年犯罪法案"或"克林顿犯罪法案"。它是美国历史上规模最大的犯罪法案,为 10 万名新警察提供了资金,为那些由经验丰富的警察设计的监狱提供了 97 亿美元的资助。

② 特德·卡钦斯基(Theodore John Kaczynski),出生于 1942 年,被称为"炸弹怪客",是美国国内恐怖分子和前数学教授。

身带着枪，随时准备开枪。她看到陌生人就会想：你想让我朝你开枪吗？让我给你看看，我的内心中有多少仇恨和痛苦。我可以碾碎你。

伯特·纳塔鲁斯是卡布里尼-格林住宅所在地区的市议员，剪下了许多有关丹特雷尔·戴维斯的新闻报道。他把它们小心翼翼地装进一个包裹内，寄给安妮特："我写信是想让你知道，我们的政府从来没有、也永远不会忘记你的儿子丹特雷尔。"在他的帮助下，市议会通过了一项决议，将詹纳小学外克利夫兰大道的一段路改名为丹特雷尔·戴维斯路（Dantrell Davis Way），距离枪击案发地点只有几米。安妮特对挂牌仪式并不知情。一个朋友在卡布里尼-格林住宅看到了这个路牌并打电话给她，之后，她才听说了这件事。后来，安妮特得到一个"丹特雷尔·戴维斯路"标牌的复制品。但她把它存放在栖身的车里，当车被拖走时，它和其他东西一起被弄丢了。

人们告诉安妮特，他们会帮她找一份工作、一套公寓，出一本关于丹尼生平的书。这些愿望一个都没有实现。没有人建议她进行心理咨询，没有人帮助她冷静下来。她一度因非法持有武器的指控而被捕，并在监狱服刑一年。她觉得自己需要一把枪，因为外面没有人能够保护她。反而，在监狱里，她得以反思自己的人生。她知道她可以走一条轻松的路，成为一个瘾君子，一个杀手，一个妓女。她可以去自杀，因为她失去了一切。但她需要以更好的方式代表她的儿子。安妮特是丹特雷尔·戴维斯的母亲，她不想贬低儿子的名声，她本可以做得更好。

安妮特时常会去看丹尼在卡布里尼住宅的路牌。她希望60年或160年后，无论这个社区发生了多大的变化，走过那里的人都会抬头说："嘿，我们在丹特雷尔·戴维斯路。"她开始相信丹尼的死亡拥有意义，因为那天早上，丹尼曾对她微笑，说他正在做着什么事。一切都是为了那一刻。为了他人，丹尼牺牲了自己的生命。全市范围内的休战持续了两年，许多可能被杀的年轻人都幸免于难。因为丹尼，帮派坚持休战。如果上帝都献出了自己唯一的儿子，她有什么资格问这些问题呢？安妮特以此安慰自己，她必须这么想。丹尼为拯救他人而死。丹特雷尔·戴维斯永远改变了芝加哥。

下

土地上的轮回

12　卡布里尼芥末和萝卜叶

多洛雷丝·威尔逊

　　1993年2月，文斯·莱恩出现在多洛雷丝·威尔逊的教堂，谈论起即将对卡布里尼-格林住宅进行的拆除工作。他说变化即将来临——四个月前丹特雷尔·戴维斯的死确认了这一点。高层住宅即将被拆除。23栋大楼其中的两栋已经清出租户，并被钉上了木板。黑帮和毒品必须消失。40名居民来到圣家路德会听他的演讲，莱恩希望他们可以明白，丹特雷尔被杀引起的所有关注，也意味着联邦政府将提供数千万美元用于重建。莱恩要求租户与他合作，建设新的卡布里尼-格林住宅。他承诺，如果没有他们的意见和批准，政府什么也不会做。

　　为了让人们了解改造后的卡布里尼住宅可能会是什么样子，莱恩以南区的公共住房开发项目帕克湖广场（Lake Parc Place）作为例子。帕克湖项目中，湖边的六栋高楼中有四栋空置，最终被拆除了。在两栋翻新的大楼里，只有一半的公寓被指定为公共住房；其余的房子以稍加补贴的价格租给工人阶级和中产阶级家庭。1991年，当这两栋15层的建筑重新开放时，282套公寓全部住满。在每一层楼，公共住房资格的获得者都和中产阶级租房者比邻而居。这次修缮造成550个公共住房单元的净损失。但莱恩解释说，现在，帕克湖广场变得宜居了，不同收入的人都想住在那里。"卡布里尼-格林住宅的问题不在于高层住宅的形式，"他说，"他们周围的富人都住在高层公寓里。问题在于贫困的高度集中。"

　　莱恩是个有远见的人，他可以看出这个国家公共住房政策的走向。

就在几年前,老布什政府任内的住房与城市发展部负责人杰克·肯普表示,他拒绝被人们称为"拆迁部长"。肯普创立了联邦"希望"[①]计划,计划不是为了拆除高楼大厦,而是为了将打理资产的责任移交给居民。"希望"计划最初代表的是"为各地人民提供住房所有权和机会"。然而在接下来的几十年里,美国住房与城市发展部将向城市提供数百亿美元的"希望六号"[②]计划拨款,用于拆除高层公共住房,代之以像帕克湖广场这样的混合收入开发项目。拆迁成了地方和联邦政客们引以为豪的事情。

正如凯瑟琳·鲍尔所说,尽管公共住房"一直半死不活",但对福利项目的厌恶在美国主流社会中愈加根深蒂固。在 1994 年赢得国会多数席位之后,共和党人表示他们计划废除整个住房与城市发展部。克林顿总统吹嘘他削减了福利系统,并宣称"大政府时代已经结束",先发制人地重组了住房与城市发展部。他承诺为公共住房"注入市场纪律"。一项新的法律规定,任何空置率超过 10%的大型公共住房开发项目都必须经受测试,以确定其是否值得进行修缮。在全国 10 万套失败的公共住房公寓中,有六分之一在芝加哥,共计 1.85 万套公寓,是其他城市的 2 倍。在卡布里尼住宅,只有联排住宅通过了测试。随后国会投票终止了城市每拆除一套住房就要增加一套公共住房的要求,开启大规模拆迁的时代。到1999 年,住房与城市发展部夸耀"希望六号"计划在全国范围内消除了 5万套公共住房;10 年后,这个数字翻了一番。每个城市都参与了行动:费城、亚特兰大、巴尔的摩、纽瓦克,但是没有一个能像芝加哥那样,摧毁了这么多社区。

以帕克湖广场为代表的混合收入开发项目,人口混合、密度低,只能容纳一小部分曾经住在现已拆除的高层公共住房里的人。这些新的开发

---

① "希望"(Homeownership and Opportunity for People Everywhere),缩写为 HOPE,是美国住房和城市发展部向公共住房管理机构、居民管理公司、居民委员会、非营利组织、住房合作社和公共实体提供住房所有权规划和补助金的项目。这些赠款最后一次在 1994 年发放。

② "希望六号"是美国住房和城市发展部的一个项目,旨在将美国最糟糕的公共住房项目改造成混合收入的开发项目。其理念主要基于新城市主义和防御空间的概念。

项目将起到清理贫民窟的作用——它们取代了半个世纪前用来清理贫民窟的公共住房。大多数离开公共住房的居民都得到自己找公寓的担保。"第八款计划"允许城市不再建造和运营真正的公共住房小区;政府将向私人房东支付租金,让他们把房子租给符合条件的家庭。到 2000 年,芝加哥住房管理局称自己是"住房机会的推动者",其持有的住房包括 48 万间租房券单元和一半数量的公共住房单元。芝加哥政府支付给"第八款计划"房东的租金是基于整个城市的平均水平来计算的,这意味着对于一个教育水平高、犯罪率低的多元化社区来说,这点租金太少了。但是,事实证明,出租房屋的租金还是比以黑人和穷人为主的社区要高一些。这些地区的房东从政府的担保支票中看到了利润,因此,高层公共住房的替代方案最终重蹈覆辙。许多带着租房券搬迁的家庭最终住进了全是黑人的贫困地区,几乎和他们刚刚离开的公共住房一模一样。

文斯·莱恩不知道在接下来的四分之一个世纪里,为了拯救他们悲惨的家园,卡布里尼-格林住宅的居民会进行多少激烈的斗争,不知道他们中的谁会留在这片土地上,住进新的混合收入住宅,也不知道那些被分散的人的命运。但他知道卡布里尼-格林这个名字是促成这一变化的催化剂。为开发项目的第一阶段修缮申请 5000 万美元的拨款时,莱恩宣布:"卡布里尼住宅象征着公共住房的所有错误。"

比尔林北街 1230 号大楼的居民听了莱恩的演讲,对他关于卡布里尼-格林住宅混合收入改造的设想无动于衷。他们的建筑和其他塔楼一样,穷人和黑人家庭高度集中,但他们已然参与了社区的修缮工作。美国住房与城市发展部向比尔林北街 1230 号大楼的居民管理公司授予了 680 万美元拨款,用于监督大楼的全面翻新工作。他们已经得到了新屋顶、新的管道、新垃圾道和一套新的供暖系统。他们正在更换所有的窗户,修复每一套公寓。像其他翻修房屋的人一样,多洛雷丝·威尔逊和其他经理对细节十分执着。他们精心选择颜色和款式,改了十次主意。百叶窗是白色的勒沃洛尔牌(Levolor),瓷砖是淡紫色乙烯基,电梯入口上方有赤陶装饰,外立面要有蛋壳状纹路。他们就每个环节和工程师、承包商和供应商反复沟通，事无巨细地把控所有细节，并亲自面试了他们。居民们设计了一个五阶段的翻新计划，在自己的公寓完工前，暂时搬到大楼里已修复的空置公寓里去。

伯莎·吉尔基提醒他们，居民必须记录每一分钱的去向，因为人们可能会怀疑其组织能力，或者更糟，认为他们是小偷。如果装修超出预算或质量低劣，居民肯定会受到指责。"我很害怕，"多洛雷丝说，"我想我们总会在什么地方搞砸。"因此，居民管理公司在 1992 年敲定的第一份建筑合同是一个值得庆祝的里程碑，合同涉及安装防风雨的双层玻璃窗户和修复大楼外墙的混凝土。多洛雷丝在庆祝活动的传单上写道："这个仪式代表着居民管理公司的辛勤工作、合作精神和参与综合现代化项目的能力。"为了进一步证明其工作价值，她在邀请函中附上了这一项目的合同号和总金额——127.4 万美元。

多洛雷丝帮忙挑选的总承包商得到了高度赞扬。沙阿工程公司在这个城市和伊利诺伊州有很多项目。当工作进展比计划慢时，公司的老板马努·沙阿（Manu Shah）肯定地说，施工总会有无法预料的延误。他说，他的工作人员在许多公寓里发现了含铅的涂料。他雇用的工匠也抱怨蟑螂横行，说他们收钱不是来灭虫的。当沙阿参与这个项目的竞标时，他必须和分包商详细说明他们将如何雇用居民。大楼里的人都需要工作。多洛雷丝和团队为此做好了准备，一方面把居民送去培训，给他们一些接受面试的建议；另一方面把居民名单提交给芝加哥住房管理局和美国住房与城市发展部。但承包商和分包商想出各种借口，拒绝从名单上雇用更多工人。一天早上，当油漆工和刷墙工来上班时，一群居民挡住他们，不许工人进入大楼。如果建筑公司不按合同招工，租户们就要关闭工地。抗议持续了几天，后来延长至几周。芝加哥住房管理局指派了一名官员调解纠纷。沙阿同意再进行一轮面试。一个分包商又雇用了 6 名租户，以每小时 13.57 美元的时薪雇用了 2 名居民担任屋顶工。建设工程恢复了。

几年后，经过长期的联邦调查，马努·沙阿承认，他从芝加哥和州政府"诈骗"了1000万美元。他的工程公司仅在芝加哥就获得了60多份政府合同,并且在工程上报价过高。比尔林北街1230号大楼的居民只能摇头。"这就是芝加哥。"他们说,他们见得多了。

但是,当大楼的翻修完成时,多洛雷丝和邻居们都对结果感到兴奋。在公众要求拆除卡布里尼-格林住宅的呼声中,他们的高层住宅看起来焕然一新。外墙被恢复成香草奶油的颜色,机械设备得到了更新。多洛雷丝喜欢她的新厨房和防水的双层玻璃窗。"每个人都想搬进比尔林北街。"她说。这座建筑不单单拥有漂亮的外观,对于居民来说,它更是一座纪念碑,昭示着当居民被赋予塑造自己生活的权力时,他们能够取得多少成就。多洛雷丝说:"我真希望奥普拉会说'这儿没有小孩'。"亚历克斯·科特洛威茨关于霍纳住宅的畅销书已经被拍成电视电影,由奥普拉·温弗瑞出演拉菲特和法洛夫·里弗斯的母亲。"我们会把她团团围住的,"多洛雷丝继续说,"告诉她孩子们还住在这里。"

在1993年4月的第一期《卡布里尼之声》(Voices of Cabrini)中,该报的联合编辑马克·普拉特(Mark Pratt)在开篇处解释了报名。"在电视报道或报纸上,你读到过多少篇关于卡布里尼-格林住宅的文章,然后希望'他们可以和我谈谈',因为你觉得自己可以作出贡献、发起讨论?"丹特雷尔·戴维斯的谋杀已经过去6个月了,普拉特厌倦了警察的清扫行动,厌倦了他的社区被称为内城恐怖的样板。1972年,当他们家搬到联排住宅时,他还是个孩子,而现在,他准备向公众澄清诸多事实。普拉特写道:"卡布里尼住宅的一些警察普遍认为,不是突击队或纳粹式的封锁策略改变了卡布里尼住宅的环境,而是和平条约维护了此处的安全。"一名投稿人在谈到媒体对住宅区失衡的报道时,写道:"如果卡布里尼-格林住宅发生了不好的事情,而你要做相关报道,请不要把丹特雷尔·戴维斯扯进来。请让他安息吧。"

《卡布里尼之声》每隔三、四或五周不定期发行,每一期报纸上,都会登满当地公立学校、辅导项目、高中同等学历课程的毕业生名单,最新的小联盟赛季日期,以及对居住在哈德逊北 911 号大楼的纳塔利·霍华德(Natalie Howard)等租户的祝贺,她在一场操场安全竞赛中获得了第一名。报纸上还有诗歌、电影评论和对逝者的怀念。有一篇文章分享了如何识别儿童虐待以及哄婴儿睡觉的技巧。侧边栏解释了租户的权利,并提供了该地区教会和法律援助诊所的信息。作为土生土长的卡布里尼租户,普拉特回顾了自己吸毒和戒毒的历程,感谢当地的榜样,尤其是休伯特·威尔逊,他的鼓队和军号队激励他戒毒,并让他在索杰纳·特鲁斯小学教授军鼓。"他是一个顾家的男人,"在纪念多洛雷丝的丈夫时,普拉特写道,"他花了许多时间,让那些没有父亲的男孩体会到父爱。"

这份报纸最初源于一组意想不到的联盟,即卡布里尼-格林住宅和富裕的北岸郊区温内特卡(Winnetka)的关联。彼得·本肯多夫(Peter Benkendorf)是芝加哥一家专注于公众参与的非营利组织的负责人。当他得知丹特雷尔·戴维斯事件后,他回忆起四年前发生在温尼特卡的一起枪击事件。一位名叫劳里·丹恩(Laurie Dann)的 30 岁妇女,在试图用砷毒害数十人之后,带着三把枪走进一所小学,开了六枪,杀死了一名儿童,然后自杀。书籍《无罪之凶》(*Murder of Innocence*)和一部由瓦莱丽·伯提内莉(Valerie Bertinelli)主演的电视电影就是以这起事件为背景而创作的。在卡布里尼,"校园枪击案"尚未发生,但本肯多夫认为,这两个住宅区之间有一种未被探索的联系。他联系上了亨丽埃塔·汤普森(Henrietta Thompson),她是卡布里尼住宅的一名租客,曾在《糖果人》项目的拍摄现场协助制片人。他们驱车前往温内特卡,会见了一群妇女,她们在劳里·丹恩事件之后创办了一份社区报纸,用以疗愈并重建信任。在卡布里尼住宅,没有人接受过缓解悲伤情绪的心理咨询,甚至丹特雷尔的小同学们也没有。居民们被告知,事件过去之后,没有什么值得挽留的东西。汤普森喜欢报纸这个主意。

汤普森和普拉特共同负责刊物的编辑工作。另外还有 10 名卡布里尼住宅的居民加入,担任工作人员。在出版的第一年,将近 100 名来自卡布里尼-格林住宅的居民作出了贡献。他们在附近一家本肯多夫曾经工作过的广告公司把报纸排印出来,每期印刷 1000 份。普拉特借了一辆二手车,把成堆的报纸送到高层住宅和联排住宅,送到当地的教会和社区中心。

吉米·威廉斯(Jimmy Williams)十几岁时曾是"电力乐队"的鼓手,他在报纸上开辟了定期的建议专栏,主要宣讲"严厉的爱":"同辈压力? 那是什么鬼东西? 如果你觉得自己卑微到了要跟邻居攀比的程度,那就快点躺平去死吧。"戈弗雷·贝(Godfrey Bey)在西区的公共住房长大,拥有一家海鲜快餐店,他写了一个烹饪专栏,名叫"过来吃吧!"他介绍了"意大利面征服者"、卡布里尼芥末(Cabrini mustard)和萝卜叶等菜肴的食谱。

报纸上还有卡布里尼-格林音乐现场的评论,专栏名为"芝城首府嘻哈总部",这位撰稿人要从芝加哥西南四小时车程之外的伊利诺伊州乡村邮寄其作品。K-So,那个为"滑头男孩"写了 10 首歌词的人,此时正因毒品罪在州监狱服刑 5 年。他设法跟上潮流(他评价天生顽家合唱团[①]的《嘻哈万岁》[*Hip Hop Hooray*]是 1993 年最愚蠢的单曲),要是没法在监狱里获得相关信息,他就胡编乱造。彼得·凯勒(Peter Keller)出生在卡布里尼住宅附近的近北区,12 岁时他改名为"K-So",意思是"知识(Knowledge)、力量(Strength)、机会(Opportunity)"。十几岁的时候,他决定把卡布里尼-格林住宅作为自己的家,多年以来,他住过联排住宅和 23 栋高楼中的 21 栋。他喜欢公共住房项目,但也讨厌那里,因为他有许多熟人或朋友最后都死在狱中,要么被绞死,要么死于他贩卖的毒品。"卡布里尼-格林住宅是分层的,"他说,"这里有那么多该死的阶层。"

1995 年,凯勒从监狱获得假释,他跳上一辆灰狗巴士回到芝加哥,在卡布里尼-格林住宅的一栋高层中软禁。这时《卡布里尼之声》已经停办了,K-So 打算重启报纸,他曾经在一个 2.5 米×3 米的牢房里待了 30 个月,怀着心无旁骛的热情。在他写的众多文章中,有一篇试图说明美国国

① 天生顽家合唱团(Naughty by Nature)是来自美国新泽西州东奥兰治的嘻哈三人组合。

会议员克里斯托弗·谢斯(Christopher Shays)为何到访卡布里尼-格林住宅。谢斯是康涅狄格州的共和党人,他在劳工节的周末突然出现在这个住宅小区。

自从简·伯恩在这里住了3周后,许多政治家都会特意来到卡布里尼住宅,通常是为了给他们正在推动的住房或福利改革作秀。在比尔林北街1230号大楼,多洛雷丝·威尔逊定期接待国会议员和参议员。她说,她与杰克·肯普见过许多次面,如果能把他送进白宫,她愿意转而支持共和党。"我不在乎杰西·杰克逊或其他人说什么,"多洛雷丝说,"我会投票给肯普,因为我知道他会做什么。"

凯勒热情地接待了谢斯。白皙、直发的K-So是由白人养父母抚养长大的,在不同的时期,他以白人、黑人和拉丁裔等不同身份生活。因此,他认为自己是卡布里尼-格林住宅和外部世界之间的文化桥梁。他带着国会议员在卡布里尼住宅转了一圈,把他介绍给当地居民。当谢斯渴望更进一步了解的时候,K-So问他是否愿意留下来过夜。谢斯同意了。他睡在K-So客厅的沙发上。"'亲爱的,这太不可思议了。等我回家以后再告诉你。'克里斯托弗小声说,我无意中听到,他从楼下的一个旧公用电话亭给妻子打电话。"凯勒写道。他们两人一直聊到深夜。谢斯询问了人们的生活条件、从事的职业,以及凯勒曾经见过的最糟糕的事情。谢斯是一名谴责联邦政府对公共住房进行控制的共和党人,有纽约大学的MBA学位,是一位与青梅竹马结婚、信仰基督教的科学家。在凯勒看来,这家伙显得陌生而不可思议,卡布里尼住宅的人一定也这么觉得。"我很好奇他是怎么看待我们的,他是否会在日后继续关注我们,还是说他只是想在卡布里尼-格林住宅借住一夜呢?"凯勒沉思着。

第二天早上,谢斯感谢K-So的热情款待。他觉得沙发很舒服,但是他不知道K-So的公寓为何如此闷热,没有任何循环空气。他觉得这一切难以忍受。"你们是怎么做到的?"这个问题简直像是生活对艺术作品《好时光》的模仿。在这部情景喜剧的某一集中,住房管理局的一名白人官员拜访埃文斯一家,震惊地发现电梯坏了——他爬了17层楼梯后,喘不过气来。他还了解到，住房的暖气坏了、冰箱坏了，水龙头也流不出水。"我不想让你们失望，"他对这一家人说，"但听到这样的事情，真是太令人沮丧了。"后来，埃文斯听说有两伙人在大楼外打架，官员不得不留下来吃晚饭。这位官员发现善良的人们正忍受着这种不像话的生活，便宣称他将带来改变。他是地区办公室的高级主管，说到做到。"我向你保证，这栋楼里的一切问题都会得到解决。"当帮派战斗结束后，他匆匆走到门外，回头向埃文斯一家承诺维修计划……计划将在未来 13 个月或 14 个月内执行。

凯勒没有回答谢斯的问题，至少在文章中，他没有作答。这篇文章以一种信念和怀疑兼具、奇怪而发人深省的方式结尾，表达了沉默的卡布里尼之声。凯勒写道："我想回答，但我知道他也很清楚这个问题的答案。不是吗？"

在圣家路德会发布演讲的三周后，文斯·莱恩回到了卡布里尼-格林住宅。在附近穆迪圣经学院（Moody Bible Institute）的校园里，卡布里尼居民和他一起参加了一个全天的"计划峰会"。当被问及心中的忧虑时，租户们说，他们担心自己的土地被骗走。他们现在能住在近北区，是因为这个地区充斥着犯罪和贫困。现在有了投资和维护，有了治安改善和新的设施，他们不相信自己还有留下来的权利。接下来的一个月里，莱恩又在卡布里尼住宅主持了三次会议，并在市政厅召开了一次全体居民会议。

房客们觉得自己的意见被倾听了吗？是的。他们加入了委员会和社区咨询会议。他们与一位被莱恩雇来开展对话的独立调解人会晤。他们确信自己被包含在芝加哥住房管理局"居民赋能伙伴关系下的卡布里尼-格林住宅重生计划"之中。"卡布里尼-格林住宅重生计划"的第一阶段仅覆盖 28 公顷土地中的 3.6 公顷，也就是卡布里尼拓展区的北端。在一年多的时间里，"赋能伙伴关系"的居民尽职尽责地完成了 5000 万美元"希望六号"项目的拨款申请。在提交申请的前几天，他们乘公交车去了位于芝加哥郊外、距市区 30 分钟车程的一家凯悦酒店。周末，策划会议将在会前放映纪录片《行动起来!》(*Fired up*!)。这部影片拍摄了比尔林北街1230号大楼的居民管理者。然后,他们分组讨论了如何在卡布里尼住宅重建后落实安全保障措施的细节,如何利用建设施工来解决居民的工作问题和支持居民自有企业。他们讨论了即将建成的混合收入建筑中公共住房和市价单元的理想比例。租户们希望重建项目能包括尽可能多的公共住房单元,而市政府辩称,公共住房单元的数量存在上限,如果超过这一数值,社区可能会失去它刚刚获得的稳定性和多样性。市政府希望新建筑的构成能更接近房地产经纪人得出的经验法则,即白人不会搬入任何黑人比例超过30%的社区。当地居民希望自己能够留在原地,即使在施工期间也是如此;政府则坚称,必须支持私人开发商建造混合收入住房,并承担出售或出租大部分单元的风险。

最后,大家都同意拆除三栋塔楼。在取而代之的新建筑中,40%的单元将保留给公共住房家庭。该提案还指定了专项基金,用于资助一系列新建与升级的社会服务,投资居民所有的安全公司,并开展职业培训和其他居民事务。戴利市长给这群人写了一封信,支持他们的申请。卡布里尼的一位领导者称这是"一个了不起的计划。这将使社区变得更好,给我们带来自豪感"。

文斯·莱恩没有机会看到这个了不起的计划成为现实了。1995年5月,住房与城市发展部剥夺了芝加哥住房管理局的控制权,作为联邦接管该机构的后果,莱恩被迫离开。长期以来,芝加哥住房管理局一直是一个功能失调的"顽固分子",自1978年整顿以来,它一直待在住房与城市发展部的问题名单上。在最近的一次评估中,芝加哥住房管理局的得分仅为100分满分制下的50分。(纽约市拥有18万套公共住房,得分在90分以上。)住房与城市发展部发现,莱恩在过去的一年里已经在卫生和其他安全措施上花费了7400万美元,而芝加哥住房管理局治下的居民成为严重犯罪受害者的可能性仍然是其他芝加哥人的两倍。该机构的员工被发现参与了各种各样的阴谋,包括虚报工人数量、伪造加班记录和对供应品超额收费。

莱恩认为,戴利市长视他为政治威胁,所以他才成为打击目标。在被驱逐出该机构的几年后,他被判在一份与南区购物中心开发有关的贷款申请中做了虚假陈述。对于这一违法行为,莱恩的律师说他至多应该判缓刑,因为没有人遭受经济损失,但莱恩被判了两年半监禁。对许多人来说,这种惩罚似乎太过了。莱恩当然认为:"是戴利想置我于死地,就这样。"

卡布里尼住宅的居民适应了这一变化,他们和其他人一起评估竞标这块 3.6 公顷土地重建工程的开发商。与此同时,克利夫兰北大道1117—1119 号大楼被拆除了——这三栋建筑是比尔弟兄频繁拜访的"堡垒组"老巢,也是 1956 年多洛雷丝·威尔逊和她的家人刚来到卡布里尼住宅时住过的地方。这座建筑已经矗立了 39 年,是第一栋被拆除的卡布里尼-格林高层住宅。它的消亡既值得庆祝,也值得反思;既值得期待,也值得关注。

然而,突然之间,参与了两年"赋能伙伴关系"的卡布里尼住宅居民被政府拒之门外。他们被告知,当局将在适当的时候征求他们的意见。几个月之后,1996 年 6 月,戴利市长公开宣布了一项修订后的社区发展计划,该计划与之前的计划有很大不同。他说,在政客和规划师的协助下,现在将拆除 8 栋而非 3 栋卡布里尼住宅塔楼。但显然,重建计划中不包含安置卡布里尼-格林住宅的居民。重建的规模十分庞大,将扩展到附近的其他地块,并将增加 2300 套住房单元,包括联排住宅和三层复式公寓,恢复街道网格,包括建立一所新学校、一个警察局、一个购物中心和一个扩大的公园。在戴利的计划中,只有 15% 的住房将被提供给低收入家庭,这意味着近 1000 套公共住房的削减。该计划似乎并不在乎卡布里尼拓建区塔楼的更新,而更像是公私合力、加速促进中心地区士绅化的项目。"他们怎么能无视我们的付出,直接把我们连根铲除呢?"多洛雷丝的女儿谢丽尔问,"他们打算让穷人搬走,为富人建造房屋。"

五年前的 1991 年,亨利·霍纳住宅的居民起诉芝加哥住房管理局和住房与城市发展部,指责他们"事实上的恶意拆除"(de facto

Demolition)——他们允许住房项目的空置率达到 50%,任由条件恶化,直至除了拆除建筑之外别无选择。在 1995 年的一项和解协议中,该市被迫签署了一项同意令,规定了霍纳住宅重建项目的条款。在卡布里尼住宅,租户们相信城市合作的伙伴会遵守他们的协议。但在霍纳住宅,受到法院命令的约束,市政为极低收入家庭保留了超过一半的单元。拆迁和建设交错进行,居民从来没有遇到过被迫搬迁的情况。

所以在 1996 年,卡布里尼住宅的租户们也提起了诉讼。22 名代表共同指控戴利政府和芝加哥住房管理局违反了 1968 年《公平住房法》[①],该法案规定使用联邦资金维持种族隔离是非法的,1964 年《民权法案》《美国住房法》[②]《社区发展整体拨款协议》和"希望六号"计划也同样有此规定。令市政府吃惊的是,一名美国地区法官听取了证词,并于 1997 年 1 月否决了芝加哥住房管理局驳回诉讼的请求。22 项罪名中有 18 项可以继续审理,法官发布了一项禁令,要求在案件审理之前,停止在卡布里尼-格林住宅的进一步拆除活动。这是租户的胜利。"上帝保佑我们。"科拉·穆尔说。

多洛雷丝·威尔逊

在提起诉讼之前,甚至早在比尔林北街 1230 号大楼的重建完工之前,多洛雷丝·威尔逊便决定辞去大楼管理公司董事长一职。1993 年时,她已经 64 岁了,很是疲惫。十多年来,她一直在帮助管理她的高层住宅。自休伯特去世后,她每一年都在连轴转。当她宣布辞职时,伯莎·吉尔基想说服她再干一段时间。"再过一个月就好了,"吉尔基怂恿道,大楼屋顶

---

① 1968 年《民权法案》的第八章和第九章通常被称为《公平住房法》,这是 1964 年《民权法案》的后续法案(与 1968 年《住房和城市发展法》不同,后者扩大了住房资金计划)。虽然 1866 年《民权法案》禁止住房歧视,但缺少联邦执法上的规定。1968 年的法案扩大了以前的法案,禁止在住房销售、租赁和融资方面基于种族、宗教、国籍的歧视,自 1974 年起禁止基于性别的歧视。

② 这里指 1954 年《住房法》。1954 年 8 月 2 日在德怀特·艾森豪威尔政府期间通过,包含了对 1934 年《国家住房法》的一系列修正。

的修理工作再过一个月就能完工了。一个月过去了，吉尔基又让她等到其他建筑的合同签订完再说。然后，她又要多洛雷丝和她一起去华盛顿，向议员们陈述居民管理的问题。多洛雷丝知道她很难拒绝别人的邀请。她的牧师建议她去别的地方看看，但她又能做什么呢？能的话她早就去了。最终，多洛雷丝把董事长的职位交给了她的一位邻居。

她大约在同一时间离开了水务管理局。市政府正在提供提前退休的机会，在工作了 27 年之后，多洛雷丝退休了。显微镜检查部门的负责人来自保加利亚，对多洛雷丝来说，她的声音听起来就像莎莎·嘉宝①。负责人对她说："今天是属于你的日子，多洛雷丝。别再归档文件了，过来吧。"她把多洛雷丝带到部门里一张摆满食物的长桌前，所有实验室的人都过来向她道别。那是迈克尔·乔丹的父亲被杀前的一两个星期。多年以后，多洛雷丝还会用这种方法纪念这个日子，因为她曾经给这位公牛队的明星寄过一张慰问卡，而他也回赠了她一封感谢信。谋杀发生后，她把所有孩子都召集到比尔林北街大楼来写慰问信。她告诉他们，不要向乔丹索要任何东西，只需在信件中对乔丹表达他们的遗憾。但其中一个人索要了一辆自行车。那个男孩过去常常把鸽子的翅膀折断，多洛雷丝对他的继父说，如果让孩子们虐待小动物，他们就会对死亡感到麻木；最终，对那个孩子来说，弄残或杀死一个人便不再有任何差别。她解释说，"密尔沃基食人魔"杰弗里·达莫②就是这么开始的。但后来，这个男孩成为了一名牧师。"我猜，坏事或许也会变成好事，"多洛雷丝说，"至少我救了一些动物的命。"

多洛雷丝很难回忆起次子迈克尔死亡的确切时间。"有些事情……"她试着不去回忆他的死，猜测事情发生在两年前，也许是 1991 年。迈克尔当时快 40 岁了，离了婚。他有四个孩子，还把女朋友的两个孩子当作自己的来抚养。一个夏夜，他和女友在芝加哥大道联排住宅旁边的一家

---

① 莎莎·嘉宝(Zsa Zsa Gabor, 1917—2016)是匈牙利裔美国社会名流和女演员。

② 杰弗里·达莫(Jeffrey Lionel Dahmer, 1960—1994)，又名密尔沃基食人魔，是美国连环杀手和性犯罪者，在 1978—1991 年期间杀害并肢解了 17 名男性，案件涉及恋尸癖与食人。

三明治店吃饭。他去奥尔良路上的一个加油站买烟，回来的时候，一个曾经和他的女朋友约会过的男人威胁她，说要用瓶子砸她的头。"我的儿子们都很擅长做一件事，"多洛雷丝带着骄傲和悲伤说，"那就是保护自己的女人。他们是勇敢的。"这两个人打了起来，最后迈克尔占了上风。就在这时，那个男人的同伙掏出一把枪，用一颗中空弹近距离朝迈克尔的后背开了一枪。

对多洛雷丝来说，这似乎很不公平。她一生的大部分时间都奉献给了社区和邻居的孩子们。她曾获得她所在的教会和基督教青年会颁发的服务奖，当地警方在同一天表彰了她和"甜蜜射线丁克"。杰克·肯普亲自任命她为住房与城市发展部"年度最佳居民"。她为大家做了这么多，自己的孩子却遭受不幸。迈克尔的孩子们失去了父亲。悲伤中的多洛雷丝想一个人静静，但客人们不断拜访。在客人面前，多洛雷丝很少提到这件事，甚至跟他们开玩笑，但客人离开之后，她会把自己关在浴室里尖叫。有人告诉她什么是中空弹，以及它在人体内是如何膨胀的。听到这些，她对人性的看法改变了。

她所在教会的一名成员有一个 25 岁的女儿，几年前失踪了三个月。警方拒绝寻找她，说："你确定她没有和什么人上床吗？"结果，这位女孩被人谋杀了，尸体在两个街区外的下水道里，已经腐烂了。这个女人还有一个儿子，他在卡布里尼的一座高层住宅后面被枪击中。那位母亲对多洛雷丝说："威尔逊女士，你总是告诉我要保持信念。现在，你必须保持信念。"来自圣家路德会的牧师为多洛雷丝提供心理辅导，说她是他所认识的最宽容的人。

在葬礼上，多洛雷丝站在教堂会众面前，说她不想进行任何报复。她要求迈克尔的朋友和大楼里的其他人把这个信息传递出去。她参加了审判，当那名前男友被判无罪时，她拥抱并亲吻了他的母亲，说自己知道他并没有杀人。她对开枪的人就没那么同情了。凶手被判二级谋杀罪，判处 7 年监禁。多洛雷丝的小儿子肯尼曾经撬开一辆汽车的后备厢，偷走了一些工具，也被判了同样的刑期。"这一切没有公正可言，"她说，"一个混混因为杀了我的儿子被判了 7 年,肯尼偷了一把该死的螺丝刀和扳手,也被判了 7 年。"

　　10 年来,每年 8 月,多洛雷丝都会在林肯公园举办家庭聚会,但在迈克尔被杀后,她就不再办了。有时她真希望她的孩子已经离开了芝加哥,住在印第安纳州或其他地方。但她并不责怪卡布里尼-格林住宅。她没有想过她的孩子在别处是否会过得更好。迈克尔葬礼后的第三天,一位记者采访了她,问她是否想向外界传达一些关于家庭的信息。多洛雷丝停下来想了想。她想她确实有话可说:"告诉他们,比起恐怖,这里有更多的爱。"

13　如果不住在这里……那么要住在哪儿?

凯尔文·坎农

一天早上,凯尔文·坎农从电梯里走出来,正要离开大楼,科拉·穆尔挡住了他的去路。当他还是个孩子的时候,坎农住在隔壁迪威臣西街714号大楼,那时穆尔就经常责骂他,说坎农在她的高楼里和孩子们打架。他现在26岁了,穆尔还在训斥他——她住在被称作"黑帮门徒帮"老巢的比尔林北街1230号大楼,负责居民治安。

"你应该加入我的团队。"1989年的那个早晨,科拉说,"你想在这里自由自在地养家糊口吗? 那就别再搞帮派了。"几年来,她一直在做同样的宣传,试图招募坎农,让他远离帮派。"我给你的东西,他们给不了你。我为你提供了改善生活的机会。"坎农在大厅里逗留的时间比平时长了一点。他最近一直在想,他这样的人是否还有其他选择,他的答案可能是否定的。坎农想尽办法避免回到监狱,他厌倦了警察的突击搜查,厌倦了在监狱里一待就是几个星期。

科拉意识到了这个机会,她告诉凯尔文,他比大多数人都聪明。她说,大楼的居民管理已经开始,他可能会成为领导者之一。他可以在那栋高层住宅里工作。就像波·约翰在坎农13岁时让他相信的那样,穆尔说他可以比小我更加伟大。"如果你真的想要改变自己,就帮我修好大楼,"穆尔告诉他,"让我向你展示生活的另一面。"

"好的,"坎农说,"让我看看吧。"

坎农去找"门徒帮"的领袖们,说他想要辞职。穆尔对片区警察分局的警长说，从现在起，坎农在她手下工作。她给他报了一个保安班。在监狱里，他读过《圣经》——先是《新约》，然后是《旧约》——出狱后，他继续自学，在公寓里查字典，学习词汇和拼写。自从被库利高中开除后，他就再没进过教室。他完成了保安课程，穿着制服，戴着帽子，监视他那栋高层住宅的楼梯井和外廊。有些人认为，坎农做过那么多坏事后，还让8岁的孩子不要在电梯里鬼混、指挥年轻人从大楼前面离开，实在是太过虚伪。但坎农说，他一直在卡布里尼-格林住宅负责人员管理工作，在一个或另一个组织发号施令。现在，他只是在做同样的事。"你当警察了？"大楼里的一个家伙问他。"不，我的兄弟。我在尝试一种新的生活方式。"

他是少数几个和伯莎·吉尔基一起上过居民管理课程的人之一。周末进修时，他和多洛雷丝·威尔逊等人一起唱《我们会战胜一切》(*We Shall Overcome*)，研究了预算和联邦住房法规。他也参加了前往波士顿、华盛顿特区和圣路易斯参观其他租户管理的住宅小区的旅行。和多洛雷丝一样，他也开始认识政治家。"我没有忘记我的承诺，我要成为连接住房与城市发展部和芝加哥这个城市的'桥梁'。"住房与城市发展部部长在写给坎农的便条上问候了他的妻子，并在上面签名，"老15号，杰克·肯普，你的朋友"。穆尔利用她的关系，让坎农参加了一项芝加哥住房管理局的管理员培训课程。他在卡布里尼-格林住宅当学徒，跟着电工、木工、玻璃匠和锁匠学习。他做砌石和砌砖的工作，或者其他建筑工种。他在一所职业学校上了两年夜校。毕业后，他的起薪最初是每小时11美元，但是当他被任命为比尔林北街1230号大楼工会的工人时，他的收入涨到了一年1.7万美元。无论如何，这都是一大笔钱。坎农是一天24小时随叫随到的专业工人，他几乎没离开过高层住宅。如今，他变得更像是多洛雷丝的丈夫休伯特·威尔逊，而不是以前的那个自己。他甚至加入了一个教会，受训成为一名执事。

坎农对他的高层住宅的改善感到自豪。"它看起来比芝加哥其他任何公共住房建筑都要好。"他吹嘘说。"在那个艾佳艾斯清洁剂（Ajax）的广告里，他们经过一些肮脏、污浊的房子，然后来到一栋真正干净的房子面前——一尘不染。这时,音乐停止了,一个女人说,'艾佳艾斯在这里'。那就是我们的建筑——就像艾佳艾斯说的一样,它就在这里。"

J.R.弗莱明

当J.R.因在远北区贩毒被捕时,接电话的是杰西·怀特,他告诉检察官,自己会为这个年轻男人担保。"杰西·怀特把我收至麾下。"J.R.说。作为库克县青年民主党人的一员,当选区长乔治·邓恩主持社区活动,或者怀特需要帮手分发火鸡或学校用品时,J.R.都会帮忙。在南区一年一度的巴德·比利肯游行中,他举着选区组织的旗帜。到了选举的时候,他悬挂竞选海报,撕毁反对派的海报,引导卡布里尼住宅的居民前往投票站。"我得到了政治成长。"J.R.解释说。有一次,圣家路德会的牧师问J.R.,能否请他的老板们把教堂前的人行道修好。他做到了,人行道重新铺好了。"那一刻,我觉醒了,"J.R.回忆道,"政治是达到目的的手段。我靠自己的力量做到了这一点。这感觉真棒。"

男人们维护选区的运转。在大多数情况下,女人们则经营着卡布里尼-格林住宅。有一天,玛丽昂·斯坦普斯在社区青年中心拦住了J.R.。"不要做木偶的木偶,"她警告说,"总有主人会在背后操纵你。"1995年,她再次竞选市议员,告诉选民们她策划了帮派休战,并谴责拆除卡布里尼-格林住宅部分片区的计划。她将这个计划视为悲剧,"复兴"意味将白人和富裕的居民迁入卡布里尼,并让社区的长期居民迁出。"在这个选区,他们把想要清除的黑人拆解成一个个小撮儿,这一点都不令人意外。这一切都是为了土地的转移和重新开发,"她说,"如果他们在白天来到卡布里尼住宅,晚上就会有更多的人跟过来。这种事不仅发生在公共住房小区,也发生在任何为穷人提供的住房里。"

在竞选中,斯坦普斯的主要对手是J.R.的直接领导,青年民主党人的主席沃尔特·伯内特(Walter Burnett)。年轻时,他曾经在卡布里尼联排住宅居住过,是一起银行抢劫案的共犯,坐过一段时间的牢。获释后,伯内特到选区组织工作，在杰西·怀特的指导下，从当地的"政治恩庇"系统中脱颖而出。有权力的掮客站在他这一边，J. R. 是其麾下竞选工作小队中的一名士兵。伯内特轻松获胜，斯坦普斯决定离开卡布里尼-格林住宅，回到自己的家乡密西西比州杰克逊市。她的父亲还住在那里，在她开始参与社会活动的地方，获取政治职位的方式还相对比较公平。但 51 岁的时候，还没来得收拾好行李，斯坦普斯就在睡梦中死于心脏病。"压力害死了她。"她的女儿瓜纳说。

大约在伯内特当选的一年后，J. R. 决定彻底退出政坛。为了 1996 年的民主党全国代表大会，他连续工作了 6 天，忙得像奴隶一样。活动成功后，第二位戴利市长得已和他的父亲一样，成为政治的后台老板，帮助比尔·克林顿竞选连任，还避免了老戴利任内曾在街头和国会大厅发生的混乱，从而超越了他的父亲。28 年前，当康涅狄格州参议员亚伯拉罕·鲁比科夫（Abraham Ribicoff）在提名演讲中谴责芝加哥警察在林肯公园殴打抗议者的"盖世太保策略"时，人们注意到第一任戴利市长大喊："去你妈的，你这个婊子养的犹太人！你这个该死的混蛋！滚回家！"（老戴利说，他一生中从未使用过这样的语言。他的支持者说，他喊的是"骗子"。）

1968 年，芝加哥用高大的围栏掩盖了会议中心周围联合牲畜场的荒凉。1996 年的党派大会在联合中心举行，这里是公牛队和黑鹰队的新主场，两年前刚刚在卢普区西侧落成，耗资 1.75 亿美元。巴黎之旅启发了戴利对这座城市未来的想象：芝加哥是后工业时代的城市瑰宝，是一座全球性城市，也是一个核心旅游景点。这是一个展示他所创造的、重新焕发活力的芝加哥的机会——一个再次崛起的城市。联合中心对面霍纳住宅的几座高层住宅被拆除了。木屑和新种植的灌木覆盖了附近的空地。周围停车场和其他物业的业主被迫安装了铁围栏和种植箱。道路被重新铺设，两旁架起古色古香的街灯，挂起花篮。桥梁被粉刷一新，附近学校的外墙也修复了，重新安装了路牌，从卢普区向西经过莱克街（Lake Street）的列车也重新开放了。就像巴黎一样，卢普区的办公大楼在晚上灯火通明。

当比尔·克林顿第一次竞选总统时，自称是"新民主党人"。他嘲笑政府长期以来的失败，并承诺"将结束我们现如今的福利政策"，他解释说，威廉·朱利叶斯·威尔逊关于"集中效应"的文章"让我从不同的角度看待种族、贫困和内城问题"。1996年，他以温和派的身份再次参选，试图夺回两年前失去的国会席位，大肆宣传在芝加哥之行一周前自己刚刚签署的一项福利改革法案。现在，联邦福利对领取者提出了工作的要求，并且限制每人终身至多领取5年福利。他还推销自己对犯罪的强硬态度——在街上增加了10万名警察，并使对付惯犯的"三振出局"①终身监禁判罚成为美国法律。共和党总统候选人鲍勃·多尔（Bob Dole）在竞选活动中把公共住房称为"世界上社会主义最后的堡垒之一"，主张将其私有化并废除。克林顿认为，需要缩减公共住房，还认为需求侧市场不可能比芝加哥住房管理局做得更糟。

杰西·杰克逊在全国代表大会上很不情愿地声称，克林顿对社会保障网络的削减是对穷人的毁灭性打击。他说，事实上，全国各地都在建造和维护新的公共住房——这些住房就是联邦和各州的监狱，黑人男性在其中占了很大比例。杰克逊认为，民主党仍然需要成为一个为所有美国人的社会福利而奋斗的政党。那种认为任何有进取心的人都可以得到足够体面、有报酬的工作的想法不过是一种幻想。引用马丁·路德·金的话，城市中心确实有繁荣的"山顶"，但芝加哥其余的大部分地区都处在峡谷之中。"曾经，金宝汤公司在这个峡谷里。西尔斯百货、真力时、阳光电器（Sunbeam）和联合牲畜场也在。那里曾经有工作和产业，现在却成了福利和绝望的峡谷。"克林顿领导下的国家经济已经反弹，看似无底洞的赤字已经被填补，但不平等正在加深和扩大。"我们对峡谷里的人们要担负什么样的义务？"杰克逊问道，"这是罗斯福的梦想，也是金博士的梦想。"

大会期间，J. R. 从未踏入过联合中心。他每天都在市中心的酒店房

① "三振出局"，即习惯性罪犯法，是美国司法部反暴力战略的一部分。这些法律规定，被判有罪并有过一到两次其他严重罪行的人必须在监狱服刑，根据司法管辖区的不同，可判处终身监禁或不得假释。

间里安排活动,来访代表们就聚集在那里。他的双手因为挂海报而长满老茧,拇指因为绑气球而淤青。他没有听克林顿或杰克逊说过一个字,但J.R.本能地把杰克逊斥为穷人的皮条客,认为他希望借助穷人的困境推进自己的事业。至于克林顿,他知道这位总统不支持"午夜篮球赛",那是他在卡布里尼-格林住宅打过的联赛。总统耗资 330 亿美元实施了反犯罪法案,共和党人抨击其中那些支出微不足道的项目,嘲笑纳税人的钱都被花在了"罪犯和瘾君子的游戏"上。克林顿废除了篮球赛,而不是捍卫它。这个联赛是在老布什总统的领导下成立的,属于"一千点光"①项目,希望公共住房的居民参与积极的活动以减少犯罪。但现在,所有事都已经不重要了。J.R.已经和这一切一刀两断。他把退出政界的决定告诉了吉姆弟兄。"我就知道你会想明白的。"吉姆说。

J.R.开始专注于他的小贩生意。他买了一辆红色的 GMC 厢式货车,赚了点钱之后,又买了一辆蓝色的。大多数早晨,他把一辆货车停在一栋卡布里尼-格林的高层住宅外面,按响喇叭,然后开始循环播放音频。"卡带、光盘、电影!"他喊着,"卡带、光盘、电影!"J.R.肩扛着一个划艇大小的军用行李袋,里面放着硬纸隔板,把货物分开,就像酒箱一样:怀旧的灵魂乐、嘻哈音乐与盗版游戏放在不同的隔断里。他在背带上挂满了公牛队的 T 恤和帽子,还有袜子和毛巾。谢天谢地,迈克尔·乔丹已经放弃了棒球,公牛队又一次赢得了总冠军——这是上帝送给这座城市和街头小贩的礼物。J.R.是芝加哥公牛队的个人批发商,他的工作可不是捡垃圾,也不是推着偷来的购物车精神错乱似地叫卖。他是有组织、有系统的商人。他将自己每天的兜售称为"在地面上巡视",巡视范围覆盖了卡布里尼-格林住宅 28 公顷土地的绝大部分地方。

J.R.会将商品卖给驻扎在大楼前或大厅里的人。他们想要的是纳斯

---

① "一千点光"(thousand points of light)出自阿瑟·C.克拉克(Arthur C.Clarke)的短篇小说《营救队》(Rescue Party)。老布什将美国的俱乐部和志愿者组织比作"灿烂的多样性,像星星一样散布开来,就像在广阔而和平的天空中闪烁着一千点光"。后来,"一千点光"成为老布什发起的私人非营利志愿服务组织的名称。

（Nas）或武当派（Wu-Tang Clan）的新光盘，以及周末在影院上映的《空中大灌篮》（Space Jam）或亚当·桑德勒（Adam Sandler）出演的电影，J.R.有低价的盗版碟。J.R.会取笑说，他一周赚的钱比客户多，他推销的产品总比犯罪活动合法一点。然后他一层接一层爬上高层住宅。他认识卡布里尼-格林住宅的大多数人，至少叫得出他们的绰号。J.R.还有一些常客，会经常造访他们的公寓。其他居民听到他的喊声，就会招呼他到家门口。他知道救济金、社会保障金和政府工资单什么时候到账，在一栋楼里或许就能收入 300 美元。他在厢式货车里补充货源，然后去下一栋、再下一栋建筑。他穿过"白楼""红楼"、连排住宅。他还在拉腊比街的一家快餐店 JJ 炸鱼炸鸡店（JJ Fish & Chicken）旁支了小摊，铺了一张毯子，上面摆满了商品。店主们接纳了 J.R.，将其视为社区商业的一部分。

J.R.的销售额相当可观。他不是那种会向国税局报告的人，但是有一年，当他卷入一桩刑事案件时，他的律师说服他提交纳税申报单。他列出的自雇收入为 8.79 万美元。他购买了新的康柏和惠普电脑，投资了软件和驱动程序，让音乐和电影拷贝工作变得更加容易。他在南区给姐姐马泽塔（Marzetta）租个地方，这样他就可以把她在卡布里尼住宅拉腊比街北 1017 号大楼的公寓改造成仓库和工作室。尽管喜欢赚钱，但驱使 J.R.前进的不只是金钱。经商是一种运动、一种竞争，还是一种必胜的冲动。J.R.的一位家庭友人因为可观的腰围被称为"大男孩"（Big Boy），他也是一名小贩，是他让弗莱明开始了复制电影的事业。J.R.以更低的价格，抢走了"大男孩"在卡布里尼住宅的生意。老威利特意从亚拉巴马州跑回来干涉，责骂 J.R.不懂克制："儿子，大男孩也得吃饭！"

但 J.R.还没有满足。每到周末，J.R.就会在"欧罗摩交换市场"（Swap-O-Rama）租几张桌子，那是一个巨大的跳蚤市场，开在荒芜的铁路站场上，离旧牲畜场几个街区远。他会在市场上搜罗一些商品，然后带回卡布里尼-格林住宅的超市转卖，比如运动衫和汽车音响系统。他看中了那些在公寓外做头发的女人——J.R.会花 6 美元买一箱 24 支、1 美元 1 管的发胶，然后以 16 美元的价格卖给比尔林北街 1230 号大楼一位专业做美甲的女士。有一段时间,他在卡布里尼-格林倒卖床单和被褥也赚了一大笔钱。

每当警察指控 J. R. 犯有盗版罪时,他会喋喋不休地背诵他记住的法律条文:"这些商品受《美国版权法》保护,第 117 款第 a 节第 2 条规定,如果数字文件的所有者制作副本并声称新副本将被用于备份,则不构成侵权。"通常,警察会去找下一个没准备好一串辩护词的傻瓜。兜售货品时,J. R. 甚至会顺道去橡树西街 365 号高层住宅的警察局,值班的警察们会为孩子选购玩具,或者挑选恐怖片或色情片。有一次,J. R. 正要出售小型电动滑板车和速度刚好低于需要执照注册的迷你自行车时,一名警官宣布要逮捕他,罪名是协助和教唆卡布里尼-格林住宅的毒贩。他指责 J. R. 为罪犯提供了躲避警察的手段,这正中 J. R. 下怀。"你读过书吗?"他对着警察大喊大叫,声音大得足以引来围观的人群。他感到义愤填膺,但也有表演的目的。"你知道你在说什么吗?"那迪威臣街的萨米热狗店(Sammy's Red Hots)呢? 他们还给毒贩卖热狗,对吧? 住在街区另一头的烤肉先生(Mr. Gyros)也为犯罪分子提供食物,警察会指控说他们也在进行非法活动吗? 那些穿帽衫的家伙总是在城市体育中心(City Sports)购物,帮派分子难道会利用耐克运动鞋躲避当局的追捕吗?"我比你聪明多了,"他用夸张的口吻慢悠悠地对警察说,"这个种植园里长大的家伙学会读书了。"

J. R. 和他四个孩子的母亲唐娜分分合合相处了七年。1997 年,他们又分手了几个月,唐娜重温了惠特尼·休斯顿和安吉拉·贝塞特(Angela Bassett)的电影《待到梦醒时分》(*Waiting to Exhale*),想要与 J. R. 重修旧好。她去找 J. R.,发现他和别人待在公寓里。他们吵了起来,唐娜从厨房台面上拿起一把叉子,朝他的胸口戳去。他俩又分手了。但一周后,他和唐娜变得热络起来,试图协调孩子们的抚养权。

就在那时,有人给他介绍了伊莎(Iesha)。她 18 岁,身材高挑,举止优雅,在拉腊比街购物中心旁一家阿拉伯人开的杂货店里工作。她和自己一样重视工作,还曾经是一名运动员,J. R. 喜欢这些共同点。当他们第一次约会时，P大师①的电影《我喜欢它》(*I'm Bout It*)刚刚上映不久。J. R. 的第一批 50 张盗版盘很快就卖光了；到那天晚上，已经有一百多人向他过要录像带。"在一个人群密集的社区，只要某些东西在这片土地上流行开来，你就可能因此而成为百万富翁。"J. R. 大声说。为了加快生产速度，他又买了 10 台录像机。伊莎不仅不介意他一直待在家里制作拷贝，而且还很乐意帮忙。这才是他的女人。他们的关系十年后以痛苦的方式结束，因为伊莎最终泪流满面地公开承认自己是同性恋。在 20 世纪 90 年代的卡布里尼-格林住宅，你很难向别人承认自己的性取向，更别说直面你自己了。

但那时，J. R. 和伊莎过得还算幸福。"我们是这个社区的明星。一个是推销员，一个是劳动者，"他这样描述他们的关系，"这是我的肺腑之言。"J. R. 买了一辆新的奥斯莫比，午夜蓝的车身上烫着金，他们会开车去威斯康辛州或密歇根州度周末。有一次，为了伊莎的生日，他租了一条船。在前往印第安纳州密歇根市的途中，他们在密歇根湖上享用了一顿烛光晚餐。在那里，伊莎又在高档奥特莱斯商店消费了 800 美元。"我喜欢炫富，也喜欢帮助别人。"J. R. 说。他给自己买了五颜六色的酷奇 (Coogi) 毛衣和复古篮球衫。他在附近的跑马场花了几千美元，一边赌马，一边吃着芝士薯条，越来越胖。

当伊莎生下他们四个孩子中的第一个娃娃时，他们搬进了卡布里尼一栋"红楼"的五楼。在那里，他们享受着一种传统的家庭生活。J. R. 的孩子们会在早上叫醒他，带着灿烂的笑容爬到他身上。他们会坐下来一起吃早餐、喝橙汁。他送他们走到仅在几个街区外的学校。然后 J. R. 会去工作，在逐渐缩小的土地上兜转。

安妮·里克斯

当安妮·里克斯第一次搬到迪威臣西街 660 号大楼时，一名住在高

---

① P 大师(Percy Robert Miller Sr.)，生于 1970 年，艺名 Master P，美国说唱歌手、演员和企业家。

层住宅三楼的妇女拦住了她。"你以后就是我的邻居了,"她说。"是的,女士。"里克斯答道。后来,里克斯发现她们之间原来有亲戚关系。多年来,只要电梯坏了,安妮不得不爬五层楼回家时,她常常会去三楼拜访这位远房亲戚,在厨房的桌子旁坐一会儿聊聊天。然后她上一层楼,又在四楼停下来,那里住着另一对亲戚。所住的大楼发生枪击案后,里克斯曾想过离开卡布里尼-格林住宅,但是三楼的亲戚安慰了她。"宝贝,留下来吧,"她说,"一切都会好起来的。"

情况确实如此。她的儿子迪昂塔被选为席勒小学八年级毕业演说的代表,在那里,学生们仍然会时不时见到杰西·怀特。"你得叫我怀特先生,你妈妈才能叫我杰西。"当孩子们对怀特直呼其名时,他总会这样说。安妮的其他孩子赢得了篮球赛冠军和最佳阵容的荣誉,客厅里摆满了他们的奖杯。她的大孩子们在建筑业、零售业和建在昔日麦迪逊街贫民区(Madison Street Skid Row)的私人住宅小区上班,那里已经被重新命名为西卢普区(West Loop)。在安妮担任助理的一间教室,老师给了她一个惊喜,送了她一副耳环表示感谢。她的房租浮动不定,当租约上的成年人都有工作时房租高达每月 300 美元,没有工作时则不到 50 美元。一个圣诞节,她的儿子雷吉中了奖,被"滑头男孩""收养了"了,那些唱饶舌的警察给他带来了节日礼物。

雷吉长大后,说卡布里尼-格林住宅从来没有人们说的那么糟。"他们坚持认为这是最臭名昭著的项目,但那些人总是在讲丹特雷尔·戴维斯和'X 女孩'这两件大事,你明白吗? 他们抓住这些不放。"雷吉曾和"X 女孩"一起上学,这名女孩的身份须要保护。1997 年,这位 9 岁的女孩在卡布里尼高层住宅的六层平台上遭到袭击,那里离她祖母住了 40 年的公寓只有几米远。她被强奸了,然后被一件 T 恤堵住嘴,袭击者往她的嘴里喷蟑螂杀虫剂,然后把她扔在肮脏的雪地里等死。她活了下来,尽管事后失明、失语,肢体也部分瘫痪。卡布里尼-格林住宅骇人听闻的犯罪再一次占据了新闻头条。至少在外人看来,现如今,阻碍城市发展的租户诉讼看起来很没有合理性。"那里的居民到底是想保护什么样的生活方式?"

《芝加哥论坛报》的专栏作家问。

芝加哥已经在周边街区投入了数千万美元的公共资金,用于升级下水道和公共设施,拓宽和重铺道路。里克斯家门外,沿着迪威臣街,一个1.3万平方米的购物中心正在建设。新图书馆和新警察总部的工程也在进行中。苏厄德公园得到了翻新,邻近的鹅岛(Goose Island)也更新为一个制造业园区,为愿意搬迁到那里的公司提供巨大的税收优惠。在附近经营了一个世纪后,苏厄德公园街对面的奥斯卡·梅耶工厂于1992年永久关闭。但在1997年,旧城广场(Old Town Square)在原址开放,社区内包含113套新的共管公寓和独栋住宅。中央车站旁四通八达的项目丹·麦克莱恩住宅(Dan McLean)是戴利市长的新家,那里有理想的土地和税收优惠,作为交换,小区为芝加哥住房管理局负责的家庭留出了十几个单元。

市政府官员急于解决居民的诉讼,试图向卡布里尼住宅的家庭保证,社区的重建将符合他们的最大利益。"X女孩"事件发生几周后,政府官员在当地一所学校召开了一次社区会议。戴利的特别助理向居民展示了该地区规划"实施前"和"实施后"的幻灯片对比。"这不是一幅美丽的图景……没什么可看的。"特别助理如此评价"实施前"的图片,但对在座的其他每一个人来说,它既是过去又是现在。他承诺,计划"实施后",这里将成为一个"完整的社区"。一个卡布里尼的居民打断了他,"这个完整的社区属于谁?"人们高喊道,他们已经拥有自己的社区了。在另一次会议上,同一位官员邀请居民参与社区规划,一位妇女告诉他,她在近北区住了49年,学会了一件事。"改革几乎都是一样的。论坛先是开始,然后就中断了,"她说,"他们会在你背后搞鬼。"在一次公开会议上,戴利的一位官员批评群众在她发表讲话之前插嘴。卡布里尼的一名租客反驳道:"但你打断了一种生活方式,女士。"

"保卫公共住房联盟"(Coalition to Protect Public Housing)成立于1996年,由卡布里尼-格林住宅居民卡萝尔·斯蒂尔(Carol Steele)和来自西区洛克威尔花园的沃德尔·约塔根(Wardell Yotaghan)组建。该组织希望从这些可疑的发展计划中维护居民的利益,将"重建!而非取代"作为座右铭。公共住房的现状可能令人感到遗憾,但该联盟认为,到目前为止,解决方案看起来并没有好到哪里去。"这不是推倒砖瓦,而是要把人都赶走。"斯蒂尔说。周六,她在卡布里尼住宅主持研讨会和市政厅活动,向居民介绍了一项跟踪参与"第八款计划"的芝加哥家庭的研究,发现他们最终还是生活在全是黑人的集中型贫困社区。许多房东拒绝把房子租给有孩子的大家庭,三分之一的人无法在"第八款计划"租房券到期之前找到合适的房子。城市事务犹太人理事会(Jewish Council on Urban Affairs)、芝加哥无家可归者联盟(Chicago Coalition for the Homeless)、社区更新社群(Community Renewal Society)和其他具有公民意识的非营利组织加入该联盟,为保护城市的可负担住房而战。该组织分发了一本小册子,封面照片是一个站在七层高的卡布里尼"红楼"外的男孩。宣传册问道:"如果不住在这里……那么要住在哪儿?"

该组织最大的一次行动,"抗议公共住房政策的人民游行",发生在1997年6月19日的"六月节"①。这个节日是为了庆祝1865年的这一天,彼时,得克萨斯州和其他南方各州的奴隶后知后觉地意识到他们已经获得了自由。大约2000人聚集在市政厅和芝加哥住房管理局市中心的办公室外。两天前,他们中的许多人才来到格兰特公园,参加庆祝公牛队七年来第五次夺冠的集会。迈克尔·乔丹在台上宣布:"这个冠军属于芝加哥所有的劳动人民,他们每天都出去工作,为了谋生而拼命工作。"在这场为公共住房而呼吁的活动中,有演讲和表演,设立了投票登记摊位。聚集在一起的人们唱着一首古老的圣歌,这首歌来自民权时代,当人们拼命想要留住最后的栖身之所时,这首圣歌就被赋予了特殊的意义:"就像依傍在水旁的树木,风吹雨打绝不动摇/我们绝不动摇。"②他们需要站在一起,

---

① 六月节(Juneteenth),也被称作六月独立日、自由日或解放黑奴纪念日,纪念了1865年6月19日联邦将军戈登·格兰杰宣布的《第三号军令》,象征黑人奴隶的解放。

② 《我们绝不动摇》(We Shall Not be Moved)是一首非裔美国奴隶的精神赞美诗和抗议歌曲,可追溯到19世纪初的美国南方。

要求建设一个更加包容的城市。"如果你不规划自己社区的未来，"联盟的一份材料警告说，"别人就会这样做！"

安妮·里克斯知道集会和游行的事儿，她听到邻居们谈论市政府决定关闭卡布里尼-格林住宅的计划，不过她并不相信这件事。她指了指比尔林北街 1230 号大楼，那是操场对面的高层住宅。这栋大楼安装了新的大门和安全摄像头，还有两部正常工作的电梯。放学后，安妮大多会带着学生到建筑旁崭新的操场上玩耍。"你为什么要推倒一栋刚刚投了钱翻修的大楼？"她问。"X 女孩"事件后，里克斯看到，更多的新闻工作者和警察涌入该地区。但对她来说，这一切没什么不同。在穿过停车场去席勒小学的路上，她被一名警察拦住了。警察问她要去哪里。"去工作，"她说，"你要去哪儿呢？"

有一天，她告诉欧内斯特·布莱恩特，她准备结婚了。尽管他从未出现在里克斯的租约上，但他们有 13 个孩子，在一起已经有四分之一个世纪了。"要么娶我，要么滚出去。"她半开玩笑地说。

"好吧，杰弗里，"他同意了，"我要娶你。"欧内斯特给母亲打了电话，母亲说，安妮已经是她的儿媳妇了。他们在南区的一个宴会厅举行了盛大的婚礼，并在同一个地方举行了仪式和招待宴会，这样人们就不必跑来跑去了。安妮的姑姑主持了婚礼，她的孩子们喝醉了。"我们玩得很开心。"里克斯说。

14 转型

1998 年夏天，美国住房与城市发展部的官员致电戴利市长的办公室。自 1995 年接管芝加哥住房管理局以来，联邦政府就一直控制着它，在这三年中，该机构在多个方面都有所改善。约瑟夫·舒尔迪纳（Joseph Shuldiner）是住房与城市发展部负责管理芝加哥住房管理局的高管，之前，他曾领导纽约市和洛杉矶的机构。到芝加哥赴任后，他发现"第八款计划"的文件既没有按时间顺序也没有按字母顺序打包。尽管有 4.8 万个家庭在等候名单上苦苦挣扎，有些家庭已经等了二十多年，住房管理局也没有发放新的租房券。机构内，大多数雇员似乎都与不同的市议员或州代表有着某种联系，而与芝加哥住房管理局签订合同的公司几乎都有政治背景。"在芝加哥，一切都是血腥的政治游戏。"这就是舒尔迪纳对这个城市的最初印象。他聘请了一家私人管理公司监督租房券发放，并削减了芝加哥住房管理局的工作人员，裁掉了数百个工作岗位。舒尔迪纳并没有让住房管理局管理自己的物业，也没有让居民取而代之，而几乎是在每个项目中都把这些工作外包给私人公司。一个用于跟踪工作订单和服务请求的新系统落实了。十年来，审计第一次显示，该机构的财务记录完整且合理。随着这些变化，联邦政府准备把芝加哥住房管理局还给芝加哥市政府。但问题是，戴利不确定他是否真的想要接手。

市长敏锐地意识到，他的家族姓氏（或多或少不公平的）与芝加哥公共住房的遗产紧紧联系在了一起。（和舒尔迪纳坐下来谈话时，戴利向他宣读了 1959 年的会议记录。在美国参议院的听证会上，老戴利表示他不想在自己的城市建造"高层住宅"。）戴利对芝加哥住房管理局的逐步改进不感兴趣。他不相信公共住房开发项目会成为周边社区的财富,他也不想每年都去华盛顿伸手乞讨"希望六号"计划的另一笔资助,并以此改善周边环境。如果说亨利·霍纳住宅和卡布里尼-格林住宅的诉讼教会了他什么的话,那就是他须要避免零碎的改变,这些改变会让每一个开发项目都被诉讼和随之而来的每一份同意书所束缚。这座城市的公共住房项目是许多种失败的"纪念碑"——公民的和个人的,政治的和历史的,物理的和经济的。这些领导人在城市中身居高位,他们必须提出永久性的解决方案。"不要做小规划。"丹尼尔·伯纳姆①在 20 世纪初宣布了他对芝加哥的城市规划。戴利说,他会收回芝加哥住房管理局,但必须拆除所有高楼大厦。"这会结束你的政治生涯。你不可能这样做,"有人警告戴利,"'那里全是非裔美国人。你解决不了这个问题,不要这样做。'是的,每个人都这么想,随它去吧。但你如果不去建设一座未来之城,就只会留在过去。"

1999 年 9 月,戴利提出最全面的城市更新计划。根据改造计划,该市将拆除所有剩余的高层公共住房,大约 1.8 万套。在 10 年的时间里,芝加哥将在已清理的土地上建造公私合营、混合收入的开发项目,并修复现有的低层公共住房,预计耗资 16 亿美元。计划总共将增加 1.5 万套新建或翻新的家庭单元,再加上 1 万套老年人家庭单元,将目前 3.8 万套的住房存量减少到 2.5 万套。

戴利将这项事业视为对芝加哥及其居民的彻底变革。他说,长期笼罩在高耸的公共住房阴影下的社区最终将充满活力,并与城市的其他部分重新连接起来。这里将重塑风景,调整天际线,恢复路网。新建的住房将以"人性化"尺度建造,只留给芝加哥住房管理局的居民三分之一的公

---

① 丹尼尔·伯纳姆(Daniel Hudson Burnham, 1846—1912)是美国建筑师和城市规划师,担任 1893 年芝加哥世界博览会建设项目负责人,他与爱德华·贝内特(Edward H.Bennett)于 1906 年发起并于 1909 年出版了《芝加哥计划》(Plan of Chicago)。这是美国第一个控制城市发展的综合规划,也是"美化城市"运动的产物。他为美国城市摩天大楼的发展建设发挥了重要作用,也因其关于城市规划的观点而闻名于世;不要做小规划,它们缺乏令人热血沸腾的魔力,而且本身也可能实现不了;要做大规划,眼光要高,一种高贵而合理的模式一旦形成,就永远不会消亡。

寓,从而打破过去贫困人口集中的局面,并刺激商业和住宅投资。那些在社会和经济上处于孤立状态的黑人居民,现在将从这座繁荣的城市中获益。"我想重塑他们的灵魂。"戴利宣称。

朱莉娅·施塔施(Julia Stasch)曾帮助市长制定公共住房转型战略,她先是担任戴利的住房专员,后来担任他的幕僚长。她敏锐而确切地意识到,很少有人研究不同经济阶层的家庭是否能和睦地生活在新建的建筑中,或者是如何管理包含私人共管公寓业主和公共住房租户的混合物业、穷人如何从与有收入的劳动者的近距离接触中受益、这些建筑应该以怎样的形式组合,或者更重要的是,如果绝大多数公共住房租户没有搬进人口密度更低、更分散的大楼,他们会面对怎样的未来。"混合收入住房不是低收入住房的解决方案。"施塔施说得很对。但她认为,指望政府经营的公共住房成为城市整体可负担住房中的主要部分,是不合时宜的。"奇迹不会出现,"她解释说,"如今,让福利事业获得资金的唯一途径是发挥私营主体的市场动力。"这意味着,除了混合收入的建筑外,租房券还将为越来越多的家庭提供服务,以前的高层住宅居民将被重新安置到修缮后的公共住房小区,这些小区的初始设计将是多元化的。一栋单人住房旅馆将被建在迪威臣街和克利伯恩大道交叉口处的新购物中心旁边。在克林顿执政期间,联邦政府通过美国的低收入住房税收抵免①,建造了数十万套可支付住房,这将激励私人开发商在其建筑中为收入高于公共住房门槛的中等收入人群保留一小部分公寓。

在进入市政厅之前,施塔施曾在克林顿政府的总务管理局(General Services Administration)担任副手。(在联邦就业申请表上,当被问及过去是否做过让总统或国家蒙羞的事时,她写道,20世纪60年代,她在旧金山过着反主流文化的生活,不过政府没有让她详细说明。)在考虑"转型计划"时,在福利制度改革和公共住房问题上,她一直在与同样的担忧作斗

---

① 低收入住房税收抵免(low-income housing tax credits, LIHTC)是美国为经济适用住房投资提供的税收抵免。根据1986年的税收改革法案(TRA86)创建,鼓励利用私募股权开发为低收入美国人服务的经济适用房。LIHTC覆盖了今天美国所有新建的可负担租赁住房中的大多数(约90%)。

争。这项福利应该只被给予那些最贫困、收入最低的家庭吗？福利应该发放多长时间？如何为其他有需要的家庭提供新的服务，使受助人不再世世代代留在这个系统之中？她对答案没有把握。然而，她毫不迟疑地认为，集中贫困是有害的。"对策是什么呢?"她说，"是把不同经济背景的人混合在一起。"作为一个实用主义者，她相信完美的方案并不存在，并拒绝让公共住房家庭继续住在危险的高层住宅中。"我们需要终结公共住房的恶劣状况。"

"转型计划"下公私合作的房地产交易融资就像一个魔方，由各种活动部件组成：税收抵免、软贷款①、城市和州政府资助、开发商资金、"希望六号"拨款。各种公共和私人主体必须得到满足，无数现行的规则要么被遵守，要么被正式改写。卡布里尼-格林住宅重建项目的一大部分资金将来自被出售的市价公寓，但该项目也受益于 2.8 亿美元的税收增量融资②，这是权宜之计，根据房地产税未来收益的假设，支出城市资金以改善目前的状况。为了完成这项巨大的尝试，戴利、施塔施和团队的其他成员需要摆脱众多的联邦限制，他们要求在建筑成本、合同、租金限制、准入要求和许多其他规则方面获得特别豁免。美国住房与城市发展部为其表现最好的机构设立了一个名为"走向工作岗位"③的项目，允许其有更大的灵活性。尽管芝加哥仍然表现不佳，但这座城市非常需要它。未来的纽约州州长安德鲁·科莫（Andrew Cuomo）当时是克林顿政府的住房部长，他认为向芝加哥的要求妥协将会树立一个可怕的先例。如果他为戴利破例，那么印第安纳波利斯或辛辛那提的市长就会在下个月提出类似的要

---

① 软贷款(soft loans)是指低于市场利率的贷款。有时，软贷款为借款人提供其他优惠，如较长的还款期限或利息假期。世界银行和其他发展机构向发展中国家提供软贷款。

② 税收增量融资(tax-increment financing，TIF)是一种公共融资方式，在包括美国在内的许多国家被用作城市重建、基础设施和其他社区改善项目的补贴。TIF 计划的初衷是刺激私人在被指定为需要经济振兴的破败地区进行投资。

③ 走向工作岗位(Moving to Work, MTW)是面向公共住房管理部门的示范项目，旨在更有效地利用联邦资金帮助居民找到工作，实现自给自足，并增加低收入家庭的住房选择。MTW 让公共住房管理部门规避了许多现有的公共住房规则，并在使用联邦资金方面具有更大的灵活性。

求。但是,戴利越过科莫,直接找克林顿总统。芝加哥住房管理局被命名为"走向工作岗位"机构,被授予数十项联邦条款的豁免。

"我们将全力以赴地与之斗争到底。"卡萝尔·斯蒂尔宣布。保卫公共住房联盟呼吁暂停所有拆迁,直到城市能够证明,"转型计划"不只是把公共住房家庭分散到未知的地方。斯蒂尔参与了多年的谈判,最终就1996年卡布里尼-格林住宅居民对芝加哥住房管理局提起的诉讼达成和解。根据2000年签署的一项同意令,6栋"红楼"将被拆除,而不是8栋,替代住房是戴利建议分配的公共住房数量的3倍。租户还可以成立一个非营利性子公司,与该地块的开发商合作,拥有50%的所有权;他们将分摊支出和利润,这些钱将被用于帮助无家可归的人和留下的卡布里尼居民。

斯蒂尔指出了她眼中"转型计划"的基本算术错误。市政府保证说,1999年10月1日之前拥有有效租约的家庭将有权返回修复的公共住房,或搬入新的混合收入开发项目。但戴利的计划将使该市的公共住房总量削减三分之一。近年来,芝加哥已经淘汰了数千套公共住房,以及更多的空置住房。然而,有5.6万个家庭在芝加哥住房管理局的等待名单上,2.4万个家庭正在等待租房券,还有8万人无家可归。更多的低收入租房者在努力寻找可负担的住房选择。这些成千上万的家庭将何去何从?"市长说没有人会流离失所,"一名在市政厅外集会的抗议者说,"要我们说,市长是个骗子。"

在某种程度上,芝加哥住房管理局希望复制住房分散化倡议的成功。该计划是"多萝西案"[①]的一部分,是1966年针对该机构提起的废除住房种族隔离计划的首次集体诉讼。1976年,一位法官没有等待芝加哥住房管理局在种族多元化或"复兴"地区建造住房,就对该案做出最终裁决:来

---

① 1966年,多萝西·高特罗和其他公共住房居民对芝加哥住房管理局提起诉讼,指控住房管理局将1万套公共住房集中在孤立的黑人社区,存在种族歧视。并违反了美国宪法和1964年的《民权法案》。这是一项长期诉讼,在1987年导致HUD接管CHA超过20年,并形成高特罗项目,其中的公共住房家庭被搬迁到郊区。这项诉讼被认为是美国第一起重大的公共住房废除种族隔离诉讼。

自芝加哥公共住房的家庭将参加抽签,中签者将凭租房券搬到较富裕的社区的私人出租房。到 20 世纪 90 年代末,有 7100 个家庭参加了这个计划,被重新安置到犯罪率低、学校质量高、就业前景好的地区。每年只有几百人被转移,所以接受搬迁者的社区——通常是白人郊区社区——不会感到自己被淹没了,而被搬迁的家庭可以获得流动性方面的咨询和帮助,持续接受检查和研究。

但现在,市政府希望在私人市场为 2 万多户额外的低收入家庭找到永久和临时的住所。保卫公共住房联盟对芝加哥租赁市场进行的一项研究表明,该市根本无法应对这种需求。芝加哥的整体住宅空置率仅为4.5%,是全国空置率最低的城市之一,空置率主要集中在城市的贫困地区。已经有超过 4 万户家庭在使用"第八款计划"的租房券租房,但芝加哥还有 50 万租房者符合补贴条件,该市的可负担住房缺口为 14 万套。这些数字让资助该项目的联邦官员暂停了计划。"住房和城市建设部不能批准一项让芝加哥住房管理局驱赶超过住房市场容纳能力的家庭的计划。"该部在给芝加哥住房管理局的一封信中写道。

2000 年 1 月,戴利进行了大规模的公开推广。他说服了一个代表所有城市的公共住房项目租户的领导机构,中央顾问委员会(Central Advisory Council)批准了这项提议,并与试图阻止它的租户决裂。"不管我们是否同意,他们都将提交这个议案,"机构主席弗朗辛·华盛顿(Francine Washington)说,"但通过这种方式,我们至少可以发表自己的意见。"由于租户组织支持该计划,美国住房与城市发展部也签署了文件。后来,该市最大的基金会麦克阿瑟基金会①为市长的重建项目提供了机构支持,资助了数十项赠款,并为这一项目注入约 6500 万美元。

施塔施被麦克阿瑟聘请来领导这次行动。她开始在全市范围内招募实现这一目标所需的众多合作伙伴。她资助研究人员研究项目的成效,

---

① 麦克阿瑟基金会(MacArthur Foundation)是美国的私人基金会,成立于 1970 年,总部设于芝加哥,赞助麦克阿瑟奖,俗称"天才奖"(the Genius Award)。

鼓励企业雇佣芝加哥住房管理局的居民，这些居民现在需要满足更严格的工作要求。"我们能够对城市中受到负面影响的大片区域产生影响，对成千上万人的生活产生影响，"施塔施说，"这是个千载难逢的机会。"

J.R.弗莱明

5月的一个晚上，在"转型计划"实施三年后，J.R.正要离开卡布里尼联排住宅，他刚在那里卖掉一辆电动滑板车。这时，他看到警车闪烁的蓝色警灯。他坐在副驾驶座上，伊莎开着一辆范杜拉货车（Vanduras），孩子们被绑在后座上。J.R.的货车没有注册，也没有上保险，但这并不能阻止他跳出来大喊："我做错了什么？"他对被拦下并不感到意外。几个月前，警察对他姐姐在拉腊比北街1017号大楼的公寓进行了突击搜查，J.R.在那里藏匿盗版设备和商品。根据线报，警方发现了几台电脑、7台录像机、电视、音箱和摄像机——他们声称，这些设备被用来复制他们从公寓里没收的大量未经授权的音乐、电影和视频游戏。J.R.的律师辩称，他是合法的音乐和视频制作人，没有证据表明他打算出售任何商品。当检察官申请搜查J.R.的电脑硬盘时，他们遭到了拒绝。指控被撤销了，但J.R.再也没有看到自己被没收的那些设备。一周后，他发现自己的一辆货车车门被踢出了凹痕，侧视镜向后弯曲。他听说这是警察干的。

那天晚上J.R.被拦下时，警察的反应令他吃惊。他遇到了一名白人警察，身高近2米，一百多公斤重，像一座山。警官二话没说就把手伸到后面，用树瘤大小的拳头砸向J.R.的脸。然后他又打了J.R.第二次、第三次，直到把他打倒在地为止。伊莎冲到车外，大喊警察只要逮捕J.R.就够了，因为他没有反抗。知道自己要被关起来时，J.R.试图把口袋里的现金递给伊莎。那时，警察越界了。他用手推搡伊莎的胸口，把她推开。

这是一个温暖的春夜，一百个人在卡布里尼-格林住宅的大楼前闲逛。他们看到警察推了伊莎，立刻集体发出"哦！"的声音。她被打了一拳吗？他摸到她的胸脯了吗？J.R.立刻清醒了，他吸了一口气，使自己镇定下来。他很了解在这种情况下，最重要的是处变不惊。J. R. 转过身，面对正在走出警车的那个警官的搭档，举起双手。"他不必这样对她。"J. R. 说。他背对着那个大个子警察，同时瞄准了他的下巴。"我们本来可以避免这些事。"说到最后一个字时，J. R. 猛地用右肘撞向警官的下颚。一颗牙齿在空中划出一道弧线，静静地落在地上。然后，警察像一棵被放倒的橡树般倒下。说完这句话，J. R. 就跪了下来，双手交叉放在头顶上，不让第二名警官找到更多开枪击毙他的借口。"那就是谋杀了，"J. R. 说，"那改变了我的一生。"

逮捕并不顺利。增援的警察赶到了，拿着警棍向 J. R. 跑去。他该怎么办呢？他只能自卫。在混战中，他被一个钢制手电筒击中。警察向他脸上喷胡椒喷雾。他被抓进一辆巡逻车的后座，并被指控犯有两项加重袭警罪、一项拒捕罪和一项破坏政府车辆罪。如逮捕报告所述，"罪犯用脚踢破了副驾驶侧的后窗"。J. R. 说他还想打破车上的所有窗户——被喷了那么多胡椒喷雾之后，他无法呼吸。如果四项罪名全部成立，J. R. 将在监狱中度过接下来的 16 年。他出狱时就要 46 岁了，他的孩子们也都长大了。

J. R. 有相当多的犯罪记录，有 11 项轻罪，包括非法侵入、盗窃、扰乱治安、不服从解散命令，还有一项他 18 岁时在远北区因贩卖毒品而犯下的重罪。但他的律师辩护称他是在自卫，同时该警官有恐吓 J. R. 的记录。吉姆弟兄写信给法官，证实了 J. R. 与"警察们的关系复杂。有些人喜欢他，甚至向他购买商品。其他人则因为一些轻罪逮捕他"。超过四十多名卡布里尼住宅的居民承认目睹了这一事件，但其中只有 3 名 J. R. 家人之外的人同意作证，其他人则害怕警察的报复。警官们在是谁批准了使用过度武力的问题上提供了相互矛盾的证词，一名指挥官的签名出现在批准表格上，然而他并不在现场。J. R. 的律师要求提供每位警官的投诉记录和不当行为的内部调查。审判拖得很长，延期审理后，开庭日期拖了几个月，然后又拖了一年多。

J. R. 认为，如果他能展示自己对社区的奉献精神，这将有助于他的诉讼。他要向法官表明他不是什么暴徒。管理他之前所居住的大楼的女人允许他把拉腊比北街 1017 号大楼的一间空置公寓改造成一个录音工作室。他把卡布里尼-格林住宅不同片区的人聚到一起,其中一些人来自敌对帮派,为保卫公共住房联盟开辟了一条道路。"真可惜,我们活在虚幻中/他们夺走了我们的社区,他们不想让我们改变/这是我妈妈长大的地方/这是我家人长大的地方/感谢上帝,他让我们靠自己来拯救格林住宅。"他参加了卡布里尼-格林住宅的神职人员指导的"100 人站起来"(100 Men Standing)项目。他创办了嘻哈国会(Hip Hop Congress)的一个分会,这是一个主要在大学校园里发展的与社会活动和艺术相关的非盈利组织;这是唯一一开设在公共住房项目里的分会,J. R. 说,这是一种利用音乐接触大众的方式,将大学与社区联系起来。J. R. 最初举办的活动之一,是为无家可归者举办嘻哈假日音乐节(Hip-Hop Holidays)。"希望会拯救无家可归者。"他说。J. R. 不再兜售产品了,他利用自己的热压机为"拯救卡布里尼住宅"(Save Cabrini)运动设计 T 恤。

J. R. 也开始为保卫公共住房联盟做些组织活动。他坐在卡萝尔·斯蒂尔的办公室里,那里张贴着鼓舞人心的海报:"贫穷是最严重的暴力形式——甘地;进步的证明不是让富人更富有,而是令穷人不再困苦——富兰克林·德拉诺·罗斯福;相信上帝。"斯蒂尔用轻快的声音解释了"转型计划"的内容,这种声线掩盖了她的强硬,她似乎和 J. R. 一样乐观。很少有城市机构能够处理如此庞大、需要仔细面对政治和人性的任务。更何况,长期以来,芝加哥住房管理局一直是效率最低、管理最差的政府部门之一。对于政治恩庇来说,这是一潭死水,那些有更好人脉的人通常会选择到其他地方赚钱。此外,当"转型计划"开始实施时,芝加哥住房管理局刚刚脱离了联邦政府的接管,员工人数从 2500 人缩减至区区 500 人。即使是留下来的那些勤奋、周到、富有同情心的员工,也没有准备好应对"转型计划"中的政治压力。市政厅宣布要清空高层建筑,观察家们报告称,芝加哥住房管理局中弥漫着一种战时的气氛。"我们真的放弃了那些问题缠身的人,"机构雇佣的一名帮助居民重新安置家园的承包商说,"到那个时候，我们什么都做不了。我是说，我们都找不到他们！那样的话，我们又怎么能为他们服务呢？"

芝加哥住房管理局惊讶地发现，在它所管辖的建筑中，有众多居民患有精神或身体残疾、遭受创伤，要么酗酒，要么吸毒。这些家庭需要的是社会工作者的帮助，而不是安置顾问。"开始动工时，我们并不知道从服务受益者的角度来看，这项计划的情况有多么糟糕。"芝加哥住房管理局几位负责"转型计划"的负责人之一，刘易斯·乔丹（Lewis Jordan）说。在成千上万仍然住在公共住房里的人当中，很多人已经在那里住了几十年，在缺乏适当指导的情况下，很多人没有看到任何公告，错过了市中心的会议，在听说参与搬迁所需要的复杂程序时就放弃了。那些完成了每项任务的人会见了安置经理，并参加了关于邻里和睦和资金管理的研讨会。他们填写大量表格，选择是永久搬迁还是临时搬迁，是愿意用租房券在私人市场租房，还是希望留在修复后的公共住房项目中。如果他们曾拖欠租金或水电费，或者租约名单上的亲戚有犯罪记录或者不符合新的就业要求，这些人就会格外"遵守租约"。然后，顾问们会到其他社区寻找房子。然而，这些安置顾问每人每次要处理一百多个案子，他们应该向每个家庭提供 5 种可能的住宅选择，但实际上根本无法实现。这些顾问按结案数收取报酬，在许多情况下，他们都与特定的房东有连带关系。

监管一个由数千名"第八款计划"房东组成的庞大网络，本身就面临着挑战。私人市场上的许多房东提供的住房比公共住房优越得多，但也有许多人不熟悉低收入租户与社会服务之间的关系。一些人非法将家庭拒之门外，或拒绝修理泄漏或有故障的炉子。如果公寓不符合规定，疏忽大意的房东很少受到惩罚。当他们受到惩罚时，租户们就遭殃了，因为他们将被迫再次举家搬迁，重新开始寻觅房产，再一次与公用事业公司、电话公司和租房押金打交道。

截至 2002 年年底，芝加哥全市共拆除了 6900 套公共住房。但它还没有修复任何公共住房单元（为长者保留的除外）。而且自 2000 年以来，混合收入建筑中只保留了 130 套公共住房单元。许多居民未能在迁出日期前找到公寓，就与住在其他地方的家人合住，或者离开废弃的公共住房，搬到该市尚未拆迁的公共住房中。居民经常离开一个不安全、不卫生的公寓，又搬到另一个之中。在帮派掌管的区域中暂住的情况并不少见。"'转型计划'可能是我作为组织者经手过的最恶心的东西。它为那些流离失所者提供的照顾太少了。"吉姆·费尔德(Jim Field)说，他先是与社区更新社群(Community Renewal Society)合作，后来又与芝加哥无家可归者联盟(Chicago Coalition for the Homeless)合作。"普通大众其实很关心无家可归的人，但他们并不关注公共住房的居民。听到公共住房中传出的枪击案和杀戮的故事，大多数主流人士会说：'好吧，是我们在为此买单。'但他们经常会对无家可归者感同身受。"

面对批评，芝加哥住房管理局同意让一个独立的监督员评估项目的进展。前美国检察官托马斯·沙利文(Thomas Sullivan)证实，这些建筑是在一片忙乱中关闭的，租户们缺乏适当的咨询服务，陷入一种大规模的混乱状态，而这一切都是可以避免的。他发现，几乎每个搬迁的家庭最后都住在以非裔美国人为主的社区，四分之三的家庭住在极度贫困的地区。"这些都不是'转型计划'所承诺的重建灵魂的机会，现在这些家庭处于一个陌生的地方，失去了以前熟人之间的支持网络。其结果是，这些家庭搬离垂直的贫民窟，然后进入水平的贫民窟，比如那些位于芝加哥西部和南部边界的高度隔离的社区。"沙利文写道。"转型计划"并没有打破贫困的集中，而是将居民转移到其他地方，让他们对城市的其他市民来说不那么显眼。一项代表这些被安置居民的集体诉讼，表明这座城市重新经历了种族的隔离化。

芝加哥住房管理局采纳了沙利文提出的 54 条建议中的许多条。它聘用了一家新的社会服务提供商，极大地改善了该机构安置家庭的方式。但安置伴随的问题一直存在。租户签署了一份"回归权"协议，规定在1999 年 10 月之前有租约的人，都有机会回到任何代替旧高层住宅的项目中。现在，十分之九的家庭表示他们想要回到长期居住的社区，这个数字是芝加哥住房管理局预测的两倍。在卡布里尼-格林住宅，芝加哥住房管理局与 1770 个家庭签订了"回归权"合同。那些想要回来的人必须拿着临时租房券先搬到别的地方。一些人不符合回归人员关于工作要求的新规定，还有一些人因为"一振出局"[①]毒品法或其他原因被驱逐。随着时间的流逝，有些人死了，有些人则是消失了。在其他匆忙拆除的大型开发项目中，安置过程要糟糕得多。在"转型计划"进行几年后，芝加哥住房管理局在当地报纸上刊登了广告，声称他们无法联系到机构持续跟踪的 1.68 万个家庭中的一些家庭，并请以下 3200 个家庭中的成员在未来 90 天内与他们联系，否则将失去返回公共住房的权利。

"这是完美的时机"，J.R. 说。当"转型计划"推出时，他正在为自己的案子而战。他选择参与斗争，这一抉择并不困难。"我决定要发挥一点作用，我看到的苦难不会就此停止。"

在城市开展"转型计划"的同时，住房管理局考虑将比尔林北街 1230 号大楼出售给租户。长期以来，这座建筑一直被视为卡布里尼-格林住宅各种问题的例外。在联邦接管芝加哥住房管理局期间，住房与城市发展部认定比尔林北街 1230 号大楼的租户管理人员"改善了生活条件"，并减少了"忽视和虐待"，完成了"居民赋能和经济提升"。现在，居民们想要买下自己的房子，其出价远远低于房产的市场价值，还要求联邦政府在出售房产后的 10 年里继续补贴这栋高层住宅的主要维护费用。当地居民指出，政府向"第八款计划"的房东们支付了租金，让低收入租户得以入住，给了开发商更大的甜头，让他们在卡布里尼-格林住宅附近建造房屋。如果将比尔林北街 1230 号大楼作为一个非盈利的合作项目运营，他们可以为 134 个公共住房家庭提供住房。居民还应当在房产上获得"血汗权益"[②]，他们的工作弥补了自己难以支付的首付。这次出售得到当地政客

---

① 一振出局(one strike)指住在公共住房项目中的租户或以其他方式接受联邦政府住房援助的居民，如果从事某些类型的犯罪活动，就会被立刻驱逐，不再提供第二次机会。

② 血汗权益(sweat equity)指的是一个人在没有薪水的情况下为创造价值所做的工作。例如，房主自己翻修或修理他们的房子是在投资血汗资产，从而增加房子的价值。

和公民领袖的支持，也得到芝加哥住房管理局不甚情愿的批准。许多人认为该提案是对公共资源的不当利用，很可能会失败。伊利诺伊州住房发展局（Illinois Housing Development Authority）和芝加哥住房和经济发展局（Chicago's Department of Housing and Economic Development）最终否决了该交易。

尽管如此，芝加哥住房管理局仍然将比尔林北街 1230 号大楼视为卡布里尼-格林住宅规划的盟友。2002 年，卡萝尔·斯蒂尔通过竞选，将科拉·穆尔赶下卡布里尼住宅全体租户委员会主席的位置。投票结束时，穆尔以 260 票比 66 票领先。但四个小时后，222 张来自联排住宅的选票进入票池——然后穆尔就输了——斯蒂尔赢得了其中的 201 张。在其他选票被判定不合规后，斯蒂尔以 261 比 214 的总体优势获胜。芝加哥住房管理局不想在选举中输给斯蒂尔。除了有问题的选票之外，斯蒂尔还卷入一起诉讼，这场诉讼暂停了卡布里尼拓展区高层住宅的工程；除此之外，她还是保卫公共住房联盟的领导人，该机构呼吁进行新一轮投票。选举中还有其他违规行为：投票观察员无法进入举行投票的大楼，选举活动只能在投票站进行；在一栋高楼里，选民每人得到两张选票；在穆尔的大本营比尔林北街 1230 号大楼，选票上没有正确的签名。竞选最终在法庭上结束，芝加哥住房管理局为穆尔聘请了律师。在辩论中，律师们引用莎士比亚的作品和最近布什起诉戈尔案的先例，这两个例子区分了废票和丢失选票的差别。芝加哥住房管理局的律师质疑斯蒂尔的人品，说她雇用男友管理联排住宅。这种反反复复的争论持续了 8 个月，直到一名法官判定，至少依据伊利诺伊州选举法，匿名选票的违规行为比选票丢失更严重。最终，斯蒂尔被宣布为获胜者。

卡布里尼-格林住宅的其他建筑也分别成立了自管公司。芝加哥住房管理局指控斯蒂尔领导的联排住宅居民管理小组允许擅自占用房屋的人住在空房子里，并在工资和其他费用上花费了大约 30 万美元，超过了联邦法律允许的范围。2003 年上午 6 点，芝加哥住房管理局突袭了比尔林北街 1230 号大楼。机构的工作人员在锁上居民管理办公室的大门之前,把所有的东西都清空了,把电脑和文件扔进垃圾箱。多洛雷丝·威尔逊的女儿谢丽尔发现了价值数百美元的、未兑现的租金支票,它们都被风吹散了。在一次新闻发布会上,芝加哥住房管理局的新负责人特里·彼得森(Terry Peterson)表示,他将解雇居民管理者。他展示了早些时候视察大楼时拍摄的照片。照片显示,住宅中垃圾成堆,一辆购物车侧倒在走廊上。"我们的居民应该住在安全、干净和管理良好的建筑里,"彼得森说,"这种情况是不可接受的,我们将要求物业经理负责清理这些垃圾。"

比尔林北街1230号大楼的租客多年来一直享有特殊的地位,现在却在为自己的衰落而挣扎。"他们没有给我们任何理由,也没有告诉我们他们是谁。"坎农说,"他们只是说,'我们不再需要你的服务了'。"他负责这座大楼的维护工作已经有十多年了。和其他的居民管理员一样,他失业了。这座建筑并不完美——在翻修近十年后,前门有凹痕,入口的有机玻璃也磨损了。在楼梯口和外廊上,多年的冬季结冰和盐分侵蚀了混凝土楼板,走廊的砖墙被涂成暗红色,上面画满涂鸦。然而,一切并没有芝加哥住房管理局所说的那么糟,租户接手前,这里的情况才是真的令人无法接受。"我们都怀疑他们想要接管这座建筑,降低居住人数,然后再说它不适合居住,把人们搬出去,这样,他们就可以拆除它了。"芝加哥无家可归者联盟的负责人艾德·舒纳(Ed Shura)说。

"我觉得一切都结束了,"多洛雷丝·威尔逊说,"如果他们能随意关闭一家公司,他们就能做任何事情。"她希望听到多年来与她和邻居们合作的政治家和官员的声音,这些人为他们提供培训,为他们的努力提供资金。"我以为伯莎·吉尔基会来给我们打气,或者告诉我们该如何跟进。我以为她至少会打个电话,"多洛雷丝说,"她知道我们干得不错。但没有人给出任何解释。你总是以为,他们会告诉我们机构这样做的原因。"

J.R.弗莱明

J.R.发现社会活动和兜售产品很像。他又在卡布里尼的草地上走来走去,巡视剩下的所有高层住宅和联排住宅。当他"兜售"那些关于不公正和失信的故事时,顾客仍然会听他俏皮地唠唠叨叨。他告诉居民,只有把穷人从黄金地段搬到就业机会和交通选择更少,犯罪、帮派和学校的情况都更糟糕的地方,这个城市的"破坏计划"才会成功。他喜欢当一只牛虻,成为挑战当权者的害虫。与保卫公共住房联盟的其他成员一道,他会去参加芝加哥住房管理局的董事会会议,在公众评论环节把官员称为"愚蠢的变革机会主义者"和"违背诺言的戴利走狗"。他用洪亮的声音重复着卡布里尼的居民如何流离失所,他们的回迁权如何受到阻碍,居民所有企业如何得不到合同,以及租户无法得到建筑工作的雇用机会。

芝加哥住房管理局发起一项新的品牌重塑计划,由芝加哥广告机构李奥·贝纳广告公司(Leo Burnett)免费执行,将芝加哥住房管理局的名字变成了"改变"(CHAnge)这个词。"这就是改变"(This Is CHAnge)的标语与居民们的照片以及他们对美好生活的期盼铺满了整个城市。2005年,艺术家和社会活动家用外观相似的标语覆盖了公交车站的广告,将该机构的标识重新修改为"这就是混乱"(This Is CHAos)。这场反抗运动以张贴戴利市长、特里·彼得森或其他住房局官员的大幅照片为特色,配上控诉式的提问:"游客比穷人更重要吗?""金钱和政治能混为一谈吗?"一张海报的主角是芝加哥著名的房地产开发商丹·麦克莱恩,上面写着:"当市长的'转型计划'要求拆除卡布里尼-格林住宅时,麦克莱恩很早就得到消息,开始收购附近的房产……麦克莱恩毫无风险地从我们的税金里赚钱。"J. R.将芝加哥住房管理局的新口号定义为"芝加哥把所有黑人赶去别的地方"(Chicago Helps All Negroes Go Elsewhere)。他为面临搬迁或即将在"第八款计划"中搬来搬去的租户提供建议,兴奋地带领100名居民在市中心游行、高呼口号。"你们厌倦了跑来跑去的生活吗?"他向邻居们提出倡议,"我们来自格林住宅。我们不能让他们夺走我们的历史。"

早在1998年,为了庆祝联合国《世界人权宣言》发布五十周年,卡萝尔·斯蒂尔就曾和其他芝加哥住房管理局治下的居民前往纽约,为他们在家乡的抗争作证。卡布里尼-格林住宅被如此诋毁,与犯罪和毒品紧密联系在一起,以至于当地居民很难在自己的家乡找到盟友。但在纽约,来自世界各地的社会活动家们明确表示,他们认为近北区的斗争是全球范围内更广泛的斗争中的一部分。对 J. R. 来说,将住房视为一项人权的表述为他提供了一种可以借力的行动计划。他开始在裤子后袋里随身携带一份《世界人权宣言》,随时随地拿出来,像武器一样挥舞着。他以当年兜售盗版商品时大肆宣读反盗版法律的方式,背诵联合国文件第 25 条:"人人有权享受为维持他本人和家庭的健康和福利所需的生活水准,包括食物、衣着、住房、医疗和必要的社会服务。"

在一些组织的资助下,J. R. 开始参加全国各地的人权会议和活动。每隔几周,他就去见负责他那桩袭击案的法官,请求她允许自己离开伊利诺伊州,去参加在亚特兰大、费城、纽约、弗吉尼亚、新泽西和马里兰举行的会议。在斯蒂尔写给法官的信中,她赞扬了 J. R. 的工作:"他鼓励青年男女参与到决定社区命运的进程中,正如芝加哥住房管理局的'转型计划'一样,改变了卡布里尼-格林住宅的性质和构成。"法官既被深深触动,又感到困惑。她查看了 J. R. 的被捕记录和犯罪记录——他甚至连个高中同等学历都没有——并试图把这些过去与邀请他在联合国世界城市论坛上发言的信件联系起来。她批准了所有的行程,有一次甚至让他去了委内瑞拉的加拉加斯。在那里,J. R. 在白袜队的帽子里缠上了切·格瓦拉的头巾,与乌戈·查韦斯①的政府会面,讨论向芝加哥的穷人供应石油的问题。法官还让 J. R. 去了拉斯维加斯,在那里,他和伊莎结婚了,这是挽救他们关系的最后努力。

2005 年的卡特里娜飓风过后,J. R. 带领一辆载满卡布里尼住宅居民的巴士前往新奥尔良协助救灾。在接下来的三年里,他多次回到那里,每次都观察到城市是如何被修复的,但那些贫穷的黑人社区却没有得到改善。在新奥尔良下九区(Lower Ninth Ward),那些被喷上"X"标记的受

---

① 乌戈·查韦斯(Hugo Chávez, 1954—2013),1993—2013 年任委内瑞拉总统。

损房屋毫无变化;汽车仍然留在被冲进门廊或侧翻的地方。"在新奥尔良,情况显而易见,"J.R.说,"一旦水位下降,你就能清楚地看到哪里被重建了,哪里没有。整个城市的人口构成都被改变了。这些'置换手段'(tool of displacement)是来真的。"洪水过后不久,新奥尔良市议会投票决定拆除该市剩余的大部分公共住房。该市关闭了其中 6 个最大的项目,失去了 3000 多套之前使用中的公共住房单元。"我们终于清理了新奥尔良的公共住房,"一位来自路易斯安那州的美国国会议员吹嘘道,"我们做不到,但上帝做到了。"对 J.R.来说,新奥尔良恰好说清了芝加哥正在发生的事情。芝加哥甚至不需要一场洪水。他和邻居们即将被赶出市中心,赶出戴利的全球城市。他准备反击。

尽管出席听证会的数十名警察表示反对,但 J.R.一案的法官裁定,他将不被判处监禁。法官判他从事社区服务,并给了他两年缓刑,还命令他参加情绪管理课程。"我对这个制度感到愤怒。"J.R.告诉心理学家。他蓄起头发,把它拧成卷状的脏辫。就是在那时,他正式将自己的名字由小威利·麦金托什改了过来。新名字是他新身份的一部分。"我是威利·J.R.弗莱明,人权执法者,"他会以这样的方式介绍自己,"J 代表'公正'(Just),R 代表'正义'(Righteousness)。"詹姆斯·马丁是卡布里尼-格林住宅的便衣警察,绰号"艾迪·墨菲",认识 J.R.和他一家人几十年了。回顾 J.R.的个性转变,他开玩笑说,那些警队的同事把事情搞砸了。在那个年轻人只是兜售 DVD 和筒袜时,他们应该别管他。"现在,他们把他叫醒了。"

15 老城·新城

凯尔文·坎农

坎农年轻时相信,卡布里尼-格林住宅的高楼会像山一样不可动摇。它们就像无边无际的密歇根湖平原一样,是自然景观的一部分。"但是我长大了,"他说,"我还变得更聪明了。"他目睹儿时的游乐场奥格登大道立交桥消失了,设了路障的高架桥也被拆除了。他自学了卡布里尼-格林住宅的历史——知道这个社区以前住过爱尔兰人、瑞典人和意大利人;卡布里尼住宅的联排住宅和高层住宅建在原先的贫民窟上,曾经贫民窟似乎也是永存的,直到它不复存在。坎农开始信奉一种源于宿命论的实用主义:"改变"是当权者强加给其他每个人的东西。2003 年,戴利市长在深夜出动推土机拆除了跑道,结束了关于市中心机场^①之未来的争论;他移动湖滨大道,建了一个市中心的博物馆园区^②;想一下就知道,他会对公共住房做些什么。"卡布里尼住宅是黄金海岸的眼中钉,"坎农说,"改造社区的计划早在 20 世纪 70 年代初就被授权了。这只是时间问题,不可避免。"他相信,社区也许能够挽救这些联排住宅。但拯救高层住宅是不可能的。"别人教育我,我们最好和人们一起坐在桌旁,这样才能寻求共存,"他解

---

① 市中心机场,指梅格斯机场(Merrill C.Meigs Field Airport),1948 年 12 月至 2003 年 3 月在密歇根湖北岛运营。该机场毗邻北美第二大商务区芝加哥市中心。2003 年,小戴利市长违反美国联邦航空管理局的规定,下令在没有通知的情况下连夜推平跑道,迫使梅格斯机场关闭。

② 博物馆园区(museum campus)是芝加哥市中心的公园,包含阿德勒天文馆、谢德水族馆与菲尔德自然历史博物馆,毗邻美国国家橄榄球联盟芝加哥小熊队的主场士兵球场、麦考密克广场的湖滨中心、北岛公园和伯纳姆港。

释道,"我们现在能做的就是谈判,争取让尽可能多的人口回到公共住房。"

坎农尊敬卡萝尔·斯蒂尔。他不否认,这些诉讼和所有的抗议都起到一定作用。但坎农认为斯蒂尔女士已经迷失了自己的道路。自从联邦政府将"希望六号"计划的数百万美元签署给卡布里尼住宅的重建以来,十年已经过去了,在这段时间里,几乎什么事情都没有发生。在过去的三年里,斯蒂尔是卡布里尼租户委员会的主席,她与市议会和赢得重建卡布里尼-格林住宅部分地区合同的开发商彼得·霍尔斯滕(Peter Holsten)发生了冲突。"我们浪费了三年时间,"坎农说,"在拆除的过程中,我们就应该开始重建混合收入住宅。但斯蒂尔无法与霍尔斯滕达成一致,什么都没有建。许多居民流离失所,其中许多人再也找不到了。"

2004年,坎农决定把斯蒂尔从租户委员会主席的位置上赶下来,他认为自己完全能胜任。他已经41岁了,除了被监禁的三年半之外,他一直住在卡布里尼-格林住宅,距离他唯一一次因持械抢劫被定罪,已经过去了将近四分之一个世纪,距离他离开"黑帮门徒帮",则已经过去了15年。当科拉·穆尔还是租户委员会主席的时候,他是她的学徒。他曾和她、多洛雷丝·威尔逊一起工作,管理高层住宅,并负责维护和施工。斯蒂尔的副主席向黑帮犯罪委员会举报了坎农,称一名"黑帮门徒帮"成员试图接管价值数百万美元的卡布里尼-格林住宅的重建计划。但是坎农让大家知道,他已经归顺上帝。如果有第二次机会,他会全身心投入社区。

事实上,在一些保守派的圈子里,坎农被誉为自力更生、自我救赎的典范。他被邀请加入"赋能网络"(Empowerment Network),这是一个支持宗教信仰的政策团体,成员包括宾夕法尼亚州参议员里克·桑托勒姆(Rick Santorum)和其他社会保守派的国会议员。作为一名前黑帮成员,坎农被视为一个活生生的例子,证明即使是内城的棘手问题,也可以通过"自由和自由市场的韧性力量,以及公民对上帝的深切信念"来解决。"赋能网络"的领导,戴维卡·卡普拉拉(David Caprara)在杰克·肯普领导下的美国住房与城市发展部工作,专门负责居民指导项目。"上帝保佑你的成就、你的家人,以及比尔林北街 1230 号大楼,"他写信给坎农说,"你是我们的英雄!"

坎农没打算逃避过去的帮派经历。他打赌,卡布里尼-格林住宅的人都记得他在指挥"门徒帮"成员时,从未滥用过权威。作为一名"黑帮门徒帮"理事,坎农已经证明了自己坚持不懈的品质,并成功晋升到领导岗位。他穿上衬衫,打上领带,穿着 V 领毛衣和皮衣,开始在卡布里尼-格林住宅的场地上奔走,挨家挨户到每个公寓去,告诉人们为什么要选他做主席。他收集签名,请求居民为他投票。坎农喜欢独自去游说,他觉得人们会认可他的无畏和决心。他在"白楼""红楼"和联排住宅之间兜转,不断重复这个过程。现在,住宅中有一半的单位是空置的,但没有人真正知道哪些房子是空的,哪些有人居住,谁在租约上、有投票权。三个月来,他试图联系每一个人。坎农断断续续地叙述着,在解释选举就像是全民公投,对重建社区意义重大时,他的话语突然像洪水般涌出。在卡萝尔·斯蒂尔的领导下,他们失去了唯一一次融入这片不断发展的地区的机会。如今,他们不得不接受变化。他们不得不相信,已经有太多的律师参与了"转型计划",所以它不会失败。

卡萝尔·斯蒂尔和她的支持者称,坎农是芝加哥住房管理局和开发商的秘密伙伴。他们指出,当霍尔斯滕开设北城村(North Town Village)——一个位于比尔林北街 1230 号大楼对面的私人混合收入开发项目时,他给了坎农一份保安的工作。斯蒂尔说,坎农简直太天真了。难道十年来的一再食言,还没有证明芝加哥住房管理局根本不可信吗?有多少次,居民们被告知他们是规划之中的一部分,但当城市决定按照自己的计划前进时,他们却被推到一边?斯蒂尔反复重申,她没有阻碍重建的过程,她试图确保一切行动都是合法的,并且符合既定目标:"我们说,'让我们看看土地,看看资金和房子'。但是芝加哥住房管理局拒绝出示。因此,这是一个漫长的过程。"她想要证明那些拥有回迁权的人确实可以回到卡布里尼-格林住宅,他们最终会被混合到新房子的住户里。2004 年早些时候,由于芝加哥住房管理局在建造替代住房之前,就向 400 个家庭发出了驱逐通知,卡布里尼的居民又向芝加哥住房管理局提起了另一项诉讼。经验告诉她,只有在法官下令时,芝加哥住房管理局才会兑现对租户的承诺。

在投票当天,坎农向他的朋友和家人分发对讲机,让他们帮忙引导居民前往投票站,并监视不正当行为。和大多数公共住房的选举一样,居民的投票率很低。而且,许多投了票的人让选票作废了——他们两个候选人都喜欢,所以都选了。在最后的计票中,坎农多获得了几十张选票。斯蒂尔对结果提出质疑,但芝加哥住房管理局认可了计票结果。她说,她的落选是因为芝加哥住房管理局和州政府想让她出局;坎农与其说是被选举出来的,不如说是被选中的。坎农把他的当选归功于比芝加哥住房管理局甚至戴利市长权力更高的人。他说,他站在上帝这边。

坎农就任主席后的第一件事,就是把迪威臣街以北的租户委员会办公室搬到比尔林北街 1230 号大楼。为了创造出足够大的空间,在那幢高楼的一楼,坎农把两个单元组合了起来。然后,几周后,他签署了协议,最终开始建造取代卡布里尼拓展区塔楼的新房屋。他把希望寄托在彼得·霍尔斯滕身上,他已经获得了开发这个混合收入小区的合同。"我们很幸运能有他这样的合作伙伴。"坎农说。

霍尔斯滕在西部郊区长大,在芝加哥大学获得工商管理学硕士学位后,他来到南区,无意中进入房地产行业,开始与市政府的合作。他说,公共住房"逐渐成为我的终生事业"。霍尔斯滕说,他很快就意识到,仅仅把公寓的钥匙交给公共住房家庭,宣称他们"从此过上了幸福的生活"是不够的。他相信一种"直来直去"的模式,既严格又充满尊重:"'对不起,琼斯太太,因为你的儿子放火烧了公寓,所以你得搬出去。也许我们可以请你的儿子参加一项课程,并说服管理层让你留在这里。'这就是恩威并用,"霍尔斯滕解释道,"遵守规则,否则就离开。"他雇佣案例经理帮助租户寻找工作,并及时了解他们的经济状况。他在自己的每一个地产项目现场都安排了一名社会服务顾问。"我希望我所负责的大楼里,所有的孩子都能上大学,我希望户主们都能找到工作,打破贫困的循环,"霍尔斯滕说,"我知道这是不可能的。但是,我该怎么办呢? 我尽量给他们最好的房子。我尽量让每个人都成为好邻居。"

在过去的十年里,十几个混合公共住房单元的市价开发项目在卡布里尼-格林住宅的周围建成开放。私人开发商们争夺建设权、税收抵免和融资优惠。对于位于中心位置的卡布里尼-格林住宅来说,吸引投资者并不难。1995 年,卡布里尼-格林住宅周围的两个街区的住宅销售总额还不到 600 万美元,但 5 年后,在"转型计划"开始时,其年销售额达到 1.2 亿美元;2000 年到 2005 年,这一地区的总销售额接近 10 亿美元。

1999 年,当霍尔斯滕赢得北城村的开发权时,他给待售单元确定的定价,比该地段当时的价格低出 15%。261 套共管公寓和联排住宅中,有 79套是为公共住房家庭保留的,他认为,买家可能会因这种独特的安排而却步。他对年轻的专业人士宣称,他们将会成为"社会先锋",开始一种新的城市生活方式。不同种族和阶级的人将彼此相依,住在同一个屋檐下。但作为先驱者,他们需要大胆行动、走在别人的前面;他们要在价格上涨和土地问题完全解决之前就当机立断。

在北城村开工的几个月前,一辆销售拖车第一次开入项目的工地,单元的销售速度非常快:当天售出了 47 套,到周末,售出了 80 套。卡布里尼住宅塔楼仍然代表着这片区域,但买家相信,高层住宅很快就会被更高价值的房产取代。因此,北城村被称为芝加哥最热门的房地产项目之一。"离黄金海岸、芝加哥河北岸地区、老城和林肯公园仅一步之遥,卡布里尼-格林无疑是整个芝加哥最受欢迎的街坊之一。"当地一家房地产公司在一篇报告中洋洋洒洒地写道。北城村的联排别墅售价高达 47.5 万美元。一对购买了一套共管公寓的年轻夫妇描述了一场购房狂潮,一个女人对她的丈夫大喊大叫:"剩下什么就买什么吧。"

这里曾经是卡布里尼-格林住宅——在那之前,是"小西西里"和"小地狱"——如今,一些房地产经纪人试图把这里重新定位为"新城",放弃了卡布里尼-格林这个有损利益的名号。彼得·霍尔斯滕将这个取代了迪威臣街上几栋"红楼"的混合收入小区命名为"老城公园畔"（Parkside of Old Town）。在大楼奠基仪式上，有霍尔斯滕与芝加哥住房管理局的特里·彼得森、奥尔德曼·沃尔特·伯内特等政要，还有凯尔文·坎农。霍尔斯滕举着铁铲，在安全帽下面垫着头巾，穿着一件白色羊绒大衣，尽管现场泥泞不堪。戴利宣布，卡布里尼-格林住宅现在是"更大的老城街坊的一部分"。

安妮·里克斯的女儿之一，拉塔莎·里克斯（Latasha Ricks）参与建造了公园畔的多层住宅和联排别墅。"尽管我是这个项目的主席和合作伙伴，"坎农说，"我也参与了建设。我在外面的工地上工作，是一名工人。"在建设过程中，霍尔斯滕预售了公园畔 70% 的市价单元，购买者只需支付售价的 5% 作为定金。预售在 2006 年开始，两年后居民才能搬进来，联排别墅的售价为 50 万到近 75 万美元，共管公寓起价为 30 万美元。许多人抢购了两套住宅，盘算着随着房价继续攀升，他们可以卖出一套。霍尔斯滕最初计划先完成一栋多层建筑，然后再开始建造其他的。但凭借预售的收入和不断增长的需求，他开始建设全部 760 套公寓，其中包括 228 幢联排别墅和几幢多层建筑。

2006 年，阿布·安萨里（Abu Ansari）成为这里的新主人之一，他的伴侣马克（Mark）用尚未建成的公园畔社区平面图给了他一个惊喜。安萨里是一名来自得克萨斯州的舞台剧演员，在 20 世纪 90 年代初搬到芝加哥，时刻关注着"转型计划"的消息，想知道公共住房的居民是否会在社区变得繁荣的时候被迫离开。他的母亲在圣安东尼奥的公共住房中长大。作为一名黑人同性恋者，他与一名年长的白人男性交往，并已经适应了这个新城市里严重的种族和阶级分化。他曾无数次鄙夷地斥责"士绅化者"，现在，他也是其中一员了，即将搬入卡布里尼-格林住宅。

对于打消疑虑而言，两年是一段很长的时间。卡布里尼住宅周围的房价还在继续上涨，阿布和马克将他们的早早入市视作高明之举。当公园畔多层建筑实际建成时，建筑设计超出了他们的预期。这座建筑与它所取代的高楼截然相反。它又矮又宽,是一个多面体,和蔼地矗立在迪威臣街和苏厄德公园的拐角处,像一座盘腿佛。它橘黄色的砖砌外墙,点缀着紫色的图案和装饰性立柱。每个单元都有一个阳台。阿布和马克开始接受这样的想法:他们是一场激动人心的社会实验的先驱者。

当阿布和马克终于搬进来的时候,他们简直太幸福了。他们位于九楼的公寓宽敞而现代,面对新建的综合超市和远处的林肯公园。他们举办了晚宴派对,自豪地炫耀新家。在大厦管理层举办的晚会上,业主们互相见面,谈话总是转到他们的远见和共享的好运上。公共住房单元尚未招满,但共管公寓几近售罄。业主可以从阳台上看到隔壁另一栋在建的多层住宅,其潜在买家正在销售拖车前排队。

2008 年的初秋,阿布和马克搬进老城公园畔一个月后,全球性投资银行雷曼兄弟申请破产。十多年来,随着房价飙升,人们一直信奉政府和企业长期宣扬的一种信念:在全球繁荣的福音中,住房市场的房价只会上涨。"转型计划"是在房地产泡沫中制定的,其成立的前提是在新的混合收入小区中按市价出售单位。如果没有这些销售额,公私合营的开发项目就无法支付其建设成本,也无法为资本项目提供担保贷款。公共住房诞生于 20 世纪 30 年代,因为就其本质而言,以营利为目的的房地产市场,无法为经济阶层较低的美国人提供体面、可负担的住房。70 年后,投机市场再次暴露出它的局限性。卡布里尼-格林住宅的居民并没有考虑到银行业放松监管、信贷违约掉期[①]、负摊销贷款[②]或债务担保证券[③](collagenized debt obligations),但芝加哥的每一个公共住房开发项目中,

---

[①] 信贷违约掉期(credit default swaps),也称贷款违约保险,是一种可供投资人规避信用风险的契约,由承受信用风险的买方与卖方进行交换,在契约期间买方需定期支付一笔固定费用给卖方(类似权利金的概念),以换取在违约事件发生时,有权者持有的债券以面额卖给卖方。

[②] 负摊销贷款(negative amortization loans)是一种付款结构,允许借款人支付少于贷款利息的定期付款。

[③] 债务担保证券(collagenized debt obligations, CDO),是一种信贷挂钩票据形式的结构性投资产品。债务担保证券于 2000—2007 年间在金融业广泛应用,最初被用于公司债券市场,但在 2002 年后,CDO 成为再融资抵押支持证券的工具。其中被称为合成债务担保证券(synthetic CDO)的产品加剧了美国的房地产泡沫及其后的次贷危机。

代替公寓的建设都暂停了。老城公园畔的二期工程中断了。卡车和穿着荧光黄色背心的人都离开了，浇筑完的地基像罗马废墟一样暴露在外面，让人想起一个尚未到来的时代。

公园畔的购房者还没有完成认购，就直接离开了，放弃了5%的定金。彼得·霍尔斯滕损失了一半的预售款。该项目的市价商品房开发商合伙人，一家在西部各州拥有房地产项目的全国性开发商，申请破产。霍尔斯滕以峰值价格的一半出售公园畔的公寓，首付仅需3%。在麦克阿瑟基金会的帮助下，芝加哥市推出一项名为"在芝加哥寻找属于你的地方"（Find Your Place in Chicago）的激励计划，向任何购买混合收入开发项目公寓的人提供1万美元（限时提供1.5万美元）的补贴。它向买家提供补助，以支付交易费用。当霍尔斯滕无法偿还摩根大通为公园畔社区的建设所提供的3200万美元贷款时，他和摩根大通商议，决定将未出售的公寓拍卖，允许摩根大通将剩余未偿还的贷款作为亏损记账。

对于"转型计划"和戴利市长而言，这是不可接受的。卡布里尼-格林太过臭名昭著，这项计划绝不能失败。市政府帮助霍尔斯滕摆脱困境。他原本只有在售出一定数量的公园畔公寓后，才能获得数百万美元的公共补贴。尽管房地产市场的崩溃让他难以完成目标，但市政府还是给了他这笔钱，允许摩根大通重新协商这笔贷款。几个月后，市政府拿出4200万美元中的一半资金，在橡树街和拉腊比街拐角处再建了一栋八层的公园畔大楼，其中包括39套公共住房单元。

阿布和马克那栋楼里的大部分业主都资不抵债，他们欠下的钱比房子的价值还多。那些购买了多套公寓、希望转手的人，却被两套无法出售的公寓套牢了。邻居们因取消抵押品赎回权[①]而失去了自己的房子。公园畔的购买者曾被誉为城市的先锋和冒险家，现在他们觉得自己就像傻瓜。拥有房产原本意味着他们有权进行选择：比如购买或出售房产、

① 取消抵押品赎回权（foreclosure），又叫止赎、断赎。指物件抵押人由于没有满足抵押品赎回期间所需要满足的要求，遭到债权人的清偿要求，被迫清偿债务，从而丧失了赎回物件的权利。

搬家、申请房屋净值贷款。在业主的美国式想象中,他们本该赚钱、看到投资的回报。更不用说联邦政府,其每年投入房屋抵押贷款利息扣除①和其他房东补贴的资金——特别是对公共住房房东的补贴——是住房与城市发展部整个年度预算的三倍。但是房地产市场让他们失望了。街对面剩下的卡布里尼-格林高层住宅不再那么容易被忽视了,它们不祥地若隐若现,就像巨大的墓碑。

那时起,公共住房租户开始搬进公园畔社区。住房官员们热情地谈论了混合收入开发项目中"富有成效的邻里关系"的前景,住在公共住房中的家庭将与中上层阶级的邻居建立联系并向他们学习,工作的成年人将为低收入的年轻人树立职业化生活的榜样。即使是在最好的年代,这些建筑中即将发生的、在城市中的其他地方极为少见的跨越种族、阶层和年龄的互动,似乎也是不切实际的。但在 80 年来最严重的金融危机中,这种分歧变得更加明显。公园畔不仅包括不同种族和阶层的人,还囊括了自力更生与社会责任、房屋所有权与公共援助等相互冲突的美国意识形态。然而,受困于拖欠的抵押贷款,业主们开始怨恨那些"免费居住"在与他们几乎一模一样的公寓里的人。他们一直唠叨着售出房屋的数量和降价的幅度,抱怨公共住房家庭正在"接管"这里。

在会议上,公寓业主们没完没了地谈论着大楼里那些压低了房产价值的"情况"。他们看到租户穿着睡衣下楼取邮件,这对潜在买家来说没有吸引力。他们提出禁止在公共场所穿睡衣的规定。他们对公共住房家庭聚集在大厅感到不安。他们不得不直言:一大群年轻的黑人聚集在门口,让这里看上去更像以前的卡布里尼-格林住宅,而不是新的小区。有人建议把大厅里的家具搬走。还有人支持限制公寓内集会的规模,以降低噪声水平。他们抱怨公共住房的居民敞着联排别墅的大门——这很难看,而且对任何遛狗的人来说都是一种危险。一名妇女建议禁止在花园

---

① 抵押贷款利息扣除(mortgage interest deductions)允许拥有房屋的纳税人通过其主要住宅(有时是第二套房屋)担保的贷款支付利息金额来抵扣其应纳税额。抵押贷款减免使购房更具吸引力,但也导致了房价上涨。

里放置花园小精灵①。她担心人们看到花园小精灵后，就不会在这里买房子了。

安萨里对日益紧张的关系尤其敏感。这里也有其他身为黑人的共管公寓业主，但种族依然是最主要的分割线。他试图和住在隔壁的老太太交朋友。史密斯女士曾是卡布里尼-格林住宅的居民，她告诉安萨里，她非常喜欢自己位于公园畔的公寓，并自豪地谈及正在上大学的儿子。她还把电视机的音量调到令人难以忍受的地步，在阿布和马克试图入睡时，播放"砰砰"响的重低音音乐。当他们中的一个人敲门，提醒邻居注意噪声时，史密斯女士表达了歉意，并答应会小声点。但没过多久，音乐和电视又响了起来。讨价还价不断重复，双方都越来越不客气了。更糟糕的是，在经济衰退时，阿布和马克两个人都被解雇了。安萨里找到一份兼职工作，但马克还是待在家里。他很快发现，史密斯的成年子女每天都会在同一时间来拜访，通常还带着自己的孩子，几分钟后，家庭成员们就开始互相尖叫，马克可以据此来判断时间。他试着不去理会那些叫喊、音乐和电视声，但他根本无法思考。每当他过去抱怨时，史密斯女士便会不时哀叹自己糟糕的生活状况，告诉马克她一无所有，而他却拥有一切。马克简直不敢相信。他 50 岁，失业，要还一笔新的抵押贷款。彼时，他已经失业一年多了，非常担心自己还能否找到下一份工作。

一天晚上，马克打了好几次电话抱怨噪声，史密斯女士的一个儿子跑来威胁他，说他是个"基佬"。马克禁止这个儿子再进入大楼。这名离家上大学的儿子回来了。"求你了，求你了，"他请求安萨里，"我只是在维持自己的家庭。"不过，大楼的经理最终介入了，把史密斯女士转移到霍尔斯滕的另一个项目。马克看到他们搬走了，欣喜若狂。安萨里的感受则更加复杂。"我感到如释重负，但同时也深感悲伤，"他说，"我最大的噩梦成真了。"作为一名黑人房主，他赶走了一位回迁的卡布里尼-格林住宅居

---

① 花园小精灵（garden gnomes）是一种小人雕像，通常戴着一顶又高又尖的红帽子，是用来装饰花园或草坪的摆件。矮人装饰长久以来被认为是贫民阶级的标志，不招上层人士的喜欢。

民。史密斯一家自然不会因为在老城公园畔的短暂时光而振作起来。

经济逐渐开始好转。马克找到一份全职工作。慢慢地,公园畔空置的公寓也卖出去了。它的地理位置实在是太好了,位于林荫大道、公共汽车和火车路线的十字交叉口,紧邻卢普区和芝加哥河北岸正在形成的新兴科技园区。就在几个街区之外,在市政府补贴的帮助下,蒙哥马利·沃德毗邻河流的巨型仓库进行了改造,现在容纳了高端公寓、企业总部、餐厅、水疗中心和一个游艇俱乐部。老城公园畔的另一幢多层以及邻近的其他几幢私人住宅项目,都已破土动工。剩下的卡布里尼-格林高层住宅的拆除工作正在进行。搬进史密斯女士原先居住的公寓的租户是一位独居的鳏夫。每隔一段时间,阿布和马克仿佛就会听到远处传来当代爵士乐的乐声。他们最担心的是,对新邻居来说,他们两个人太吵了。

多洛雷丝·威尔逊

芝加哥其他大型公共住房开发项目中,多数高层住宅已被夷为平地,或正在清理过程中。这个芝加哥最为臭名昭著的外廊式公共住房小区,位于最优质的地段,比其他社区保留得更久,似乎是不可理喻的。卡布里尼-格林住宅的诉讼使拆迁工作停滞不前。现在,它须要奋力追赶。从2005年12月开始的13个月内,5栋"白楼"被夷为平地:拉腊比北街1340号、埃弗格林西大道630号、迪威臣西街714号、迪威臣西街534号和迪威臣西街624号大楼。凯尔文小时候曾在其中两栋楼里住过。然后是拉腊比北街1121号和拉腊比北街1159—1161号两栋"红楼",在一阵忙乱中,2008年又有5栋"红楼"被拆,共有538套公寓。多洛雷丝·威尔逊看着周围"白楼"的屋顶,预示其消失的广告牌一栋接一栋地竖立起来——"赫尼根拆除公司,我们腾出空间"。当空间被腾出时,她无法将视线移开。红色的吊车开了进来,一个远洋客轮船锚大小的破坏球砸向顶层,预制的立面像旧粉笔一样剥落。另一辆有钢齿的起重机在撞墙时喷出水柱,暴露出墙后某人的房间。先是一间公寓,再是摧毁一排、几层,建筑一点点消失了。经过剪切的塔楼有几十间色彩鲜艳的房间暴露在外,就像一盒粉彩。

当通知下一栋被拆除的建筑轮到了比尔林北街 1230 号的信件被投妥的时候,对面的高层住宅正在被夷为两堆七八米高的瓦砾堆。多洛雷丝大楼里的一群居民在一楼的娱乐室开会,商量该怎么办。其中,一位民选的租户代表警告大家要注意芝加哥住房管理局的恐吓战术。肯尼思·哈蒙德(Kenneth Hammond),一位在卡布里尼住宅生活了一辈子的 41 岁居民,一直住在附近的高层住宅里,当他的大楼被拆除时,他就像从一艘正在下沉的船上逃离那样,来到比尔林北街大楼。哈蒙德看着以前的邻居们搬迁到芝加哥住房管理局分配给他们的那些遥远的地方。他们被迫相信自己别无选择,其中大多数人最终住进了似乎与原来的家园一样贫穷、种族隔离和暴力的社区。"不要以为外面会和自己的社区一样安全。"哈蒙德警告说。卡布里尼-格林住宅当然有自己的问题,但在自己家里面对这些问题,总比待在别人的地盘上更好。住在卡布里尼住宅的大多数人都知道哪些商店能赊账,哪些教会、社会服务机构、社区领袖和邻居可以在困境中帮助他们。如果有人遇到房租、拖车或家庭成员被捕等方面的麻烦,他至少知道能去哪里寻求帮助。在私人市场上,你只能靠自己。"你能去找谁?"哈蒙德说,"一旦你进入这些新社区,他们就会把你拒之门外。他们只会告诉你,'伙计,小矮子,回到你以前住的地方去'。芝加哥住房管理局想让我们彻底失败。"

多洛雷丝最不愿意做的事就是搬家。在卡布里尼-格林住宅住了半个世纪之后,她 81 岁了,她的教会、朋友和家人都在近北区。她的小儿子肯尼几年前死于肺炎,但两个女儿都住在比尔林北街 1230 号大楼,黛比和她住在同一层,谢丽尔住在她楼上两层的八楼。多洛雷丝赞许人们为留下来而进行的战斗。"卡萝尔·斯蒂尔拼命工作,"她说,"赞美上帝,我很高兴她没有放弃。"但多洛雷丝还是认真地参加了搬迁会议:她填写了调查问卷和报告,并与专案经理对接跟进。

她在公共住房住了这么多年,对尝试私人市场住房毫无兴趣。她听说有些持有租房券的家庭被迫搬迁了两三次。她觉得自己连一次搬家都应付不了，更别说许多次了。她穿过迪威臣街来到老城公园畔，递交了一份公共住房单元申请。她参观过那里的一套公寓，当她走到阳台上时，跌跌跄跄地后退了几步。六层楼外的栅栏只有齐腰高。"我习惯了可以走到栅栏前，靠着它，即使它让整栋楼看起来像是一座监狱。"她这样评价高层住宅的外廊。但她认识彼得·霍尔斯滕，并尊重他管理大楼的方式。公园畔办公室的一位女士告诉多洛雷丝："我们会通知你结果的。"但是她从未收到回信。她又向卡布里尼联排住宅提交了一份申请，这样她至少可以拥有前门和后门，还有一个小院子。但是那里的经理拒绝了她，让她星期五再来，然后就不再露面了。最后，芝加哥住房管理局的一位代表让她选择其他地方。她参加了一个参观全城重建后的公共住房的活动，一车居民从她的大楼前出发。

多洛雷丝喜欢她在劳恩岱尔花园看到的景象，这是一个位于西区小村街坊的联排别墅项目。但后来她发现，这里距离库克县监狱只有一个街区，那里关着一万名囚犯。"我不能靠近监狱。"她喊道。就像有人相信墓地旁有鬼魂一样，多洛雷丝觉得，她会一直听到囚犯痛苦的呼喊。他们开车把她带到南区的迪尔伯恩住宅边，那里曾经是从卢普区沿州街向南延伸的6公里的公共住房走廊的一部分。多洛雷丝厌倦了到处跑，所以她选择了那里。她选择的公寓是一间很小的一居室，在一栋九层大楼的五楼。芝加哥住房管理局进行了登记，这样，谢丽尔就能和她搬到同一层的公寓。

即使是像多洛雷丝·威尔逊这样一丝不苟的人，面对搬家时也十分沮丧。她的四间卧室里有那么多东西要收拾，而新住处又没有多少空间。她被告知搬家公司会提供足够多的箱子，但搬家那天，"大'O'运输公司"（Big "O" Movers）的人说箱子不够用了，他们必须马上把她搬走。多洛雷丝哭了，她一生的纪念品都被扔进了垃圾箱。她丢掉了收到的每一封信。她丢掉了婚纱照、和休伯特一起去牙买加旅行时的照片，以及她担任居民管理小组领导时的文件。休伯特曾因指导运动队和指挥鼓号队而获得20

项证书和奖状,海盗队赢得过 26 座奖杯。多洛雷丝获得过美国住房与城市发展部、芝加哥警察局、水务管理局颁发的荣誉。所有的历史都消失了,每一块奖牌都被扔在城市的某个垃圾堆里。"我恨死小戴利了。"多洛雷丝说。她指责他在担任库克县州检察官时无所作为,当时,乔恩·伯奇的事件被曝光,这位芝加哥警察局长监视、拷打了一百多名黑人。她指责戴利更关心卡布里尼-格林住宅的土地,而不是住在那里的人。她把自己的财产损失归罪于他。

凯尔文·坎农

凯尔文·坎农作为租户委员会主席的第一个三年任期结束后,芝加哥住房管理局在没有举行选举的情况下,将其任期延长至五年。随着"止赎危机"①和"转型计划"的停滞,民主进程中,这个孤立的小封地必然会被忽视。坎农没有质疑为什么他的任期增加了两年,他只是勇往直前,尽他所能做好自己的工作。他与开发商会面,审查不断缩小的计划范围。该市数以百计参与"第八款计划"的房东也因抵押品赎回而失去了自己的房屋,在危险时期,只能将租户重新送回私人住房市场。卡布里尼住宅的许多家庭现在都给老社区打电话,请求坎农的帮助。J. R. 在与保卫公共住房联盟合作时,有时会批评坎农,指责他讨好开发商。但总的来说,坎农相信他是卡布里尼-格林住宅有史以来最公正、最忠诚的租户委员会主席之一。他为自己的工作感到自豪。然而在 2010 年,当卡萝尔·斯蒂尔施压要求举行选举时,他决定不再参选。随着公园畔第一阶段的建设完成,其余的建设计划也在慢慢恢复,坎农觉得是时候继续前进了。

自 1983 年被假释以来,他一直住在比尔林北街 1230 号。2010 年,租户被告知这栋建筑将被拆除,坎农搬进老城公园畔的一间公寓。这是一

---

① 止赎危机指的是由大型银行和其他贷方发起的不正当止赎潮。从 2010 年 10 月开始,新闻媒体对止赎危机进行了广泛报道,包括美国银行、摩根大通、富国银行和花旗银行在内的几家大型银行做出应,在部分或全部州暂时停止止赎程序。

间两居室,有两间浴室和一个阳台,可以看到空无一人的比尔林北街 1230 号。这套公寓采用了阳光充足的开放式设计,厨房和连着的客厅都铺了硬木地板,卧室里还有地毯。房间里配有不锈钢电器和花岗岩台面,宽敞到坎农可以在沙发旁边放一张举重椅。他又挂上了黑豹油画。照片摆满了墙壁、桌面和一个直立的玻璃陈列柜,讲述他的人生故事——坎农与自己的孩子们站在一起,或是在监狱接受父亲的探访,或是在球员舞会上衣着华丽,或是站在戴利市长旁边,或是在青少年时和雷金纳德和威廉·布莱克蒙合影。坎农的大哥住在次卧,他的母亲和另一个兄弟也搬进公园畔的一个单元。人们抱怨说,坎农得到这些公寓,是他支持开发商和市政府所换来的回报,但他认为这种说法纯粹是嫉妒。他和其他人一样申请了一套公寓,并且与别人一样符合资格。"我们通过了毒品测试和背景调查,其他人却没有,我也无能为力。"坎农说。当然,他也会照顾母亲,她 80 岁了。"如果我不帮我妈妈,谁会帮她呢?"

对坎农来说,住在公园畔是一种福气。"你应该把这种祝福传递给下一个人。"他说。所以,他明白为什么其他人会产生抱怨。到了"转型计划"的第十年,几乎所有高层建筑都消失了,只有 372 个卡布里尼-格林住宅家庭搬进了混合收入的开发项目。如果申请人或其家庭成员不能通过犯罪背景调查、没有支付房租或水电费、本人或租约上的其他成年人没有通过毒品测试、每周工作不超过 30 小时、孩子没有入学,就都会被排除在限定的项目之外。霍尔斯滕估计,他接受了五分之一来自公共住房的申请,但事实证明,只有一小部分人最终递交了申请。他们认为混合收入住宅不适合他们。霍尔斯滕曾要求 60 个卡布里尼住宅的家庭竞争北城村的 12 个单元,结果只有两个家庭完成了全部申请流程。他开始与教会领袖和当地官员合作,吸引更多的潜在租户。他聘请了纪录片《篮球梦》中出现的前预科学校篮球明星威廉·盖茨,[①]他也是一名联排住房的长期居

---

① 《篮球梦》(Hoop Dreams)是一部 1994 年上映的美国纪录片,讲述了芝加哥两名非裔美国人高中生威廉·盖茨(William Gates)和亚瑟·阿吉(Arthur Agee)的故事,以及他们成为职业篮球运动员的梦想。

民。作为一名被任命的使者，盖茨在卡布里尼住宅为霍尔斯滕举办了宣传活动。

坎农认识公园畔一些来自卡布里尼住宅的家庭，他们觉得旧的公共住房虽然有缺点，却更适宜居住。在新的混合收入大楼里，他们必须接受定期的卫生检查，在人行道上骑自行车或在汽车里大声播放音乐都要被罚款。他们感觉，你可能会因为做自己而惹上麻烦。只要一个公共住房租约上的人搞砸了、被逮捕，即使是轻罪（或者只是被逮捕而没有定罪），整个家庭都可能被驱逐。有很多次，芝加哥住房管理局与租户达成协议，只有被逮捕的家庭成员永远不再踏入公寓，他们才能留下。进入公园畔的时候，你可能会觉得自己中了彩票，但是现在，你必须在因抽大麻被抓的女儿和栖身之所之间做出选择。

在坎农的大楼里，你会闻到从一些共管公寓业主的房间里飘来的大麻味。他们不必接受毒品测试。他们养狗、在房子里烧烤，但是公共住房家庭不允许做同样的事。坎农自己也不想养狗，他也不介意毒品测试和检查。他相信规则是维持秩序所必需的条件，他的市价房屋邻居们为获得某些特权付出了代价。然而，针对不同租户的不同规章对培育"富有成效的邻里关系"没有多大帮助。新建筑中的公共住房家庭不允许成立租户委员会，但公寓业主们有自己的共管公寓协会，他们制定的规则会影响到每个人。

在这座城市的任何共管公寓大楼里，业主们都会对大量的租户保持警惕：租户们没有把存款押到房子上，也没有与这栋大楼发生经济上的利害关系。在公园畔，这种警惕情绪更为强烈，因为租户只支付少量的补贴后租金。坎农把自己想象成一名大使，承担起弥合这一分歧的责任，向他所谓的"欧洲"邻居致意。他会对他们说"早上好"或"晚上好"。有时，人们不会理睬他，但稍后，当他在苏厄德公园的体育馆或迪威臣街对面的商店里遇到他们时，他们会露出认识此人的微笑。这是一个开始。偶尔，大楼里的人会对他来到这个社区表示欢迎，他们从没有想到自己才是新来的，而坎农已经在那里生活了近 50 年。

2010 年 11 月,芝加哥住房管理局的女员工再次打来电话,恳求安妮·里克斯搬到别处去。她告诉里克斯,一个人住在项目里不安全。15 层楼,134 个单元,只剩下 7 个还没搬走的家庭,整个比尔林北街 1230 号大楼已经成为一根黑暗的柱子。晚上,从 1108 室里克斯家的窗户射出的光,就像远处的灯塔。里克斯笑着告诉那个官员,让她别管自己了。她已经在卡布里尼-格林住宅住了 21 年,打算在家度过感恩节。

"你得找个新家,里克斯女士。"

"不,我不想。我愿意永远待在比尔林北街 1230 号大楼。"

大楼里的一名租户代表告诉里克斯:"只要你不走,我就不走。"但后来,他搬去了联排住宅。"他像只没头苍蝇那样跑了。"安妮说。当搬家的卡车来接最后 7 户人家时,只有里克斯和一个住在更低楼层的男人拒绝离开。后来他也妥协了,接受了一间安排给他的公寓。

在那个寒冷的秋天,卡布里尼-格林住宅的另外 22 栋塔楼也都关闭了。里克斯是所有卡布里尼-格林住宅高层住宅中的最后一名租户,也是芝加哥仅余的最后一位外廊式高层公共住房居民。每座塔楼都关闭了,成千上万的家庭收拾起行李、搬到别处。她比这些人待得都久。54 岁时,里克斯已经成为近四十个孩子的祖母。她的牙齿都掉光了,只剩下牙床上的两颗,黑发中夹杂着白丝。"我是最后一个站着的女人!"她喜欢这样说。

一位芝加哥住房管理局的安置专员带里克斯去看了劳恩岱尔花园,那里距她在西区长大的地方不远。但她还记得从哈里森高中回家时,从威胁要打她的墨西哥和波多黎各裔学生那里跑开的经历。她不希望她的孩子或孙子经历这一切。她也去看了卡布里尼的联排住宅。"你不觉得这里很好吗,里克斯女士?"一位住房官员问她。里克斯并不这样认为。那里的 600 户单元中,只有沿剑桥大道的 150 户得到修缮;其他 450 户居民在 2008 年被清出,房屋空置在那里。尽管"转型计划"承诺整个地区都将得到修缮与重新安置。一列又一列兵营式的房子依然空着,门和一楼的窗户都被木板钉死,小花园变成荒地,周围用铁链栅栏隔开,就像士兵们都回家了以后,空置很久的军事哨所。安妮也知道,住在联排公寓的男孩们正在和住在"橘色大门"的年轻人交战。"橘色大门"是指迪威臣街以北、塞奇威克街上的埃弗格林公寓。两名她过去的学生已经在剑桥大道遭到枪击。

一名无偿律师建议里克斯同意搬进住房局目前提供的替代住房中最好的那一套。但她不接受任何比四卧室公寓更小的房子,因为那是她应得的。她住在自己的公寓里没有违法,按时付房租,没人发现她携带毒品或枪支。芝加哥住房管理局凭什么要给她分配新公寓呢?她的租约上有六个人:她的三个孩子——雷吉、罗斯和拉克恩——以及她的两个孙子,还有她自己。20 年来,里克斯一直住在附近迪威臣西街 660 号大楼的一套四居室里。然后在 2008 年,那栋建筑即将被拆除时,房屋管理局的搬运工搬走了她所有的东西,把她安置在比尔林北街 1230 号大楼。在比尔林北街的公寓里,她有五间卧室和一间大客厅,还有一个壁柜,里面可以放一张气垫床垫,以便其他家庭成员在这里过夜时用。不到一年前,她从家得宝(Home Depot)买了一台全新的洗衣机,以为可以在公寓里用上好几年。如果她必须搬家,她想要一个有洗衣机连接口的单元。"他们为什么要撒谎说,芝加哥住房管理局没有四居室的公寓呢?"她抱怨道,列举了一长串日期和她与住房局官员的详细对话。"我知道他们有四居室公寓。他们有那么多,"此时,她话锋一转,用开朗的、抿着嘴的微笑代替了惊讶的表情,"但我永远不能生气。"

独自一人住在比尔林北街 1230 号大楼,里克斯决定庆祝自己的孤独。在公寓里,她把音乐开到最大:AM 1390 电台播放着《力量与赞美》(Power & Praise)。现在,大楼里没有其他人会抱怨她了。她的女儿罗斯和几个孙辈在公寓里跳绳。更小的孩子们转呼啦圈、玩弹簧高跷。里克斯为烤架点火,在露天走廊上烧烤。冰冷的大风刮过第十一层的围栏,但是她一再对愿意倾听的人说,她一点儿也不介意。

尽管里克斯表示她喜欢独自在比尔林北街 1230 号大楼生活,但也有不小的压力。一个星期天,她从教会回来,发现一条水流正从她的公寓外奔流而过。她抓起一把扫帚,把水从外廊和电梯中扫了出去。她循着源头找到了隔壁一间空着的公寓,那条水流来自一间浴室。屋内的浴缸被堵住了,水龙头开到最大。"阴谋诡计!"她咒骂道。现在,他们正试图把她赶出去。

爬楼梯,特别是爬上 11 层并不是一件容易的事。她已经不像以前那么年轻了,电梯也经常坏。她在迪威臣西街 660 号时,虽然电梯也经常坏掉,但彼时她住在五楼。上楼的时候,可以顺便去看看家人。在比尔林北街 1230 号,她已经没有其他人可以拜访了。

2010 年 12 月 1 日,芝加哥住房管理局将里克斯告上法庭,要求发布紧急禁令以关闭她的建筑。该机构认为,为一栋仅有一户居民的 15 层高层住宅继续供暖不仅荒谬,而且是一种不合理的财政负担。一位联邦法官表示同意,宣布里克斯必须在 10 天内离开。安妮说如果她能搬到街对面的老城公园畔,她就搬家。但芝加哥住房管理局认为,让里克斯一家先于公园畔等候名单上的众多卡布里尼居民拿到房源是不公平的。也许该机构认为,安尼·里克斯太固执,太难以驾驭,无法在混合收入住宅的生活中保持微妙的平衡。

他们给她提供了 11 公里以南的温特沃斯花园的一个单元,这是一个有 422 个单元的低层公共住房开发项目,夹在 14 条车道的丹·瑞安高速公路与白袜队棒球场的封闭停车场之间。那年秋天的早些时候,她去了温特沃斯花园考察,看到青少年和年轻人在露天贩卖毒品。她不认识这些年轻人。在卡布里尼住宅,她认识所有在她的高层住宅外面徘徊的男孩——在她负责的课后活动或是由她担任助理教师的课程中,里克斯曾经帮着带过他们。她可能与他们或他们的家人一起吃过饭。她的律师向法官解释说,里克斯害怕住在温特沃斯花园,但是法官说,毒品在芝加哥到处都是。里克斯无话可说。"我不得不走,"她承认,"要么去那里,要么无家可归。"

2010年12月9日,也就是她搬出卡布里尼-格林住宅的那天早上,里克斯早早起床去洗澡。自她从暴风雪中走到这里,已经有近21年过去了。收拾好自己后,里克斯把头发往后梳成一束马尾。她穿上一件灰色条纹的白衬衫和一件焦糖色的皮衣。安妮和她的孩子们几乎整晚都在收拾行李。在最后一次离开大楼的时候,里克斯去管理办公室打了招呼,肯尼思·哈蒙德和其他租户代表都在里面。"嘿!我走了。"她说。她从聚集在一楼的大楼管理员身边经过。她在温特沃斯花园的新公寓没有洗衣连接口,便把新洗衣机送给了一位照顾她的管理员。他和他的兄弟已经把它运走了。"我会想你的。"里克斯告诉他。"我也会想你的。"他说。

像她到达卡布里尼-格林住宅的那天一样,安妮搬家的那天也下雪了。但这一次,记者们记录下了她的搬迁。他们来自美国广播公司、全国广播公司、哥伦比亚广播公司、福克斯、《世界新闻报》《论坛报》《太阳报》《纽约时报》《华尔街日报》。一家报纸这样写道,"这是一个不光彩时代的不光彩结局"。另一家媒体将卡布里尼-格林住宅描述为,"这个住宅开发项目象征着所有人破灭的希望"。记者们挤在这座城市——实际上是这个国家、乃至全世界——最具标志性的公共住房小区的最后一批高层住宅租户周围。罗斯·里克斯当时17岁,她推着一个贴有66号公路贴纸的手提箱。她说:"我的一生几乎都在这里度过。如果你拥有那么多回忆,就很难离开。你认识每一个人。你感到安全。"

"大'O'运输公司"的人搬走了大部分行李,但安妮不放心把她最珍贵的东西交给他们。她的儿子德恩特拖着一个纸箱,里面装满了他和兄弟姐妹们在篮球锦标赛上获得的获胜奖杯和全勤奖杯,以及他作为学校优秀毕业生代表带回家的奖杯,摆放它们的架子已经变得空空落落。席勒小学已经经过更名、重新整修,于前一年重新开放,只招收通过入学考试的学生,现在是全州最好的小学之一。孩子们不再步行几百米,而是乘汽车和校车去那里。德恩特在高层住宅外面停了下来,他想让人们知道,卡布里尼-格林住宅比他们想象的要复杂得多。卡布里尼-格林住宅有着恐怖的名声，只要你说自己来自那里，身上好像就携带着致命的传染性病毒。但是，住在卡布里尼那么多年，里克斯一家已经充分了解了它的全貌，他们在那里活得很开心。"好处比坏处多。"德恩特解释道。

当奖杯和家具被装上卡车后，安妮·里克斯钻进一辆与她的高层住宅颜色相同的灰白色轿车。车轮在雪地上转动，获得了牵引力，然后，她离开了。

16　他们来自项目

　　那是 2010 年 12 月。那年 3 月,最后一栋卡布里尼住宅塔楼的窗户、门和橱柜都被拆除了。包围外廊的铁丝网撤下来,用大车运走了。这栋 15 层的高层住宅完全赤裸着,就像一个没有抽屉的巨型梳妆台。一个寒冷的夜晚,100 人挤在楼下的操场上,以聚会纪念社区的终结——比尔林北街 1230 号大楼的拆除工作将在明天早上开始。在人群后面,向东,是通往黄金海岸和密歇根湖的房地产项目,夕阳在玻璃和钢铁的塔楼上闪烁;在他们头顶,暮色正在穿透比尔林北街大楼的框架。

　　他们看到塔楼里还有一个人。他穿着黄色背心,头顶的一道光照亮了他的身影。刚才他就站在那里,独自一人待在一间公寓里,可能是朋友的旧居。现在他来到较高的一层,头顶的吊扇被风吹得旋转起来。他的名字叫杨·蒂希(Jan Tichy),是芝加哥艺术学院的概念艺术家和教授。近年来,在去艺术学院的路上,他经过这个"臭名昭著"的住宅项目,见证了其拆除的后期阶段。蒂希的艺术创作往往将建筑视为社会和政治冲突的场所,他向芝加哥住房管理局提议,在最后的卡布里尼高层住宅中设置一个现场艺术装置,并想以此来纪念正在消失的高层住宅。令他吃惊的是,住房管理局的官员们喜欢这个主意。为了"卡布里尼-格林住宅项目",蒂希与当地的课后项目合作,邀请学生们创作了关于住房开发的诗歌。杰达·琼斯(Jada Jones)在《受困》(*Trapped*)中写道:

　　　　他们口中的地狱,

　　　　我们将它命名为家,

　　　　白天是儿童嬉戏的街道,

到晚上就变成野蛮战场，

这才是我们的归宿。

蒂希录制了学生们朗诵这些诗句的过程，并将声音的切分节奏转译成闪烁的光，发光的 LED 电路放置在 134 个涂成亮橙色的弹药箱中——每个弹药箱代表一套比尔林北街 1230 号大楼的公寓。在 30 天的拆除过程中，蒂希计划让这些灯循环点亮，或者一直闪烁着，直到它们被拆除大楼的撞球摧毁。所有这一切都将被迪威臣街对面、一台安装在老城公园畔公寓阳台上的摄像机拍摄下来。伴随着孩子们朗读诗歌的音频，双屏影像将同时在一个网站和位于该建筑以东 1.6 公里的当代艺术博物馆播放。

我们似乎只能把消失的卡布里尼-格林住宅固定于艺术和思想之中。作为城市形象的剪影，这个项目长期存在于坚固的钢筋混凝土之上，也存在于更广阔的抽象领域。就在三周前，一部定档于黄金时段、名为《芝加哥密码》[①] 的网络犯罪剧播出了名为《卡布里尼-格林》的一集。德尔罗伊·林多（Delroy Lindo）在这部福克斯电视台的系列剧中扮演罗南·吉本斯。他是一个土生土长的卡布里尼-格林住宅居民，已经成为市议员和犯罪集团的头目。[②] 在画外音中，吉本斯描述了他在近北区住房项目中度过的童年，人们随着高层住宅一起"恶化"，将个人的道德败坏与物理环境的恶化联系起来。吉本斯说："我的任务就是看到那座监狱被拆除。"这集电视剧以惊人的准确性再现了现实，这座城市的公共住房在许多方面出现了问题——缺乏资金，支付租金的居民流失，1.8 万人生活在 28 公顷的土地上，其中超过三分之二的人口都是孩子。吉本斯继续说，拆除卡布里尼-格林住宅"让我看到了希望。我希望一个来自街头的孩子能够站起

---

① 《芝加哥密码》（The Chicago Code）是一部由肖恩·瑞恩（Shane Ryan）创作的美国犯罪电视剧，在福克斯电视台播出。该剧于 2011 年 2 月 7 日至 5 月 23 日在伊利诺伊州芝加哥市拍摄，讲述了芝加哥警察局的警官们在街头打击犯罪，并试图揭露该市政治腐败的故事。

② 该社区的议员沃尔特·伯内特是这个角色的原型，他也是卡布里尼当地人，过去曾抢过一次银行。他开玩笑说："你知道那个角色是在卡布里尼长大的。这是一种侮辱。至少给我点儿版税吧。"

来,成为变革的促进者"。在念出独白的同时,吉本斯下令谋杀了另一个来自街头的黑人孩子,这个孩子碰巧损害了他的利益。在城市的动荡中,在任何如瘟疫一般蔓延的战争中,总有赢家和输家。"今天是个好日子,"市议员说,"是更好的芝加哥的第一天。"

那天晚上,某些在比尔林北街 1230 号大楼门外守夜的人们,或许也和这位虚构的市议员有同样的感受。他们认为,这一事件标志着一项失败了 50 年的公共事业的结束,是一场迟来的对内城恐怖的驱除。"这真的是最后一栋高层住宅了,"一位参加仪式的芝加哥住房管理局官员得意地宣布,"这是与外廊式公共住房遗产最后的告别。"国家公共住房博物馆(National Public Housing Museum)的摄影师正在捕捉这一时刻。该博物馆仍在努力筹集资金,以便在几公里以南的简·亚当斯①住宅的旧址上开设"故事"和"理想"博物馆。拍摄《芝加哥 70 英亩》(70 Acres in Chicago)这部卡布里尼-格林住宅纪录片的工作人员也是如此。当一名芝加哥住房管理局员工正在描述该机构与零售商塔吉特(Target)于本周达成的协议时,另一名工作人员调低了该官员面前的麦克风。该协议拟在已拆除的威廉·格林住宅(William Green Homes)上建造一家 1.7 万平方米的商店。这名官员说,塔吉特将为仍住在联排住宅和混合收入社区的原卡布里尼-格林住宅居民带来就业机会。但许多居民并不认为这笔交易有利可图。"人们要为了一家塔吉特流离失所吗?"一位租户领袖问道,他的音调因怀疑而升高。"所有这一切,"他挥舞着双臂,环视着这片曾有成千上万人居住过的空旷土地,"就为了一个塔吉特?"

夜幕降临时,简·蒂希仍在大楼里走动,重新检查安装 LED 灯的盒子是否牢固,空荡荡的公寓里,他将它们贴在任何安全的东西上,比如插座、电灯插座和暖气管。尽管公寓里的所有东西几乎都被移走了,生活的

---

① 简·亚当斯(Laura Jane Addams,1860—1935),美国社会工作者、社会学家、哲学家和改革家。她因争取妇女、黑人移居的权利获 1931 年诺贝尔和平奖,也是美国第一个赢得诺贝尔和平奖的女性。她还是美国睦邻组织运动的发起人。1889 年,她和爱伦·盖兹·史达在芝加哥共同创设了赫尔馆,美国的第一座睦邻之家。受到位于伦敦东区的汤恩比馆的影响,睦邻之家提供了救助邻人的社会福利服务。

痕迹依然存在。一面墙上画着一幅留脏辫的黑人耶稣像;还有一幅精美的壁画,画中有一只巨大的兔八哥,旁边是一只米老鼠和一只转着圈的大嘴怪,每个角色都拿着手臂一样大的刷子,脑袋笼罩在烟雾中,眼睛是红色的。在一间卧室里,煤渣砖上仍然贴着一张白纸,上面用红色马克笔潦草地写着"成功的 7 个关键",其中包括"设定并实现目标""做出明智的选择"和"坚持不懈"。在另一间公寓里,一幅金绿相间的壁画覆盖了一整面墙,上面写着:"我需要钱。"

当楼下停车场里的人们等待"卡布里尼-格林项目"开始的时候,玛丽昂·恩津加·斯坦普斯青年中心的军乐队来了。挥舞着旗帜的乐队指挥轻快地踏步,鼓声和铙钹的击打声响彻空中。跳舞的人转着圈,一个击鼓的男孩喊着口令。突然,队伍中的每个人都趴下身来,弯曲的腿像蝴蝶的翅膀那样摇摆。然后,LED 灯箱开始在高层住宅的空腔里闪烁。这就像是在偷窥 134 间仍有人居住的房子,每间房子的电视机前都放置了夜鹰摄像头,闪烁的电视机用灯光冲刷黑暗的房间。

安妮·里克斯

几周后,媒体跟随安妮·里克斯和她的家人来到温特沃斯花园,急切地想要讲述卡布里尼-格林高层住宅最后一位租户的生活新篇章。安妮的新公寓位于一栋三层无电梯公寓的第二层,属于一栋马蹄形的楼房,围绕着一个共享庭院。在接受新闻采访时,在外面闲逛的男孩们试图进入镜头,但罗斯·里克斯把他们赶走了。"我来自卡布里尼-格林住宅的家人创造了历史,"安妮说,"我们创造了全国性的历史。"但媒体的关注逐渐消失了,记者们也不再打电话过来。安妮 20 岁的儿子雷吉喜欢紧绷着脸、朝他的母亲打趣,用她的中间名称呼她:"你过去很受欢迎,杰弗里。"

"我是很受欢迎,雷吉·'李'·里克斯,"她开玩笑说,"上帝爱我。"

像许多搬到其他地方的人一样,里克斯会定期回到卡布里尼-格林住宅。在拆除比尔林北街 1230 号大楼时,她就聚集在门外。女儿拉塔莎开车送她，当里克斯看着鹅和兔子在清理完的场地上奔跑时，儿子肯顿抓拍了她的照片。在其他日子里，她会去拜访留在联排住宅里的家人。她会去卡萝尔·斯蒂尔的办公室，或者去老城区公园畔的停车场找乔·佩里。每天放学后，她的儿子拉科恩通常不会坐公共汽车回温特沃斯花园，而是去卡布里尼-格林住宅，在苏厄德公园打篮球。一些搬迁的家长，宁可让他们的孩子乘坐公共汽车和火车到詹纳小学或当地的另一所马尼尔（Manierre）小学上学，也不愿把他们送到新社区的学校。其他人则在联排住宅和朋友碰面，去剑桥街打发时间。去那里总比去奥斯汀、恩格尔伍德或南岸那些不熟悉的地方强。在为那些因"转型计划"而流离失所的人举行的市政厅会议上，前卡布里尼居民谈到了他们不熟悉的社区的危险。"自从住进了'第八款计划'提供的公寓，我的孙子甚至不能出来在社区里玩耍，"一名妇女告诉聚集在圣约瑟夫教堂的人们，"在这个城市的所有地方，只要一个新面孔在街区里出现，就会引发一场帮派斗争，所以我的孩子们才会回到卡布里尼住宅来，和他们认识的人一起玩。"

以前的居民也聚在一起参加"怀旧"（Old School）野餐和聚会。脸书（Facebook）上形成了几个卡布里尼-格林住宅的组群，人们在卡布里尼住宅大家庭里交流工作机会和商业机遇，分享鼓舞人心的话语、发布讣告。经常有帖子展示社区中一座高楼的照片——"谁能说出这是什么建筑？"——便会让大家竞相回忆过去。住户们对卡布里尼确实有怀旧之情，但也不止于怀念。没有人会忘记他们曾看到过一具尸体，也没有人会忘记经常出故障的电梯。但他们记住了美好的东西，现在他们觉得自己在别处漂泊，所以对那些美好的东西记忆更加深刻。

里克斯一家搬到温特沃斯花园的头几天，还对未来充满着希望。关于卡布里尼-格林住宅的终结和它的最后一个租户的报道，让许多人从新闻中认出了他们。一位年长的妇女一见到安妮就说："嘿，你就是第七频道那个长了一颗牙的女士。""是的，我是。"里克斯自豪地回答，她们成了朋友。另外10个来自卡布里尼的家庭也被安置到这里，包括J. R.前四个孩子的母亲唐娜。他们都欢迎里克斯。冬天过去后，安妮在院子里举行烧烤聚会。夏天的晚上,当白袜队打出本垒打时,她和孙辈们坐在窗前,指着在计分板前绽放的、照亮天空的烟花。

温特沃斯花园建于 20 世纪 40 年代,在白袜队球场的四个街区之外,像其他名字中带有"花园"的公共住房开发项目一样,它是一个绿色的新社区,公园和草坪取代了贫民窟的小巷和杂乱的街道。但随着维修的滞后,它也老化了。公寓被淹,污水阻塞,供暖系统失灵。当"转型计划"开始实施时,温特沃斯得到全面的修缮。住宅中的单元都进行了现代化改造,配备了新的厨房和浴室,地面重新进行景观美化,停车场也得到扩建。现在,小区的四周还环绕着锻铁栅栏。

对安妮来说,这一切都是好事。但她也指出,她家楼下的门坏了。即使门是锁着的,用力一拉也能拉开。公寓里的蜂鸣报警器也坏了。有人向她保证,这些问题都会得到解决。她想要保持乐观,尽管因为没有洗衣机连接口,她现在不得不推着手推车去位于另一栋大楼的洗衣房。虽然她在比尔林北街 1230 号大楼时坚持要求四卧室的房子,里克斯还是被安置到一套只有三间卧室的公寓里。她睡在其中一个房间,罗斯和她的孩子睡在另一个房间,雷吉和他的儿子住在第三个房间。最小的拉科恩就像《好时光》里的迈克尔·埃文斯一样,是那个睡在沙发上的小家伙。"好吧,"她说,"我们总能习惯的。"

她很快就得知,温特沃斯被困在一片食物荒漠的中央。1991 年,当白袜队的新球场在老球场旁边建成时,它占据了周围的大部分社区,清空了房屋,也转移了当地企业和它们提供的就业机会。当她搬到那里时,最近的超市离小区也有 3 公里远。大多数居民在开发项目南端的加油站和酒水店购物。里克斯的一个女儿有时开车送她去杂货店,但安妮喜欢走路,所以她也会自己出去。她向南走了几公里,到珠儿超市(Jewel)或沃尔格林百货(Walgreen's)购物。她还会再步行 800 米去看望住在老年中心的姑妈,有时还会步行去奥克伍德海岸,那是一个湖畔附近、经过修缮的公共住房小区,她的一些表亲就住在那里。直到现在,里克斯还是为她让芝加哥住房管理局、而非自己决定她的去处而感到自责。"我们最终住在那里,就是因为我太蠢,没让他们把四居室的承诺落到书面上,"她说,"那是我的错。"

安妮并没有打开所有的行李,她似乎无法接受温特沃斯花园就是她的家。她在客厅里挂了一张结婚那天拍的照片,还有活到 94 岁才离世的母亲、毕业典礼上的孩子们,以及 3 张奥巴马总统的照片。墙上贴着几条祈祷文和规矩——"男人不得在家里戴帽子"。但装行李的箱子都堆放在一起,没有打开。大多数奖杯从未被拿出来过。一个摇篮里塞满了衣服,从"大'O'搬运公司"工人把它搬进来的那一天起,落地大钟就一直被胶带封着。有一天,雷吉估量了新公寓的面积。"实话告诉你,我们的房子变小了。"他对母亲说。

安妮·里克斯无法否认。

多洛雷丝·威尔逊

多洛雷丝·威尔逊没有回到比尔林北街 1230 号大楼守夜。当时,她已经八十多岁了,无法在寒冷的空气中站几个小时,看着一堆毫无生气的残骸。她经常头晕、看医生、做检查。"你活得越久,房子就离拆除越近。"她说。另外,她还在熟悉迪尔伯恩住宅附近的公共汽车路线和街道。大多数星期天,她都会回到卡布里尼住宅去。圣家路德会有一辆面包车接送散居在城市各处的会众成员,多洛雷丝也乘接驳巴士,只交了一小笔费用。她想参加上午 10 点的礼拜,以及随后的《圣经》课。

她的新邻居们喜欢告诉多洛雷丝,迪尔伯恩住宅过去有多么糟糕。"他们说我所在的大楼是最糟糕的,"多洛雷丝解释道,"那是贩毒的地方。没有安全保障,警察都不进去。"1950 年开放的时候,迪尔伯恩花园是芝加哥第一个有电梯的公共住房小区,这 16 栋 9 层以下的"X"形建筑,是以"公园里的塔楼"为理念而设计的。在 20 世纪 40 年代和 50 年代,芝加哥住房管理局把许多新开发项目定位为"回迁项目",为成千上万因高速公路建设、贫民窟清理和其他大型城市更新项目而流离失所的家庭提供住房。在"转型计划"下,迪尔伯恩住宅成为新的回迁项目,耗资数百万美元进行翻新。数以千计的家庭离开高层公共住房,迁往另一个经过翻修的公共住房点。"如果我以前住在卡布里尼住宅,现在选择了迪尔伯恩住宅,我要搬进的公共住房与我要搬出的公共住房必须存在不同,"2007 年至 2011 年担任芝加哥住房管理局负责人的刘易斯·乔丹(Lewis Jordan)说,"人们正在进行一种选择:他们知道,搬迁之后,他们百分之百将会入住条件更好的公共住房。"

"没有多少选择。"多洛雷丝打断道。不过,当她搬到迪尔伯恩时,地板已经打了蜡,电梯和墙壁也很干净。树木和绿草环绕着多层建筑。一名保安人员在大厅检查身份证。一辆公共汽车沿着州街行驶,火车站就在附近,伊利诺伊州理工学院就坐落在它的南面。那里确实没有任何商店——当时,最近的一家杂货店也在 15 个街区之外——她的公寓也非常"迷你"。多洛雷丝觉得,她住的地方没有活动的空间。"电梯几乎就在我的卧室里。我可以坐在客厅里,然后在厨房做饭。"

但女儿谢丽尔就住在她隔壁,就在同一层楼,她很喜欢这一点。凯凯也经常来看望她,有时多洛雷丝会照看她的曾孙,他的学校就在社区隔壁,从多洛雷丝家的窗户就能看见。"他只用坐电梯下来,穿过这条甚至不通车的街道。"多洛雷丝兴高采烈地说。但这所学校的招生人数不足,是 2013 年该市关闭的 50 所学校之一。从 2000 年到 2010 年,芝加哥的非裔美国人口减少了 18.1 万,下降了 17%,许多家庭决定离开这座陷入困境的城市,搬到南部郊区或南方。最后,谢丽尔受够了芝加哥,加入了移民大军,搬到亚特兰大,离自己的女儿们更近一些。由于这些原因,多洛雷丝没有兴趣再装点她一直很在意的室内环境了。她无法让这间"很小"的公寓有家的感觉。"在那里,"多洛雷丝说,"我走来走去的时候,简直像是被墙包围了。"

多洛雷丝说她不想再参与政治和社会活动,但自成年以后,她始终参与其中。她继续对监狱改革、警察滥用职权和该市黑人社区未侦破的谋杀案数量,以及市中心附近地区的建设资金念念不忘。她给朋友们打电话,给当地报纸写信。她没有参加迪尔伯恩的租户委员会——从小区走到会场太远了。但是当孙子的学校被关闭时,她参加了抗议活动,希望学校继续开放。"我无法想象他们会为了那些有权有势的人的利益而让孩子们搬走。"多洛雷丝说。然后她了解到,芝加哥住房管理局并没有修复或出租它们管理的近 3500 套公寓,然而无论这些公寓是否有人居住,联邦政府都向该机构支付了补贴。芝加哥住房管理局发放的租房券数量也比城市住房与城市发展部资助的 1.35 万张要少。由于有数以万计的家庭在等待租房补贴,还有数十万超出公共住房的申请门槛,但付不起市场租金的家庭,芝加哥住房管理局设立了 4.3 亿美元的储备资金,声称这是一种"雨天基金"①——然而,几乎和所有其他城市和州的机构一样,住房局看起来没什么钱。

多洛雷丝气得快要哭了。那些需要住房的家庭,此时此刻就需要"雨"的滋润。她对新市长拉姆·伊曼纽尔的看法类似于戴利,多洛雷丝说,"我讨厌他们的天性"。她加入了一个当地组织,该组织的任务是让布朗兹维尔——她的新街坊——培养"公民能力"②。"这听起来很复杂,但其实不是。"多洛雷丝开玩笑说。当这群人前往斯普林菲尔德抗议政府进一步削减社会服务项目的决定时,多洛雷丝和其他示威者一起乘坐公共汽车,前往伊利诺伊州的南部。当人们在州议会大厦周围游行时,他们大喊:"我们需要什么!""我们什么时候需要!"多洛雷丝也挥舞着拳头、喊着口号,但与此同时,她也想马上坐下来休息。

"也许过一段时间,抗议就会产生效果,"她叹了口气说,"如果我们继续下去,也许会有一些改变。"

多洛雷丝比许多其他从卡布里尼-格林住宅搬出来的人过得更好。他们面对的是不可靠的房东,不受控制的公用事业账单,以及对周围环境

---

① 雨天基金(rainy-day fund)是指在正常收入中断或减少时,为维持正常业务而预留的一笔资金。
② 公民能力(civic capacity),即公民为行使其权利、担负其责任与义务而必须具备的某些特定能力。

的不熟悉,这些问题经常使他们处于危险之中。芝加哥的帮派已经分裂成大约850个小团体,这些小团体的成员往往在一起长大,在某个角落或公园、在当地学校或朋友被杀害的地方塑造了自己的集体身份。他们之间的冲突大多是琐碎的、私人的,源于社交媒体,每隔几个街区,就有一个不同的团伙掌权,这种冲突总是发生。此外,芝加哥街头的枪支数量比纽约和洛杉矶加起来还多,这种冲突往往是致命的。在2012年,芝加哥共发生了504起凶杀案,比全国其他城市都多,是自20世纪90年代初以来案发数量最多的一年。

被重新安置的公共住房家庭常常被认为是犯罪率飙升的罪魁祸首。社区领导人、警察和房主们反复强调一种假设,声称新来者带来所谓的"公共住房行为",社会化程度很低,仿佛他们在其定居的任何地方重新创造了卡布里尼-格林住宅。南岸地区是"第八款计划"参与者最密集的芝加哥街坊,一位居民把高层住宅家庭的到来描述成《圣经》里的瘟疫:"就像是地狱之门……打开了,这些人被放了出来……我不得不再问一次,这些人是从哪里来的?而且,我听说他们来自芝加哥住房管理局的项目。"事实证明,他所厌恶的问题家庭并非来自公共住房,但这已经不再重要了。有时,造成这种"贫民窟"印象并不是租房券持有者的错,而是他们房东的错。如果蜂鸣器和对讲机坏了,而修理它们的要求无人理会时,各家就不得不从公寓的窗户大喊大叫,确认门口有没有人。一位在公共住房高层被拆除前在那里巡逻过的警察指挥官说:"公共住房项目里,90%的人都很伟大。"这与人们的感知有关。他补充道:"芝加哥住房管理局的污名滋生了恐惧。"专家们谈到一个临界点,声称随着更多的公共住房家庭搬迁到一个地区,如果其数量超过一定比例,"犯罪将会激增"。芝加哥伊利诺伊大学的一名犯罪学家推测,芝加哥住房管理局治下公共住房家庭的分散,已经导致该市南部和西部郊区的犯罪率急剧上升。还有芝加哥南区中产阶级和工人阶级聚居的查塔姆,那里的居民指责"转型计划"破坏了他们的社区,使其衰落。

然而,在后工业时代的芝加哥,拥有大量"第八款计划"房东的社区始终挣扎着。从 2000 年到 2010 年,卢普区及其周边地区增加了 4.8 万名居民,比美国其他任何城市的市中心都多。另一方面,许多黑人社区的人口不断减少,变得更加贫穷和危险。然后,"止赎危机"来袭。截至 2013 年,芝加哥有 6.2 万处空置房产,另有 8 万处面临丧失抵押品赎回权的房产正在等待全县法院处理。三分之二的空置房屋都聚集在一起,就好像一个在黑人和拉丁裔社区形成的新的天坑。南岸地区每五套公寓中就有一套或将丧失抵押品赎回权,还有数千套独栋住宅也是如此。空置的房子更可能被无聊的孩子、帮派和吸毒者占据。在芝加哥,谋杀、丧失抵押品赎回权的住宅和公共住房重新安置的地图,就像一个个完美重合的圆。来自卡布里尼-格林住宅和其他高层住宅的家庭并没有像传播疾病一样传播犯罪,他们被转移到远离市中心的紧张地区。在那里,穷人早就在争夺日益萎缩的资源。

然而,这也意味着,被重新安置的家庭会加剧这些问题。为了避免冲突,芝加哥住房管理局、警方和学校本应开展非常规的协同工作。可是这一切并没有实现。"就像他们把所有的帮派混在一起,"一位 16 岁男孩的叔叔说,那个男孩从罗伯特·泰勒住宅搬到恩格伍德花园后,不幸被枪杀,"他们关闭每一个项目时,都不会检查你被驱逐到了哪个地方。他们只是把你赶走。"

埃里克·戴维斯是卡布里尼-格林住宅的警官,也是"滑头男孩"的成员,他现在住在南岸,经常在社区里看到从公共住房搬来的人。他们还是会叫他"21",因为过去发生的事情而大笑。在当时,这些事情可能并不好笑。戴维斯在 2007 年退休了,在工作了 20 年之后,他拒绝再次踏入卡布里尼-格林住宅的土地。他会回去见某个人,然后在苏厄德公园的外围徘徊,就好像被一道看不见的电栅栏挡住了一样。他认为,他和那些在卡布里尼住宅待过的其他警察、居民和活动家,都在某种程度上遭受了创伤后应激反应。戴维斯的妻子发现,他时常会发呆。"你又想起卡布里尼了吗,宝贝?"她一边问,一边抚摸他的手臂。他还有另外一个永远不愿回去的理由——他想要保持这份工作最后一天的纯粹。

在他最后一次值班的最后两个小时，戴维斯被叫到拉腊比北街1017号大楼。一位25岁的妇女即将分娩。医护人员告诉她这是假分娩，没什么可担心的。戴维斯从这个女人还是个孩子的时候就认识她了，她只想和戴维斯说话。她说，这是她的第三个孩子，她知道孩子什么时候要生了，而且非常确定。戴维斯同意带她去医院。电梯坏了，他挽着她的胳膊，慢慢走下每层楼梯。他们一直走到大厅。

"'21'，我要生孩子了。"她说。戴维斯说他知晓现状，所以才要带她去医院。"不，"女人重复道，"我现在就要生了。"她仰面躺在地板上，脱下孕妇弹力裤，让戴维斯看。他打起精神，双膝跪在女人的两腿之间，看见婴儿的脑袋正在往外探。其他居民聚集在周围。戴维斯鼓起勇气，伸手去接住那张正在探头的面孔，大厅里已经挤满了一百名围观者。

"该死，我不知道你们要接生了。"一位围观者说。那个女人把腿展开，婴儿的其他部分开始吞吐出来——脸、肩膀、扭动的手臂。戴维斯把手垫在下面，手肘都湿了。然后，突然，奇迹般地，他把一个小男孩抱了出来。他把婴儿放到母亲怀里。之前，戴维斯曾经因无证持枪逮捕过孩子的父亲，把他送进了监狱。但那天晚上这位父亲出现时，他像兄弟一样拥抱了戴维斯。这位母亲说，她想以戴维斯的名字给孩子取名，叫他埃里克。不过，因为这是他们的第一个男孩，这对夫妻还是用了生父的名字。但是，每个人都叫这个孩子"21"。

安妮·里克斯

安妮·里克斯夸口说她能适应任何情况。她什么都经历过了。但当暴力事件在温特沃斯花园爆发时，长期居住在这里的居民把责任归咎于新来的人——来自卡布里尼-格林住宅的外来者。里克斯家的孩子们在院子里散步，年长的房客们发出啧啧的声音，说在他们出现之前，这里没有任何问题。一位老妇人告诉罗斯·里克斯，她不喜欢卡布里尼住宅的人，想把他们赶走。一位中年男子对雷吉说："我要让你搬走。"安妮的孩子们都是篮球运动员,当雷吉和拉科恩想在他们公寓旁边的球场上打球时,那里的人就会对他们拳脚相加,试图把比赛变成一场斗殴。一群男孩在院子里揍了雷吉。整个区域似乎都团结在一起,所以人数比例看起来总是50:1。雷吉被人用枪指着脸,他怀孕六个月的女友被击倒在地,不得不去医院。J.R.和唐娜的女儿也被人用枪指着。"这里发生了斗殴事件。孩子们的手腕和下巴折了,"J.R.向《纽约时报》讲述了搬到温特沃斯花园的卡布里尼住宅家庭的情况,"这里是个火药桶。"

里克斯家的孩子们越来越感激母亲拒绝离开卡布里尼-格林住宅的固执。在老家,即使遭遇暴力,他们也知道那里有认识了一辈子的盟友可以依靠。在温特沃斯花园,事情可不是这样。"我的儿子们不是从卡布里尼-格林住宅来的,他们来自母亲的子宫,"安妮说,"我的儿子从不贩毒。他们不把枪放在家里,也不属于任何帮派。所以,你不能抱怨他们。你知道他们怎么评价那些来自不同公共住房社区的人。这就像是帮派斗争一样。温特沃斯花园的人认为你在侵犯他们的地盘。但这里不是你的地盘,这是芝加哥住房管理局的地盘。你不能把我从家里赶出去,因为我付了房租。"

2012年夏天,一个闷热的周六,里克斯在午夜时分出门。她和孙辈们在室内待了好几个小时,罗斯整天让她带孩子,她很生气。她支起一张小桌子,上面放了一台晶体管收音机和一罐杀虫剂。她打开一瓶在附近加油站买的冰茶,把收音机调到福音电台。她放松了大约十分钟,然后听到远处的尖叫声和咒骂声。她还没看见人影,就认出了那个声音——是雷吉。他从黑暗中向她飞奔而来,拉科恩在他身边,后面跟了20个人。她的儿子们住在一个朋友的公寓里,这个朋友以前住在比尔林北街1230号大楼,后来搬到温特沃斯花园。一群人强行闯入了这套公寓。雷吉和拉科恩成功地冲了出来,然后穿过相互连接的庭院逃跑了。正当雷吉边跑边打时,一个上了年纪的女人跑出来用扫帚打他,还有一名男子用威焙(Weber)烤肉架的盖子打了他的头。

雷吉和拉科恩从母亲身边冲了过去,上楼回到他们的公寓,追赶他们的人也从她身边冲了过去。罗斯在里面，为她的兄弟们开门，温特沃斯花园的家伙们从后面冲了进来，撞到她身上。安妮·里克斯跟着他们跑上楼。"入室抢劫！"她喊道。在这间狭小的公寓里，一名闯入者撞掉了墙上挂着的一台电视机，并用脚踩了上去。他们推倒了一个五斗橱，扔了几把椅子。雷吉从灶台上拿起一只锅乱挥，罗斯也拿起拖把自卫。他们的母亲总是随身带着一串钥匙，现在她用它来揍人。她还有杀虫剂喷雾，里克斯把它喷到任何一张靠近的脸上。

"我想说，"那天晚上的晚些时候，里克斯说，"我们尽了一切努力把他们赶出我们的房子。上帝让我去拿杀虫剂。我必须保护我的儿子们。但我没有发疯，如果我疯了，那就不是我了。"

之后，被里克斯称为"布里奇波特警察"的白人警察赶到了，他们似乎来自西边传统的爱尔兰街坊。警官们嘲笑雷吉，他的头正在流血。后来，里克斯要求警方出具一份报告，但警察说只有雷吉才可以申请。那时，他正在去医院的路上。

那天晚上之后的两个星期里，里克斯一直住在卡布里尼联排住宅的一个亲戚家。她的女儿恩内斯汀收留了雷吉和拉科恩。罗斯暂时搬到西边郊区的一个地方，"温特沃斯花园对他们来说不安全，"里克斯说。她向任何愿意听她说话的人抱怨温特沃斯花园，向卡萝尔·斯蒂尔诉说，还打电话给她刚搬来的时候采访过她的许多记者。"这简直是地狱，"她坚持说，"我得这么说，他们差点杀了雷吉。从 2010 年 12 月 9 日那天起，我就没有睡过一个好觉。"那正是她离开卡布里尼-格林住宅的那天。

一位社工问里克斯是否想去收容所，她拒绝了。收容所根本不是人待的地方。"去那里就像是彻底放弃。"里克斯说。芝加哥住房管理局说，作为该机构受害者援助项目的一部分，她可以搬到卡布里尼联排住宅。但她也不想去联排住宅。"为什么我总是离不开伤害，要从危险的地狱搬到另一个危险的地狱呢？"此外，这些联排别墅的大小也不适合她的家庭。随着家被非法入侵，里克斯的固执又回来了。她再也不可能被骗出四居室了。这次绝不可能。

17　人民的公共住房管理局

J. R. 弗莱明

　　2012 年夏天的那个星期三,气温高达 37℃。在安妮·里克斯的家被非法入侵的同一周,J. R. 弗莱明大步走进南区街道上的一间砖砌平房。一个坐着电动轮椅的男人从对面的人行道呼啸而过。一个光着膀子的男孩像猫一样张开四肢,躺在一辆遮阳汽车的引擎盖上。这个街坊被称为普林斯顿公园(Princeton Park),哈佛大道(Harvard Avenue)和普林斯顿大道(Princeton Avenue)将它圈在中间,围成一片 32 公顷的绿道。这座联排别墅是在 20 世纪 40 年代专门为非裔美国工人阶级建造的。在房地产经纪人说服白人房主以低价出售房屋并逃往郊区之后,黑人家庭很快就买下周围街道上的平房。20 世纪 50 年代,随着该地区的种族重构接近完成,芝加哥市议员同意在那里建造新的公共住房——弗兰克·O. 洛登住宅(Frank O. Lowden Homes),以 1919 年种族骚乱期间派遣州民兵进入该市的伊利诺伊州州长命名。J. R. 选择的这栋黄砖房已经空置近两年了。他参与创立的“反驱逐运动”组织已经破门而入,接管了这处房产。在客厅里,组织成员把最后一批租户留下的物品塞进了垃圾袋。“面对驱逐时,”J. R. 写道,“你要拿走那些你能拿走的东西,而不是你应该拿走的。”

　　当 J. R. 从平房里走出来的时候,一个过路人过来质问他们在他的街区里干什么。他五十多岁,是几公里外湖滨共管公寓大楼的保安。保安说,他周围的街道上到处都是废弃的房子,和其他坚持居住在那里的房主一样，他一直在打电话给警察，让闯入者离开空置的房子。听到这个消息，J.R.笑了，就像是遇到表兄妹似的。他告诉保安，普林斯顿公园的房主并不是唯一陷入困境的人。他说，"止赎危机"让芝加哥到处都是废弃的房产——全市有数以万处。与此同时，该市缺少12万套可负担住房，另外还有10万人睡在收容所、街头或没有永久住所。"算算吧，"他对那个保安说，"这个国家没有住房危机，却有道德和政治危机。你懂我的意思吗？"J.R.谴责房地产行业的贪婪，认为它不仅摧毁了黑人街坊，还使整个国家的经济陷入低谷。"银行家是强盗！"他喊道。

J.R.正沉浸在自己的义愤填膺之中。他以发表公开宣言为生。现在，他39岁，肩膀和胸部仍然宽厚，腰间却已经有些赘肉了，脏辫中央染上了一条臭鼬似的灰色条纹。他穿着一件宽松的"反驱逐运动"T恤，上面印着非洲大陆的图案，表明他的组织不仅在芝加哥活动，还涉足南非的开普敦。J.R.以推销员的方式向这名男子解释说，在过去的一年里，他的团队已经在芝加哥解放了十几套废弃的房屋。他们没有向任何银行或市政府申请许可，就把门窗上的木板都拆了下来，让房子变得可以居住，把需要住房的家庭搬进来。"我们要做的是牵线搭桥，"他笑着说，"我们正在把空无一人的房子与无家可归的人联系起来。"这很简单，而且合乎逻辑，对吧？J.R.说，在这些住房中，他们重新安置的家庭不用支付租金或抵押贷款；他们中的许多人以前是公共住房居民，无力负担这些费用。他意味深长地轻轻笑了笑，问保安说，这样处理空置的房子，是不是比让它进一步恶化，最终变成黑帮分子或吸毒者的天堂更好？

那位老人一直点头表示同意，却无法插话。最后，他说："我很高兴看到你们积极的行动。"对他来说，这是有意义的。就像这个社区的很多人一样：在经历了几十年的经济衰退和随之而来的"止赎危机"之后，他们已经修正了对房地产经济的理解。当然，他们曾经认为自己的房子是商业资产，是坚如磐石的投资，会稳步增值。但那是在他们的邻居离开之前，也是在泡沫破裂之前。在这个国家，黑人的财富本就相当于白人财富的零头，在过去的几年里，它又被削减了一半。突然之间，隔壁那个有生产力的私自占地者似乎不像是一个罪犯或一个白吃白住的人了,对一个挣扎中的社区来说,他甚至更像是一种恩惠。不过,这位保安确实还有一个问题。"我怎么才能成为你们的志愿者呢?"

"反驱逐运动"的总部设在南区的角落,是一个取消抵押品赎回权多年的酒廊。在那里,他们会在周四晚间组织每周的例会。该组织的秘书是一位名叫雪莉·亨德森(Shirley Henderson)的女性,她自己也从事抵押贷款业务。金融危机先是让她丢了工作,然后又让她失去了房子,她被非法赶出家——警察在没有搜查令的情况下闯入,用枪指着她和她的孙子们。她与一家银行斗争了一年。在法庭上,一名法官告诉她,一个从卡布里尼-格林住宅来的、咋咋呼呼的年轻人一直陪着人们上法庭。"当你遭遇丧失抵押品赎回权的问题时,"亨德森说,"你会在任何可能的地方得到帮助。"

现在,她试着把 J. R. 几周内的游行路线分类整理成一个大致的时间表。有几天,他在房利美①和房地美②位于市中心的办公室外领导抗议活动。有时,他召集活动成员用电子邮件和电话轰炸银行,要求修改客户拖欠的抵押贷款信息。他带领支持者封锁民宅,阻止银行进行驱逐。他和一群抗议者以及一位名叫艾玛·哈里斯(Emma Harris)的九旬老人一起走进拥挤的哈里斯银行(Harris Bank),这家银行为她安排了一次次贷再融资③,然后利率陡然而升。在她丧失抵押品赎回权后,银行没有给她重新申请抵押贷款的机会,而是对房产"放弃索赔",使她丧失了房屋的所有权,并将这些建筑免费移交给第三方开发商,而不是她。在分行里,J. R.

---

① 房利美(Fannie Mae),全称"联邦国民抵押贷款协会",成立于 1938 年,初为政府机构,经营经过联邦住宅管理局担保的抵押货款,1968 年转为私营。企业为中低收入者购买房屋提供稳定的贷款资金,并从事贷款担保证券、抵押贷款投资、家庭住房投资等业务。

② 房地美(Freddie Mac),美国住房抵押企业,1970 年由美国国会特许建立,主要通过在资本市场发行证券和债务工具来购买单个或多个家庭的住房抵押及与抵押有关的证券,以便业主和租借人能够以较低成本得到住房融资。

③ 21 世纪初美国房地产市场持续走高,信用不好的借款人也能利用次级贷款获得贷款。金融机构把钱借给那些不足以偿清贷款的人,然后把这些贷款组合为住房抵押贷款证券与金融衍生品,再打包分割出售给投资者和其他金融机构。

对扩音器吼道:"这是哈里斯对哈里斯的决战!"

2003 年时,J. R. 突然觉醒了对公共住房社会活动的激情,那是一名警察一拳打在他脸上造成的"后果"。此后,他循序渐进地开始社会行动,以游击战的方式捍卫公共住房。2009 年,J. R. 组织反对芝加哥申办 2016 年夏季奥运会。那时,芝加哥已经不再是生猪屠夫或工具制造商的城市,它已经走出后工业时代的衰落,成为"新经济"①的世界旅游目的地,拥有多种衍生产业和贸易展览,是一个坐拥大型交通枢纽的城市。虽然这些业态为城市中心地区注入活力,却无法支撑芝加哥向外蔓延的区域。芝加哥似乎越来越像一个环形城市,像伦敦、香港或者巴黎一样,有钱的精英居住在繁华的核心地带,穷人和少数族裔则被下放到资源匮乏的边缘地带,即"郊区"。现在,芝加哥想要建造水上运动中心和赛车场,却还没有为公民提供住房或投资建设学校。当里约热内卢而非芝加哥获得 2016 年奥运会的举办权时,华盛顿特区的共和党人批评说,奥巴马总统混乱的家乡关系和他所倡导的大政府自由主义②失效了。然而,在当地,J. R. 觉得他帮助避免了一场严重的不公正危机。对他来说,这证明了抗议的力量。

当年晚些时候,J. R. 得知联合国适当住房权③问题特别报告员正在美国各地进行调查。当她来到芝加哥时,J. R. 带她参观了卡布里尼-格林住宅。联合国的结论是,美国的可负担住房条件与第三世界国家相当。J. R. 读了这份报告,感觉自己碾压了对手,就像在高中的橄榄球队时那样。"我想的是,我们触地得分了!"他说。

J. R. 认为国际社会的谴责会让戴利市长蒙羞,从而保留更多的公共住房。他期望来自芝加哥的黑人总统能感受到全世界的蔑视,并为国家

---

① 新经济(New Economy)指的是美国经济体系的持续发展。这个词流行于 20 世纪 90 年代末的互联网泡沫时期,当时的高经济增长、低通胀和高就业率导致了乐观的预测和有缺陷的商业计划。

② 大政府自由主义(big-government liberal),这里指奥巴马上台后加大社会福利的一系列政策。

③ 适当住房权(right to adequate housing),简称住房权,是指获得适当住房和住所的经济、社会和文化权利。一些国家宪法以及《世界人权宣言》和《经济、社会及文化权利国际公约》都承认这一点。

制定有效的可负担住房政策。他认为，芝加哥的行动者最终能够拯救卡布里尼-格林住宅。当然，这一切都没有发生。尽管有联合国的警告和J.R.所组织的对不道德行为的抗议，所有留在卡布里尼-格林住宅的塔楼都被拆除了。

就连卡布里尼剩下的几栋联排住宅，这个旧开发项目最后的遗迹，现在看来也是难逃厄运。根据"转型计划"，近600套联排住宅将得到整修，被记入市政府承诺建造或修复的2.5万套公共住房中。可是，该计划实施十多年来，该市只创造了1.7万套可用的替代单元，卡布里尼-格林住宅的公共住房单元数量从3600套减少到不足500套。然而，该机构现在认为，即使是一排联排住宅的存在，也会对社区和任何被迫生活在集中贫困之中的人造成不利影响。实际上，那里的居民已经被富人们包围，而芝加哥住房管理局已经心安理得地把这些家庭迁至温特沃斯花园、迪尔伯恩住宅、阿尔盖尔德花园，或其他不太理想的、集中贫困的公共住房项目。

J.R.不得不承认他被打败了，这场比赛甚至算不上势均力敌。"我他妈的被气疯了！气死我了！"他说，"与民选官员和芝加哥住房管理局争论并不重要。这些事都不重要。因为最终，他们总会实现自己的目的，我们无法阻止他们拆除公共住房。"就在那时，芝加哥大学历史学博士研究生图森特·洛西尔（Toussaint Losier）将J.R.介绍给一位南非的住房社会活动家。洛西尔研究了西开普省"反驱逐运动"的直接行动策略，他带着该组织的主席阿什拉夫·卡西姆（Ashraf Cassiem）参观了卡布里尼-格林住宅。卡西姆听着J.R.谴责美国以营利为目的的住房制度所造成的人道主义危机。南非人嘲笑咆哮的J.R.道："问题是，如果政府不能提供必要的住房，你准备做什么？"J.R.和洛西尔决定一起在芝加哥建立一个"反驱逐运动"的分会。与南非不同的是，他们不必在政府的土地上建造批屋和棚屋，在芝加哥的黑人社区，他们需要的空房子到处都是。

2012年秋天的一个晚上，J.R.在布朗兹维尔的基督教青年会帮助领导了一场募捐活动。为了募集少量捐款，30人挤在地下室里观看电影《监守自盗》①，这部 2010 年的纪录片解释了住房危机的神秘起源。观众中的许多人都是次级抵押贷款和丧失抵押品赎回权的受害者，当电影旁白响起，马特·达蒙描述贷款的激增时，观众们发出了呻吟和嘘声，这些贷款的底层设计就容易造成违约。"这就是他们对我们的态度。"观众中的一名男子喊道。当拉里·萨默斯（Larry Summers），奥巴马总统的首席经济顾问之一，在片中被证明是削弱国家金融监管的同谋时，一位在手掌大小的便签本上颤抖着记笔记的老妇人倒吸了一口气。"奥巴马没有把他抓起来吗？"

电影向南区基督教青年会的成员解释说，他们的不幸是由高盛集团和雷曼兄弟的行为、冰岛对银行的放松管制、债务担保证券和信贷违约掉期造成的。房地产经纪人、贷款机构和评级机构串通一气，整个庞大的系统都对他们不利。美国银行引导非裔美国人进行高风险次级抵押贷款的可能性是白人的 2.5 倍，即使黑人借款人有资格获得传统的、更安全的贷款。在全国范围内，黑人和拉丁裔借款人丧失房屋赎回权的比率是白人的 2 倍。那些坐在房间里的人不仅失去了他们的家，其社区也成为一片废墟。在匆忙赶出丧失抵押品赎回权的家庭后，银行未能按照法律要求，妥善推销、维护和保护空置房屋。这些房屋变成空壳，进一步压低了周围仍有人居住的建筑的价值。到 2012 年，芝加哥黑人社区 40% 的房主所欠的抵押贷款超过了房屋的价值。

当《监守自盗》结束，演职员表开始滚动时，J. R. 站在大家面前，踮起脚尖，好像刚刚看完了《洛奇》。他说，他并不觉得这部电影令人沮丧。这部电影启发了他，他已经看了 19 遍，希望能再看 150 遍。的确，奥巴马和他的幕僚不值得信任。总统的手下认为，住房不是人类的必需品，而是经济增长的引擎。"是的，我们有'变革'，它和一点零钱差不多。但'希望'不会给你提供住房。"②J. R. 说道，嘲笑总统著名的竞选口号。"市场辜负

---

① 《监守自盗》(Inside Job) 是 2010 年的美国纪录片，该片荣获第 83 届奥斯卡金像奖最佳纪录片奖。影片采访了许多美国政商两界的名人，意在解释 2007 年至 2008 年环球金融危机发生的原因。

② 2008 年的大选中，奥巴马以"希望"(hope) 和"变革"(change) 作为自己的竞选口号。"change"同时有"找零"的意思。

了我们。哈佛、耶鲁和芝加哥大学辜负了我们。我们的政府——本届政府——不属于我们。忘记他们吧,因为他们也忘记了我们。"因此,他们现在正在做富兰克林·罗斯福在 20 世纪 30 年代为国家所做的事情。J. R.宣布:"如果政府不为人民提供公共住房,人民必须自己来。"与庞大的需求相比,对废弃房产的接管微不足道,但这是一个开始。"我们需要的是属于人民的公共住房管理局。"

8 岁以前,拉姆·伊曼纽尔(Rahm Emanuel)一直住在北区的上城社区,他的父亲从以色列移民到美国后不久就定居在那里。但伊曼纽尔是在城外富裕的北岸郊区威尔梅特(Wilmette)长大的。伊曼纽尔的父母把他和他的两个兄弟训练得伶牙俐齿,在生活中咄咄逼人。他的父亲是一名儿科医生,也是以色列准军事组织的前成员,会在餐桌上对儿子们进行抽查。他们的母亲则负责文化教育。拉姆和他的兄弟们被送到以色列参加夏令营,他还在以色列国防军担任平民志愿者。他的长兄以西结后来成为著名的肿瘤学家和生物伦理学家;最年轻的阿里脾气不好,但在好莱坞的经纪人队伍中一鸣惊人,接管了强大的威廉·莫里斯奋进娱乐经纪公司(William Morris Endeavor Agency)。拉姆是家中老二,他擅长芭蕾,获得了芝加哥一流公司的奖学金,但最终转向了政治。他为竞选活动筹集了很多钱。他好辩且世俗,对任何事都据理力争,要求那些承诺只捐几千美元的捐助者提供数万美元。1989 年,理查德·M.戴利首次成功竞选市长时,他是首席筹款人;32 岁时,他担任了比尔·克林顿 1992 年总统竞选时的国家财务负责人,之后担任总统的首席顾问之一。1999 年,伊曼纽尔回到芝加哥,就职于一家大型投资银行的当地办事处。在这家公司工作的两年多时间里,凭借他在戴利和克林顿政府时期形成的关系网,他成功赚取 1800 万美元。2002 年,他花了 45 万美元,为自己在国会赢得一个席位。在巴拉克·奥巴马任命伊曼纽尔担任他的第一任幕僚长之后,批评人士攻击他们共同的芝加哥背景,从无能的地方政府谴责到民主党政党机器任人唯亲的种种劣迹。2010 年 3 月,当奥巴马政府推动其标志性的医疗体系改革时,拉姆在幕后施加了种种压力,以"芝加哥方式"获得了胜利。

从老布什总统任期的大部分时间、克林顿的两个任期、小布什的整个白宫任期,一直到奥巴马执政期间,戴利一直担任着芝加哥市长。2011年,戴利已经超越了父亲担任市长 21 年的历史纪录,并决定不再寻求第七届任期。尽管戴利在 2007 年以四分之三的选票赢得了最后一次选举,但此后,他的支持率跌至历史最低点。该市申办 2016 年奥运会的计划失败,同时,停车计时器私有化也遭遇惨败。也许,他已经受够了。该市的财政状况比市长所透露的要糟糕得多,他结婚 39 年的妻子玛吉罹患乳腺癌,或许即将去世。在戴利的支持下,伊曼纽尔回到该市竞选市长。在过去的 55 年中,戴利家族掌权了 43 年,伊曼纽尔代表着与过去的决裂,他是一个全新的人物,但同时也是一位政界和商界的圈内人,是芝加哥人向来喜欢的那种好斗的领导人。

在卡布里尼-格林联排住宅的办公室里,卡萝尔·斯蒂尔谈到了她对伊曼纽尔市长寄予的厚望。她所认识的每一位政治家和政府官员都对公共住房社区被摧毁的事实冷眼相对,并强迫穷人和他们的问题隐出大众视野。但对于伊曼纽尔,她愿意暂时放弃怀疑。她信任拉姆,并不是因为他与奥巴马的关系。"别跟我提这个。"她说。伊曼纽尔让她想起《圣经》中关于扫罗的故事,他从迫害基督徒的人转变为耶稣的使徒之一。"我想拉姆可能正在从扫罗变成保罗,"她说,"我希望拉姆能成为保罗。"

作为市长,伊曼纽尔确实全身心投入芝加哥的建设中。"芝加哥是美国最伟大的城市,也是美国城市中最具美国特色的城市,"他说,"纽约市放眼看世界,洛杉矶像一面镜子,芝加哥——来自世界和全国各地的人们在此安家落户。"十多年前,制定"转型计划"时,伊曼纽尔曾在芝加哥住房管理局董事会任职。在他竞选市长期间,他很少提到这个未实现的计划,也很少提到公共住房或可负担住房。然后,在 2012 年,伊曼纽尔宣布芝加哥面临 6.36 亿美元的财政赤字,而且"止赎危机"也没有好转的迹象,他的政府决定实施"转型计划 2.0",这是对最初目标的"重新校准"。

新计划与旧计划很相似。距离其所承诺的新建或翻新 1.5 万套公共房屋的目标,芝加哥住房管理局还有数千个缺口。由于缺少可供出售的市价公寓来为低收入出租住房的建设提供资金,芝加哥每年最多只能增加几百个新的公共住房单元。作为重新调整的一部分,市政府明确表示,它既不会恢复卡布里尼联排住宅,也不会恢复莱思罗普住宅(Lathrop Homes)——两者都位于北区的士绅化社区。然而,芝加哥对低收入住房的需求已经达到 80 年来之最。2014 年,当芝加哥住房管理局开放抽签制度时,人们只需注册就有机会入住公共住房,并被列入"第八款计划"的等候名单,共有 28 万人提交了申请,占芝加哥所有租房者的五分之一。这些人也都是来芝加哥安家落户的。

J. R. 弗莱明

2011 年夏天,芝加哥"反驱逐运动"接管了第一处被遗弃的财产,它位于草原南大道 6700 号街区,是南区帕克庄园(Park Manor)的一部分。这个有着百年历史的社区,其名称现在显得颇为讽刺,就像一只名叫"杀手"的矮脚狗。帕克庄园里只有一个小公园,破旧的三单元住宅和独栋住宅,嵌在纵横交错的铁路线和高速公路形成的褶皱里。空荡荡的空地和用木板封起来的房屋将街区割裂开来,其中许多地方都标有红色的"X"标记,提醒消防队员不必管理这些不稳定的建筑,可以任其燃烧。来到卡布里尼-格林住宅之前,二十多岁的多洛雷丝·威尔逊就住在草原大道,在 J. R. 勘察那里的空房子时,一名司机曾带着她经过过去的家。当多洛雷丝坐车经过那座建筑物时,她沉默不语,羞于宣称自己曾经在里面居住过。房屋的前门开着,窗户碎了,破旧的窗帘在风中飘荡。记忆中,周围的大部分建筑和商店都不见了,取而代之的是大片的杂草和高草,像是一片真正的大草原。

一个朋友告诉了 J. R. 关于帕克庄园的红砖维多利亚式建筑的情况。德意志银行两年前取消了这栋房子的赎回权,而房子的主人,无论如何努力,依旧无法说服银行修改其贷款条款、使双方双赢。她最终离开了那里,搬到了费城。然而,在为该银行工作的律师承认自己非法修改了文件后,2000项关于抵押品赎回权的诉讼暂时终止了,这位房主的案件也是其中之一。由于取消抵押品赎回权在法律上悬而未决,J. R. 看到了机会。"当所有权变得复杂时,"他开玩笑说,"房屋就成了社区的财产。"

"反驱逐运动"想要做的事在操作上并不合法,但是 J. R. 喜欢吹嘘自己不关心法律。他宣称,这些接管"在法律上是不正确的,但在道德上是正确的"。他举了"地下铁路"①的例子,说这是大胆的盗窃行为。他提醒人们,直到 1967 年,在美国的许多州,黑人和白人结婚都是违法的。"我们要以违犯来挑战道德和法律。"

"反驱逐运动"的董事会中,还有一位成员是 34 岁的前卡布里尼住宅居民玛莎·比格斯(Martha Biggs)。她说服 J. R. 将总部搬到草原大道。"就是它了。"她告诉他。"我们可以在这里发表住房人权声明。"玛莎对这栋房子也有私心,因为她希望自己能和四个孩子一起住在里面。玛莎在卡布里尼住宅的一栋"白楼"长大,是家里的 11 个孩子之一。她 18 岁时,母亲去世了;20 岁时,她已经拥有了自己的联排公寓,却因持有毒品而被赶了出来。就像当时许多被赶出芝加哥的公共住房的居民一样,她自行搬进了一套被芝加哥住房管理局空置后不再重新出租的公寓,该机构还有数千套这样的房子。只要她被赶出卡布里尼住宅,她就另找一套公寓。房子的水电费仍在前租户名下,玛莎在一家热狗厂找到工作后,拿到了一份 4000 美元的纳税申报单,并表示愿意支付全部到期账单,共计 2000 美元。但芝加哥住房管理局没要她的钱。该机构没有把玛莎赶出去,但她也不能正式居住在那里。当她所在的大楼最终关闭时,她带着孩子搬到了西区的一套公寓里。她的四个孩子年龄在 1 岁到 10 岁之间。他们睡在亲戚的沙发或客厅地板上,有时也住在收容所,但那里有臭虫和小偷,

---

① 地下铁路(Underground Railroad)是 19 世纪中早期在美国建立的秘密路线和安全屋网络。被奴役的非裔美国人主要通过它逃到自由州和加拿大。

住在那里像是已经放弃了生活。更多的时候，他们挤在一辆小货车里一起过夜，玛莎想办法让她的孩子们保持整洁、准备上学。

玛莎身材高大，体格健壮，二头肌壮实，已经准备好在草原大道的空房子里大干一场。清道夫们破门而入，把管道、厕所、散热器、吊扇和橱柜全都拆了。他们干活并不仔细，墙上和天花板上都有洞。玛莎和其他志愿者开始砌干墙、铺瓷砖，更换被拆走的东西。他们铲去旧油漆，给墙面换上新衣，并修理窗户和墙壁。

装修开始六周后，"反驱逐运动"组织在屋前的草坪上举行了新闻发布会，宣布房屋已被接管。玛莎站在 J. R. 和她的三个孩子旁边。"占领华尔街"运动①当时正在市中心进行，J. R. 和一些活动家成为朋友，他们大多是年轻的白人，想要将活动从市中心转移到那些被 1% 的富人的过度消费行为破坏得最严重的地区，用切实行动替代象征性的愤怒。他们中的一群人来参加了新闻发布会，站在前廊上呐喊："战斗，战斗，战斗！因为住房是一项人权。"J. R. 首先对着当地新闻分支机构所设置的麦克风讲话，然后慢慢适应了布道者的节奏。"因为政府无力解决困扰国家中无家可归者的危机，因为银行不愿意帮助房主，我们作为社区中的男人和女人，准备承担起自己的责任，重新控制我们的社区。"然后，不太愿意公开发表声明的玛莎也开始说话了。

"你好，我叫玛莎·比格斯，我来自卡布里尼-格林住宅。"

塔维斯·斯迈利在全国电视节目《贫困之旅》②中报导了玛莎。《纽约时报》刊登了一篇关于草原大道维多利亚式房屋的文章，题为《对无家可归的家庭来说，选择被止赎的房屋是一项冒险之举》(*Foreclosed Home Is a Risk Move for Homeless Family*)。但是玛莎不认为此举有太大的风险。

① "占领华尔街"运动是一连串主要发生在纽约市的集会活动，行动于 2011 年 9 月 17 日开始，当日，近千名示威者进入纽约金融中心华尔街示威，以反抗大公司的贪婪不公和社会的不平等，反对大公司影响美国政治与金融机构在全球经济危机中对法律和政治的负面影响。

② 《贫困之旅》，全称为《贫困之旅：呼唤良知》(*The Poverty Tour: A Call to Conscience*)，是由康奈尔·韦斯特(Cornell West)博士和塔维斯·斯迈利(Tavis Smiley)主持的节目，他们在美国的 18 个城市采风，与生活在贫困中的美国人交谈，了解当今美国穷人的生活现状。

她和孩子们住在一楼，他们在附近的学校上学。"反驱逐运动"的其他成员，包括 J. R. 在内，有时会在二层碰头。J. R. 和玛莎还提前在街区里做了一番调研，询问邻居们是否支持新的家庭搬到那条街上的几所空房子里。他们对此颇为赞成，还借耙子给玛莎，送了她几把椅子和一个瓷器柜。作为回报，玛莎利用修理技能，为他们做了一些小的修理工作。治安官或银行的代表总有可能出现，然后把她赶出去。但玛莎相信她对房子的修缮会得到补偿，所以她保留了收据。一年后，她估计这笔零件和人工费可以达到 9000 美元。和卡布里尼-格林住宅一样，周围的街区还有几十处空置的房产，届时她可以搬到那里去住。

"我经历了这么多，真的，我觉得自己可以住在任何地方，"玛莎说，"至于财产，我一无所有地来，也能一无所有地去。他们问：'你是谁？'我说：'玛莎·比格斯。'他们问：'你住在哪里？'我说：'地球。'"

2012 年秋天，J. R. 碰巧坐在玛莎的门廊前，一位城市建设部（Department of Building）的男子来到街对面，将一幢空置房屋标记为待拆除。J. R. 一直在关注这处房产，研究它的纳税历史和所有权记录，认为"反驱逐运动"可以对那幢橙色砖砌的复式住宅做点什么。他跑向那位政府工作人员，喊道："喂，拆了它是不可能的。"J. R. 告诉那个人，纳税人正在为那些逍遥法外的企业巨头收拾烂摊子，这太疯狂了。2012 年，该市斥资 1400 万美元拆除了 736 幢空置建筑，其中包括 270 幢被警方认定为帮派和其他犯罪活动庇护所的废弃房屋，伊曼纽尔政府的拆除名单上还有1400 多所房屋。J. R. 谈到了城市里的暴力事件和黑人的逃亡，以及正进行的帕克庄园等社区的清空工作导致的黑人外迁。南区的人口在五年内又减少了五万人。他说，城市不应该拆除可以变成一份资产和一个家的住宅。这位政府员工并没有反对他。那天，他还要参观一长串其他房产，他决定继续下一个项目。

在那之后不久，J. R. 闯入了这幢房子。在一个工作日的早晨，他从前廊弄开了一扇窗户，然后，由于无法打开前门，他从里面把门踹开了。"反驱逐运动"的其他成员在外面抽烟等着他。托马斯·特纳（Thomas

Turner)戴着自行车头盔,因为身高近 2 米,他经常在移动时撞上低矮的管道或天花板。托马斯从一个黑色行李袋里拿出一把电钻,开始换前门的锁。玛莎开始加固房子的其余部分,拧上一楼沉重的木窗。J. R. 拨动电灯开关,想看看电灯是否能正常工作。当吊扇开始转动时,他就唱道:"我们有电(力量)了!"①

那时,J. R. 已经进入过数百幢被遗弃的房子,每一幢房子都重复着同一种绝望。他经常找到毒品和人们用来吸毒、制毒的各种道具。破房子里,被褥和破旧的床垫堆在一起,还有狗、猫、老鼠、负鼠和浣熊的尸体。如今,他在草原大道上那幢有着百年历史的房子里走来走去,记录下它被发现时的状态,无意中打破了寂静,大声唱着跑调的《假如我有一把锤子》②。他拍下了"改造之前"的照片:天花板上有一个大洞,厨房里的电器和橱柜被洗劫一空,浴室里除了一个蹲坑外什么都没有,石膏和立柱被炸得粉碎。"我都不想把这些东西卖掉了,"J. R. 咆哮道,"我要把这堆垃圾打烂,因为我很生气,我必须这么干。"玻璃窗不是被震碎,就是完全不见了。这间房子像是刚刚经历了一场海难,零碎杂物铺了一地——旧的冬季外套和裤子,脏的杂货店购物袋,还有一罐陈年露天烧烤酱。餐厅的角落里放着一张被水弄脏的"我的第一个生日"纪念照,照片里的男孩穿着芝加哥小熊队的运动衫,头戴羊毛帽。客厅里的一张矮桌上,放着一本孤零零的《圣经》。"我总会看到一本《圣经》。"J. R. 注意到。

白天,邻居们会过来串门。他们都不记得谁是这幢房子最后的合法租户。玛莎赶走了那些被她称之为"瘾君子"的、开着 U 家搬家车(U-Haul)来洗劫这个地方的人。尽管她估计,过一会儿他们就会把车停在后面她看不见的地方。清道夫把厨房和浴室墙上的瓷砖都弄掉了。一名六十多岁的鳏夫独自住在附近的公寓里,他提到周末在街角发生的枪击事件。"我看过录像,"J. R. 谈到当时的情景,"有个人背后中了 8 枪!"他宣

---

① 原文为"We've got power!","power"一词兼有"力量"和"电力"的意思。
② 《如果我有一把锤子》(If I Had a Hammer)是由皮特·西格(Pete Seeger)和李·海斯(Lee Hays)创作的一首抗议歌曲,写于 1949 年。

布,他将在那周晚些时候领导一场反暴力集会,话音未落,他就从门廊旁站了起来,追上两个路过的瘦高个青少年,邀请他们参加。当J.R.兴奋地谈论他们将如何一起夺回这个街区时,他们困惑地点了点头。

接管草原大道一小时后,拒绝他人帮忙的托马斯·特纳仍在努力地给前门安装新锁。"要学会耍小聪明,不要埋头苦干。"玛莎一边拖出一扇扔在壁橱里的窗户,一边嘲笑他。托马斯已经修复了东边几个街区的一幢废弃的独栋住宅,重建了受损的浴室和厨房。他会买二手门窗,或者翻新他能找到的东西,经常用自行车把大零件运回家。现在,有七个人住在那间房子里,包括他自己。"无家可归的人喜欢它,"他说。托马斯曾经无家可归,曾经入狱,也曾沉迷于毒品。最近一次出狱后,他偶然发现了"占领华尔街"的露天抗议,并加入了这场日益壮大的运动。通过市中心的示威者,他联系上了"反驱逐运动"。虽然那年早些时候,J.R.曾将他从这个团体暂时除名。2012年5月,在芝加哥北约峰会的抗议活动中,托马斯毒瘾复发:住在他家的活动家们邀请他一起分享毒品,他接受了。但他现在戒毒了,做着了不起的工作。J.R.说,这证明了房屋接管运动不仅提供了迫切需要的住房,还让失业和未充分就业的人找到了工作,培训他们从事建筑行业,并在同时阻止了一个社区的衰退。

J.R.和玛莎顺着迷宫般暴露在外的电线,从厨房走到地下室。下面没有水箱,但也没有老鼠和蟑螂。地下室楼梯下潮湿的角落里,有人用压平的纸箱草草搭了一张床,周围是一盒又一盒新港牌(Newport)香烟的空盒。J.R.模仿那些在街角徘徊、想赚点钱的小贩,喊道:"散装香烟!"

在上个世纪的某个时候,这幢房子的二楼被改建成一间独立的公寓。但此时,家里的设备不见了,浴室也成了拆迁现场。从开裂的栏杆和坍塌的台阶判断,小偷们偷走了一个铸铁散热器,他们觉得它太重了,干脆把它滚下了楼梯。但三间卧室基本完好无损。这套公寓的厚木门上装饰着的玻璃门把手似乎是原装的。在客厅里,午后的阳光透过落地窗照进来。房间里有一个装饰性的壁炉和一个拱形门。一百年后,硬木地板仍然显得很新,闪闪发光。"楼下总是乱糟糟的,楼上总是看起来更好。"J.R.说。

J. R. 惊叹于他所看到的一切，当他开始收拾这些废弃的房子时，有个想法经常从他的脑海闪过。他记得迈克尔·乔丹在 20 世纪 90 年代赢得了 6 次 NBA 总冠军，在赛后采访中，他对鲍勃·科斯塔斯[①]说，"这一次是特别的。"在草原大道的家中打包垃圾时，J. R. 也这样对自己说。这间屋子就是特殊的"那一个"，它可以带来转变。

---

① 鲍勃·科斯塔斯（Bob Costas），美国全国广播公司（NBC）实况转播电台的评论员。

18 未来的芝加哥社区

　　这座砖砌的小教堂建于 1901 年,位于克利伯恩大道和拉腊比街的交叉口,是美国新教圣公会在河畔工业社区的前哨。1927 年,近北区居住的主要是意大利人,在"死亡角",由路易吉·詹巴斯蒂亚尼神父领导的圣菲利普·贝尼津教区买下了这座建筑,并把它重新献给圣马尔切洛传教会(San Marcello mission)。几十年过去了,卡布里尼-格林住宅的 23 座塔楼在教堂周围拔地而起,公共住房人口飙升至 1.8 万人,意大利人早就离开了。1965 年,圣贝尼津教区教堂被拆毁,但是圣马尔切洛传教会在几栋"白楼"的阴影下继续存在,只有几十名会众和一场周日弥撒。该团体设法为高层住宅的居民服务,提供职业培训和药物治疗。1972 年,一位牧师请芝加哥壁画家威廉·沃克为这座朴素的建筑绘画。沃克用不同种族的人像覆盖了外面的入口,他们巨大的圆脸重叠着,就像维恩图[①]一样,臂膀相拥在一起。壁画中,在巨大玻璃彩窗的边缘,沃克写下"他们为什么被钉在十字架上",并罗列了一长串受难的人:耶稣、甘地、金博士、安妮·弗兰克、埃米特·蒂尔、肯特州立大学枪击案的受害者[②]。他把这幅壁画命名为《全人类,人类的统一》[③],也反映了对紧密相连的卡布里尼-格林住

[①] 维恩图(Venn diagram)是一种广泛使用的图表风格,显示了集合之间的逻辑关系,由约翰·维恩(1834—1923)在 19 世纪 80 年代推广开来。这些图用于教授基本集合论,并说明概率论、逻辑学、统计学、语言学和计算机科学中的简单集合关系。

[②] 肯特州立大学枪击案,于 1970 年 5 月 4 日发生在美国俄亥俄州肯特城肯特州立大学。当时,国民警卫队在 13 秒内向骚乱学生射出了 67 发子弹,造成 4 名学生死亡、9 名学生受伤,其中一人终身残疾。

[③]《全人类,人类的统一》(All of Mankind, Unity of the Human Race)由著名壁画家威廉·沃克(William Walker)于 1972 年绘制。

宅、林肯公园、老城区和黄金海岸这四个片区的美好希望。芝加哥总教区在 1974 年关闭了该传教会，后来，这座建筑由北区陌生人之家使者浸信会（Northside Stanger's Home Missionary Baptist Church）接管。

40 年后，这个社区再次变化。现在，卡布里尼塔楼不复存在，教堂位于新建的塔吉特大楼的后院。重新铺设了交通繁忙的街道，还规划了自行车道。在街道的另一边，安伊艾（REI）商店和格拉特和巴雷尔（Crate and Barrel）超市已经开业，还有一家高档电影院和购物中心，一家苹果商店和一些瘦身产品商店。在奥格登大道立交桥曾经矗立的地方，现在有了一个跳伞设施，人们花 69.95 美元，就可以在风洞里体验几分钟自由落体的感觉。在 2015 年，"北区陌生人"以 170 万美元的价格将这块面积 4.8 公顷的土地挂牌出售。为出售地块做准备，教堂被重新粉刷了一遍，褪了色的庆祝种族和谐的壁画被完全刷白了。

多年来，开发商一直把卡布里尼-格林住宅称为"甜甜圈里的洞"，这是繁荣的市中心中唯一一处开发商不敢去的地方。现在，它再也不是了。"卡布里尼-格林住宅是芝加哥社区的未来。"一家房地产公司写道。在卡布里尼的土地周围，是新的共管公寓和配有室外游泳池和水疗中心的豪华塔楼。在丹特雷尔·戴维斯曾经居住过的橡树街附近，一些带有落地窗的联排别墅在完工前就已经卖出去了。方方正正的公园畔多层建筑现在排列在迪威臣街的两边。2013 年，卡布里尼-格林的租户向市政府提起诉讼，要求重新开放 440 套已经关闭的联排住宅，作为公共住房单元。在第一个卡布里尼-格林住宅更新计划被提出 19 年后，该诉讼于 2015 年达成和解。这些联排住宅肯定会被拆除，但是，公共住房的居民将被混合到替代建筑中，占有其中 40% 的单元。许多城市所有的卡布里尼土地尚未完成开发——许多高楼住宅曾经耸立的地方，如今仍然是空地和混凝土地。在这方圆 28 公顷的剩余空间中，公共住房单元也将散布在密集的居住地产间。

近北区的一位开发商认为，卡布里尼-格林这个名字再也不应该被提起。"它是'北芝加哥大道'①,"他坚持说,"每个人都应该叫它'北芝加哥大道'。这个名字没有卡布里尼-格林那样的污名。"然而,即便是被火热的新房地产市场所吸引的芝加哥人,也不愿采用这个有纽约风格的新词。2015年,《论坛报》的社论版呼吁读者,为前卡布里尼-格林住宅想一个符合当地习俗的名字。在一百多份参赛作品中,有库利公园(Cooley Park)、高特罗镇(Gautreaux Town)、黄金海岸西(Gold Coast West)、北支流(North Branch)、老奥格登(Old Ogden)、塞韦林(Severin)、新布里尼(Newbrini)、蒙哥马利(Montgomery)、比尔弟兄(Brother Bill)和苏厄德-格林(Seward Green)。但到目前为止,提议最多的就是简简单单的卡布里尼。"为什么不以弗兰切斯卡·卡布里尼修女的名字来命名这个社区呢?"报纸打趣说。

"我现在去教会时,几乎认不出邻居了。"多洛雷丝·威尔逊说,"共管公寓、联排别墅、福利住房,它们是不一样的。"她的教会——圣家路德会仍然留在原地,在变革中挣扎着。社区的新来者会去几个街区外的"公园社区",那里有一座多层的非宗派福音教堂。"公园社区""致力于在城市中为城市居民服务"。但是多洛雷丝认为,圣家路德会一直在这么做。"人们不相信路德会能在卡布里尼住宅坚持这么久,但上帝总是善良的。"教会15周年纪念日时,她在给当地几家报纸投稿的一封信中提道。

以"多种声音,一个近北区"(Many Voices, One Near North)为座右铭,新建的社区机构近北区联合计划②也对过去许下了承诺。它是在"转型计划"的第二个十年开始时创建的,目的是联合正在变化的地区中多样的人口——剩余的卡布里尼-格林住宅家庭、新业主、新租户、新企业和旧社区团体。阿布·安萨里曾经从他位于公园畔的公寓过来主持会议,"这是为了减轻我的负罪感",他说。凯尔文·坎农有时会站在后排

---

① 北芝加哥大道(North of Chicago Avenue, NoCA)与纽约麦迪逊广场公园北部区域的城市更新项目(North of Madison Square Park, NoMad)名称类似。

② 近北区联合计划(Near North Unity Program)成立于2010年11月,旨在促进和加强芝加哥近北区的社区凝聚力,并通过规划、组织和人力发展,将现有的子社区联结成一个有弹性的社区。

出席,卡萝尔·斯蒂尔、玛丽昂·斯坦普斯的一个女儿和吉姆弟兄也是如此。

会议中时常发生的冲突,证明了该组织在吸引社区不同的"利益相关者"方面取得的成功。在一次月例会上,白人业主们不断向该地区的警长询问他们在离共管公寓不远的拉腊比街目睹的露天销售毒品的问题。他们无法相信,在这个更新后的社区,就在新警察总部所在的街区,毒贩们居然可以在街角的商店外摆摊,买家们可以整天都在那里闲逛。"卡布里尼-格林住宅的问题"卷土重来,白人业主要求在十字路口驻扎一辆巡逻车。最后,一个在"红楼"中长大的人举手打破了不打断别人发言的规矩。"那是散装烟!"他喊道,"他们在街角卖香烟,不是毒品。"买毒品的人不会在街角逗留。"你现在住在卡布里尼-格林住宅,"他说,"一切都会变好的。"

"近北区联合计划"为其成员举办了种族和文化研讨会,并发展成为社区需求的主要仲裁者之一。该组织在 8 所地区学校的五年级学生中设立笔友项目,推广工作和实习机会,组织消除饥饿的公益游行,举办返校市集和社区清洁活动,还为重新在苏厄德公园举办的一系列夏季爵士音乐会拉开了序幕。该组织的领导人表示,为了创造"积极的城市行走环境"和"迪威臣街的新愿景",它们愿意举办任何活动。它的影响力越来越大,以至于现在开发商们在提出新建共管公寓和更新卡布里尼联排住宅的提议时,都会向该组织寻求支持。杰西·怀特把建筑师们带出来,参加每月一次的聚会,讨论新杰西·怀特社区中心(Jesse White Community Center)的设计。该中心位于芝加哥大道,占地 2780 平方米,耗资 1300 万美元。

"近北区联合计划"也加入了拯救马尼尔小学的战斗,这所小学位于迪威臣街以北的埃弗格林公寓旁边。2013 年,伊曼纽尔市长领导的政府宣布将关闭 54 所学校,马尼尔小学的入学人数不足,而少数族裔学生在大多数指标上都表现不佳。位于迪威臣街以南的詹纳小学,曾经是芝加哥最拥挤的学校,已经作为"转型计划"的一部分被重建,这幢最先进的建

筑可以容纳多达 1000 名学生。但随着塔楼倒下,其入学人数徘徊在 200
人左右,其中三分之二的学生来自曾经的卡布里尼住宅家庭,他们不再住
在这个地区,每天都要长途跋涉。

市政府提议重新分配资源,将两所学校的学生合并到新的詹纳小学。
但邻居们表示反对,称在迪威臣街两边的年轻人之间,哈特菲尔德—麦考
伊冲突①真实存在,且持续了很久。一群詹纳小学的女孩对可能合并的消
息做出了回应,她们殴打了一名马尼尔的中年级学生。一名詹纳小学的
男孩在脸书上发布了一份"暗杀名单",声称 9 名马尼尔的学生将被枪杀。
J. R. 在抗议马尼尔小学关闭的公开会议上发表了一次讲话,他问马尼尔
的校长,如果住在以色列,他是否愿意把自己的孩子送到一所巴勒斯坦学
校。他分发了《联合国儿童权利公约》的影印件,表明市议会是文件的签
署人之一。"我宁愿浪费预算,也不愿扼杀一个孩子。"J. R. 说。5 月,市
长办公室做出让步:马尼尔小学可以继续运营。这是为数不多几所获得
赦免的学校之一。

2015 年,"近北区联合计划"将注意力转向詹纳小学,以及它资源溢出
的情况。该组织建议,詹纳小学可以与向东不到 1.6 公里之外、该市最富
裕地区之一的一所小学合并,而非在卡布里尼地区内部完成合并。奥格
登国际学校(Ogden International)遇到了与詹纳小学正好相反的问题。
近年来,随着新住宅的开发,奥格登小学周围的黄金海岸地区人口爆炸式
增长,导致学校严重超载。如果詹纳小学和奥格登国际学校合并,幼儿园
到四年级就可以位于一个校区,五年级到八年级可以位于另一个校区。
没有一个搬到卡布里尼住宅的白人家庭愿意让孩子在全黑人的詹纳小学
就读。但对于那些有婴儿或孩子即将出生的人来说,事实上,他们的下一

---

① 哈特菲尔德—麦科伊冲突(Hatfield-McCoy conflict)发生在 1863 年至 1891 年期间,涉及西弗吉尼亚
　州—肯塔基州地区的两个美国农村家庭。西弗吉尼亚州的哈特菲尔德家族由威廉·安德森·"魔鬼安
　斯"·哈特菲尔德(William Anderson "Devil Anse" Hatfield)领导,而肯塔基州的麦考伊家族则由兰道
　夫·"奥莱·朗"·麦考伊(Randolph "Ole Ran'l" McCoy)领导,两个家族的后裔也卷入这场争斗。这种
　宿怨已经成为敌对党派斗争的转喻,进入了美国民间俗语。

代有机会进入这座城市最好的学校之一，这是一种融入市中心的梦想。参加会议的、支持合并的奥格登国际学校的家长们说，他们读过有关学校种族融合的文献，这些文献显示，在合并的学校中，表现更好、更富有的学生在学业上并没有受到影响。他们称赞了詹纳小学的新校长罗伯特·克罗斯顿（Robert Croston），他是哈佛大学"学校领导力专业"毕业的一名年轻校友。在詹纳小学，他发起了一项提高每日出勤率的活动，还开办了职业日[①]和家庭数学夜。他试图通过"NEST"这个名字来宣传学校的成功文化，"NEST"是校训的首字母缩写："睦邻和睦（Neighborly），持续参与社区活动（Engaged），聪颖勤奋（Scholar），参与团队合作（Teamwork）"。很多来自两个学校的人都谈到了合并在社会公正方面的意义。近一个世纪前，哈维·佐尔博曾在《黄金海岸和贫民窟》中这样描述仅隔几个街区却截然相反的社区："在这座城市中，所有现象都被明显地隔离开来，并得到夸张的呈现。"现在，终于有一个机会，能让政府将该地区的极端反差弥合起来、消除这种不平衡。一次会议上，与会者建议合并可以从 2018 年 9 月开始，奥格登国际学校的一位家长说："我们已经忘记了自己应当照顾别人的孩子。"

不出所料，有一群奥格登国际学校的家长大声反对这项建议。他们担心一些实际可能发生的问题，比如两个校区之间的交通。他们确实觉得卡布里尼-格林住宅已经发生了变化，但改变仍然不够。"作为奥格登国际学校的学生家长，我们几乎没有机会保护我们为孩子的未来所做的规划。"一位家长在网络论坛上发帖称。还有人写道："我很关心贫困儿童与其家庭的社会发展和提升，但这不能以牺牲所有其他孩子的教育、行为和安全环境为代价。"卡布里尼住宅的家庭们表达了他们的担忧。塔拉·斯坦普斯（Tara Stamps）是玛丽昂·斯坦普斯的女儿之一，也是詹纳小学的长期教师。她和几位同事一起出席了一次会议，他们都穿着印有"冲出巢穴（NEST）"字样的 T 恤。她担心这种合并并不平等，而是一种赶走穷

---

① 职业日（career day），通常指学生在学校学习不同职业的特色。

人和黑人的方式。在卡布里尼-格林住宅的拆迁过程中，该社区已经失去了一所高中和三所小学。当剩下的空地最终开发完成后，三分之一的新单元将留给返回"故土"的公共住房家庭。一所满是黄金海岸学生的学校会接纳他们吗？"我希望你们具有这种敏感性，明白卡布里尼-格林不仅仅代表建筑物。这里还有家庭。这里还有社区。"斯坦普斯说，"之所以有大批年轻人在风雨飘摇中返乡，是因为他们扎根在这片土地上。他们有流淌在血脉中的记忆。他们的祖父母、姨妈、表兄妹和他们美好的回忆都在这里。"

安妮·里克斯

每年夏天的几个星期五，安妮·里克斯都会去参加"近北区联合计划"在苏厄德公园举办的爵士音乐会，乐在其中。"我看到我的家人和好朋友们。音乐不错。"她说。她躲进体育馆，和"滑头男孩"的詹姆斯·马丁问好。马丁是一名警官，人称"艾迪·墨菲"，他仍在前台做兼职。小孩子们走进这栋建筑时，都称他为"墨菲先生"。回家前，安妮会去塔吉特购物。她又住进了温特沃斯花园。她打电话给物业管理公司，要求他们修理她那栋大楼的前门，并更换停车场的灯。"外面一片漆黑。你还在拿我的生命和我孩子的生命开玩笑。"她抱怨道。坐在厨房窗前，她数了数，一共有13盏灯不亮了。"我感觉自己像是被软禁了一样，"她抗议道，"我出去的时候，有人可能会偷偷摸摸地用瓶子打我的头。"几个月来，什么都没有修好，直到一个年轻人在院子里被枪杀，芝加哥住房管理局才决定找个人来换灯泡。

安妮决定离开温特沃斯花园，去阿切尔公寓（Archer Courts），一个位于唐人街的、修复后的公共住房小区。她喜欢那个地方的样子。在那里，两栋七层的高层住宅上，沿着露天走道的铁栅栏已经被拆除，以交替分布的透明和磨砂玻璃板取而代之。外廊不再像是监狱了，它们是明亮多彩的空间。在外廊里，居民们可以看到芝加哥的天际线和楼下操场上的孩子们。负责重新设计的建筑师彼得·兰登（Peter Landon）曾提议保留部分卡布里尼-格林住宅，保留一些"红楼"，并在它们周围建造联排别墅。"周围空间被填满后，那种建筑形式可能会很有趣，"兰登说，"不过我没有政治上的倾向。你不能提出这种微妙的提议。也许下次可以试试。"

里克斯乘公共汽车去了芝加哥住房管理局在市中心的办公室。一位官员告诉她，她可以进入阿切尔公寓的等候名单。接下来的几周和几个月里，她记录了每次向芝加哥住房管理局询问进度的电话。最终，一位官员建议她去湖边的奥克伍德海岸（Oakwood Shores）试试，里克斯也喜欢这个主意。她有家人住在那里。她要求搬迁，希望能在一周内或者下一周搬家，于是她收拾好了箱子，把它们堆放在客厅里。她打电话给奥克伍德海岸的物业经理，让她为安妮·里克斯做好准备。又过了一个月，她还在温特沃斯花园。2012 年入室抢劫事件发生的几个月后，来自卡布里尼-格林住宅的乔·皮里（Joe Peery）为她介绍了一位"很好"的律师。他们在公园畔共管公寓对面的超市见了面，里克斯把所有的文件都放在一个厚厚的活页夹里，交给了那位律师。"他们以为自己在和傻瓜玩。"里克斯对他说。

她每隔几天就会去找律师，询问换地方的进展如何。然而，由于看不到任何行动，她开始怀疑她的律师是否真的那么好。"我什么时候才能搬家？"她在一次电话中问道。

"等我们确认了你的房租情况，等一切都处理好了，我们再继续。"

"这就是你们现在的进展？"

"只是想让他们确认一下，你是否有资格进入四居室的等候名单。"

"这需要多长时间呢？"

"我也想知道。我想他们会回应我的。我会一直烦他们，直到他们回复为止。这个问题会得到解决的，但不会很快。"

"你得快一点，因为你是我的律师。"

"我或许是一个律师，但我不是个魔术师。"

最终，里克斯解雇了他。从7月起，他就开始给芝加哥住房管理局发邮件，现在已经是9月了。"我没有偏见，"她说，"但如果我是白人，他可能当天就把我搬走了。正如他们所说，那些人不必住在温特沃斯花园，住在贫民窟里。"

后来，里克斯有了搬离这座城市的念头，搬到郊区的橡树公园。她想她可以改用租房券，在那里找个地方，也许弄一栋独户住宅。郊区的公共交通和学校都很好，芝加哥住房管理局的两名员工鼓励她这么做，但很快他们就不再回她的电话了。但她仍然很乐观，确信搬家在即。"上帝会赐予我一套橡树公园的公寓，"里克斯说，"我不要住在公共住房里。"她只是需要坚持到底，战斗到底。"我什么都没有，只有时间。"

就在她等待的时候，里克斯的一个孙女被选为小学的毕业生代表。她33岁的儿子厄斯金娶了一个来自道尔顿的女孩为妻，那是J.R.十几岁时居住过的郊区，现在，那里90%都是黑人。里克斯在婚礼上跳舞。现在，这对新婚夫妇正期待着他们的第一个孩子，这也是里克斯的第38个孙辈。2013年8月1日，安妮的家人为她庆祝了57岁生日，给她买了花、气球和一个钱包。

不久之后，她冒险从温特沃斯花园出来散步，这时，她的左脚突然感到一阵刺痛。她没有管它，但很快，她的脚后跟上长出了以前从未出现过的硬块。然后，她的脚几乎不能承重了，家人带她去了急诊室。当医生说里克斯有糖尿病时，她简直难以置信。她怎么突然得了糖尿病？但她被送到了县医院，那里的医生截掉了她的脚趾。里克斯担心，她或许再也不能走远路了。她要如何去购物、拜访家人、保持健康？本来，不到一周她就应该康复，但安妮在医院感染了。她吃东西有些困难，体重也下降了，脸颊上尖尖的颧骨从来没有这么明显过。住院的几个星期变成了几个月，安妮开始觉得，她不再是她自己了。

她的家人团结在她的周围。白天，孩子们挤在她的病房里，为他们的祖母画画。安妮的一个女儿给她涂指甲，另一个女儿每天晚上都睡在妈妈身边的椅子上。随着安妮的精神和健康状况逐渐好转，她被转移到西北纪念医院,在那里,她开始给脚做康复训练。几周后,她坐着轮椅,被带出来散步。她没法自己走路,但至少还在移动,便得意洋洋地举起双臂。她又开始谈论未来几天出院后,她想要搬到哪里去。"有时候我需要多笑笑,而不是哭,"她说,"哭鼻子也不能帮我离开温特沃斯花园。"

但在西北纪念医院的医生签署出院文件之前,安妮患上了肺炎。她被转移到另一家医院,那里的医生说,她脚趾周围的伤口一直没有痊愈。他们给她插管以确保进食,但现在,安妮不能说话,也不再笑了。她需要辅助呼吸。在床上躺了这么久,她全身都长了疮。她的女儿们抱怨那里的护士忽视了她们的母亲,没有适时帮她翻身,然后指着母亲背上形成的洞。由于几个月以来的静脉注射,里克斯瘦骨嶙峋的胳膊上布满了频繁打点滴造成的黑色瘀斑,她插着管子发出微弱的哀鸣。

一天,一位医生走进病房,和家人商量要把安妮的喂食管和辅助呼吸器取下来。过了一段时间,里克斯家的孩子才明白,他的意思是里克斯将要离世了。医生声称她没有任何反应,孩子们则争辩母亲服用了大量镇静剂。他们说,每次她停止辅助呼吸后,都会自己呼吸更长的时间。她是他们认识的最坚强的人。他们的母亲永远不会放弃。这家人雇了一名他们在电视上听说的律师,那名医疗事故律师反复问他们是否发生了坠床事件,因为那能让他们打赢官司。里克斯的孩子们说没有,连摔倒也没有发生过,律师再也没有接听他们的电话。

2014 年 11 月 16 日,伴随着福音音乐,家人们围在病床前,安妮·里克斯去世了。她享年 58 岁。"你因为脚疼走进了医院,就再也没能走出去。"一个女儿痛苦地说。这家人努力筹集葬礼的费用。当一名管理员听说他们没有保险来支付费用时,干脆离开了房间。但是这家人最终办到了。他们找来了一个帮忙化妆的朋友;其他人凑钱买棺材、花和招待用的食物。仪式在西区的国王浸信会教堂(Kingdom Baptist Church)举行。安妮·里克斯离开卡布里尼-格林住宅已经四年了,但有一百多个来自老社区的人前来表达他们的敬意。在追悼会上,她的孩子们谈到了母亲的固执，以及她将他们养大的决心："她无福享受的那些东西，我们全都有。"在教堂的长凳前，雷吉说他不在乎自己唱歌有多难听了，于是，他开始唱罗伯特·凯利（R. Kelly）的歌："亲爱的妈妈，你不会相信我正在经历什么/但我仍然抬起我的头，就像我向你承诺的那样。"罗斯哭着，说不出话来。肯顿在里克斯的九个儿子中排行第四，他说，他们都从她的身上学到了"要坚强，照顾好孩子，照顾好家庭"。她让他们变成更好的人。"她愿意为任何人做任何事，"他说，"她只是爱着大家。"

凯尔文·坎农

J. R. 弗莱明出席了安妮·里克斯的葬礼。"她是最后一个声音，最后一个居民的声音，"他说，"她也胡说八道过。她应该实话实说的。"凯尔文·坎农也在现场。"里克斯女士为她眼中正确的事情而奋斗。她为自己的家而战，"他说，"我钦佩她这一点。如果有更多的人像她一样战斗，也许卡布里尼住宅的情况会有所不同。"租户委员会主席的任期结束后，坎农又开始寻找全职工作。与人们设想的不同，他没有得到另一份工作作为卸任的交换。他也没有跑去找以前的体育老师杰西·怀特，让他雇佣自己。这不是一回事。怀特已经年近 80 岁，自 1999 年以来，一直担任伊利诺伊州的州务卿，担任选区民主党委员会委员的时间甚至更长。与此同时，他每年要参加数百场杰西·怀特单人翻腾竞技队的表演。当怀特先生在附近分发食物时，坎农会冒着严寒走出来，用一辆 18 轮大车帮忙装火鸡和火腿。坎农出现在筹款活动中，在竞选活动中担任志愿者，挨家挨户敲门，分发宣传单。他组织了返校野餐。每周的选区之夜，他也到马歇尔·菲尔德花园公寓楼下、塞奇威克街上的杰西·怀特竞技队办公室闲逛。直到 2017 年，在黄金海岸拉车的马都被关进了街对面的马厩里，整个街区都弥漫着干草和粪肥的味道。

选区办公室也给人一种来自过去的感觉，就好像怀特深爱的恩师乔治·邓恩仍在施舍恩惠，而第一位理查德·戴利依旧统治着这座城市。

在一个壁橱大小的房间里,怀特在一张短桌子后面主持会议,墙上挂着他的纪念品——竞选海报和他在小熊队和 101 空降师的照片。选民们一个接一个地被领进那间小办公室,关上门,谦卑地请求帮助。一个人想把一块未使用的芝加哥住房管理局土地改造成一处退伍军人公寓。一位女士的公寓被取消抵押品赎回权,她希望怀特先生能说服银行,再多给她一点时间。有人需要恢复被吊销的驾照。如果来者来自这个社区,怀特就能说出他或她的叔叔、祖父母和堂兄弟姐妹的名字。"我看过你的父亲在跑道上跑步。"他对一个三个孩子的母亲说。然后他会说,"找我办公室的安妮特,她会处理的"或者"明天给我打电话,这是我的名片,让我看看我能做些什么。"

男孩们总是会出现,希望能在怀特著名的翻腾竞技队中占有一席之地。"我喜欢社区里的聪明人。我不喜欢'钝刀子'。"他教育青少年们。"把裤子提起来,不要露出内裤。不要说'耶',要说'是'。"自 20 世纪 50 年代以来,已经有 1.65 万人参加了这个项目,怀特说,其中只有不到 150 人后来触犯了法律。一个青少年穿着松松垮垮的裤子,怀特本想丢掉这把"钝刀子",但是,他还是让男孩周一的时候去参加训练,把健身房地址写在一张纸条上,让年轻人复述一遍该怎么去那里。

在某一个选区之夜,怀特雇用了两名党派的中坚分子为州政府做维护工作。这项工作需要第三名雇员,其中一人推荐了坎农,他像往常一样就在附近。"你认识坎农吗?"那人问。"是的,我认识坎农,"怀特说,"我从小就认识他。过去,我经常打他的屁股。"这就是坎农成为伊利诺伊州政府雇员的原因。

坎农希望能继续在州政府工作,直到几年后拿到退休金,但他还有更大的梦想。他一直在请求怀特先生,让他帮忙赦免他很久之前犯下的一次重罪。坎农想要去执法部门工作,或者开家餐馆,或者尝试从政。"谁会比我干得更好呢?"他说,"我了解政治,也了解人心。我已经干这行很久了。我既有街头智慧,又有政治头脑。"坎农明白生活是变化无常的,任何形式的转变都可能发生。他认为,他必须做好迎接任何即将到来的机会的准备。一切皆有可能，你不能被自己的过去定义。"我已经走了很长一段路，"坎农反思道，"卡布里尼-格林住宅也是如此。"

J.R. 弗莱明

一个夏夜，J.R. 和其他"反驱逐运动"的成员登上了一艘停靠在芝加哥河口处的船。吉姆弟兄正在为"爱的弟兄姐妹"[①]筹款，这是他和比尔弟兄在比尔退休前发起的天主教事工。他邀请了教会领袖和赞助人与他一起乘船游览，还邀请了一些与他共事多年的卡布里尼-格林居民。J.R. 走到上层甲板，站在船头，像是在时空中飘浮。18 世纪 70 年代，海地移民让·巴蒂斯特·普安·杜萨布尔[②]沿着这条河航行，建立了一个贸易站，成为芝加哥的第一个永久居民。矿渣、木材和牲畜也随之而来。到了1900 年，这条河的流向发生了逆转，将腐烂的废物冲到了伊利诺伊州南部。现在，特朗普大厦矗立在 J.R. 面前，像一把巨大的弹簧刀，划破天空。聚集在桥上的游客朝下面打招呼，划着皮划艇的人也向甲板挥手致意。船从新旧建筑之间驶过，经过石砌建筑和玻璃尖顶、箭牌大厦（Wrigley Building）的钟楼和芝加哥商品市场（Wrigley Building）的土墙。水道和周围的反光墙面像珠宝一样闪闪发光。

在河上，J.R. 还有一名叫雷蒙德·理查德（Raymond Richard）的同伴，他在卡布里尼住宅的"堡垒"大楼中长大。理查德最近成立了一个名为"兄弟们联合在一起"（Brothers Standing Together）的组织，试图帮助那些狱友找到工作，避免再次入狱。他指了指瓦克街（Wacker Drive）下面的铺位，在吸食海洛因、如僵尸般"流浪"的那些年，他就睡在那里。"我失去了所有自尊和活下去的意志，"他说，"我的家人会隔着门给我送饭吃，因为我会偷妈妈的食品券去买毒品。"他可以看到，仍然有人住在瓦克

① 爱的兄弟姐妹（Brothers and Sisters of Love）是一个非盈利组织，主要服务于帮派成员和他们的家人。
② 让·巴蒂斯特·普安·杜萨布尔（Jean Baptiste Point du Sable，约 1750—1818）被认为是伊利诺伊州芝加哥市第一个非原住民永久定居者，并被公认为"芝加哥的创始人"。

大道的地下车道①里。

伊曼纽尔市长驳斥了芝加哥被划分为富人区和穷人区、市中心和其他地方，是两个独立的城市的说法。"将市中心和社区对立起来是一种错误的二分法"，他坚持说。但是，J. R. 就生活在另一个芝加哥，那里有被遗弃的家园和失业的人，有逃亡的黑人和因绝望而生的恶意。他的周围都是举步维艰的学校和倒闭的企业——芝加哥一半的年轻黑人没有工作，比全国任何其他城市都多。这座城市每年有成千上万的枪击受害者，大多数都来自这些社区。20世纪中叶的"合同销售"模式也已经回归了，那时，公共住房看起来就像天堂一样。全国性的投资公司买下了陷入困境的房产，然后将这些房屋以不公平的、剥削性的合同出售给可能无法获得抵押贷款的低收入买家。

船在马利纳城玉米棒形状的高楼旁驶过。查尔斯·威贝尔（Charles Swibel）建造了它们，柯蒂斯·梅菲尔德从卡布里尼的联排住宅搬到了那里。然后船向右转，驶向河的北叉，靠近卡布里尼-格林住宅，J. R. 和他的朋友们兴奋地谈论着他们在河岸边和姑娘们散步或是躲避警察的地方。他们卖过报纸，那里就是《论坛报》印刷厂，也是他们取报纸的地方。他们在蒙哥马利·沃德仓库的堡垒周围玩游戏，一个玩伴仍然住在卡布里尼的联排住宅，几乎可以从河上看见他的房子。重建联排住宅的计划进展缓慢，吉姆弟兄想要帮助那位居民的幼弟——一名10岁的孩子，这次因持枪被捕。他们的母亲没有放弃孩子，但她也不想放弃自己。她说，她不想失去留在这个社区的机会。她见过很多邻居因为孩子被赶出公共住房，每次她一转身，她的儿子就被卷入了什么别的事情。"我一点也不乐观。"她告诉吉姆。

J. R. 住在离北区很远的地方。他遇到一个因为他从事的社会活动而

① 瓦克大道地下车道(Lower Wacker)是芝加哥市的一条主要多层街道，沿着卢普河主要支流的南侧和南支流的东侧。这条街基本为双层结构：上层用于本地交通，下层用于过境交通和为道路上的建筑物服务的卡车，被认为是现代高速公路的先驱。以20世纪初芝加哥商人和城市规划师查尔斯·H.瓦克(Charles H.Wacker)的名字命名。

爱上他的人,他们生了一个儿子,很快就结婚了。J. R. 当上了祖父。他仍在修复空置的房产,并试图把废弃的房屋变成社区资产。河边区域的繁荣会像星星一样辐射开来,并照亮那些遥远时空外的卫星,这种想法似乎既不切实际又不公平。因此,J. R. 与银行和非营利组织合作,建立了一个社区土地信托基金,让一个地区的群众集中汇集资源,共同管理无法通过买卖获利的财产。现在,他也在购买取消抵押品赎回权的房屋,培训年轻人修理建筑,然后以低于市场价的价格出售它们。"我希望能留下一些传承,反映我所关心的东西,"他说,"我的孩子们需要知道,他们的父亲来自卡布里尼-格林这个伟大的社区,他做了一些富有成效且积极的事情。"

　　船改变了方向,开始向密歇根湖驶去。天空笼罩在黑暗中,下起了小雨。人们普遍认为,住在周围豪华高层住宅里的人是靠自己创造了财富;他们获得的慷慨的政府福利和税收减免是正当的。"这让我变聪明了,"唐纳德·特朗普在即将当选总统时,谈到他从不缴纳联邦所得税。然而,对于那些仍住在卡布里尼联排住宅、"野蛮 100 大街"、恩格尔伍德、小村或者是北劳恩岱尔的人来说,政府已经没有介入并改造那些被遗弃的街区的政治意愿了。没有人比 J. R. 更大声地咒骂这座城市的不公平、残酷和种族主义历史。但也没有人比他更关心这座城市。"我是卡布里尼-格林人。"他时常以此为豪。但是,卡布里尼-格林也是芝加哥的一部分,与它共享无尽的荣耀与失败。J. R. 对着夜空的薄雾吼道:"我爱我的家!"

致 谢

首先,我要感谢多洛雷丝·威尔逊、凯尔文·坎农,已故的安妮·里克斯和威利·J.R.弗莱明,他们与我分享了很多关于他们生活的故事。我也很感激在卡布里尼-格林住宅生活或工作过的数百人——正是因为他们接受了采访,让我走进他们的家,在苏厄德公园和我见面,或者在电话里谈了 45 分钟或数个小时,这本书才得以存在。在我撰写这本书的七年里,卡萝尔·斯蒂尔担任了卡布里尼-格林住宅租户委员会的主席,欢迎我进入她位于联排别墅的办公室,"近北区联合计划"的成员也允许我参加他们的会议。芝加哥房屋管理局的工作人员为我的研究提供了帮助,基思·马吉(Keith Magee)和托德·帕尔默(Todd Palmer)在国家公共住房博物馆①任职期间也支持了我的工作。

如果没有以下多位公共住房专家慷慨地回答我的问题,并分享他们自己的见解,这本书将难以面世。他们是玛丽莲·卡茨(Marilyn Katz)、劳伦斯·韦尔(Lawrence Vale)、凯西·芬内尔(Cassie Fennell)、布拉德·亨特(Brad Hunt)、朱莉娅·施塔施、珍妮特·史密斯(Janet Smith)、素德·文卡特斯(Sudhir Venkatesh)、吉姆·福格蒂、彼得·

---

① 国家公共住房博物馆(National Public Housing Museum)是一个历史机构,目前位于芝加哥金斯伯里街 625 号。该博物馆以口述历史档案、公共节目和创业中心为特色。博物馆所在建筑于 1938 年开放,是芝加哥第一个联邦政府住房项目。

兰登、埃里克·戴维斯和苏珊·波普金(Susan Popkin)。我要特别感谢拉里·本内特(Larry Bennett)借给我几箱他的研究报告和现场记录。在芝加哥,其他作家、记者、摄影师、视觉艺术家和纪录片制片人慷慨地分享了他们的作品,并亲自指导我,他们是:纳塔利娅·穆尔(Natalie Moore)、亚历克斯·克罗威兹(Alex Kotlowitz)、罗纳特·比撒列(Ronit Bezalel)、纳特·朗斯兰姆(Nate Lanthrum)、杰米·卡尔文(Jamie Kalven)、莫妮卡·戴维(Monica Davey)、瑞安·弗林(Ryann Flynn)、简·蒂希和梅根·科特雷尔(Megan Cottrell)。

在我曾任编辑的《哈泼斯》杂志,以前的同事们编辑了我的文章,为我提供指导和支持,并以各种方式在专业和个人领域帮助我。其中,珍妮弗·绍洛伊(Jennifer Szalai)首先建议我写一写最后一座卡布里尼-格林高层住宅被拆除的故事。克里斯托弗·考克斯(Christopher Cox)、拉斐尔·克罗尔-扎伊迪(Rafil Kroll-Zaidi)、斯泰西·克拉克森(Stacey Clarkson)和阿莉莎·科佩尔曼(Alyssa Coppelman)帮助我把这个想法变成杂志专栏。罗杰·霍奇(Roger Hodge)、泰德·罗斯(Ted Ross)和多诺万·霍恩(Donovan Hohn)给了我出书的建议。我曾多次听取比尔·瓦希克(Bill Wasik)的明智忠告,已经难以记清每一条的内容了。在《纽约时报》杂志,乔尔·洛弗尔(Joel Lovell)巧妙地将这本书的一部分内容改编成了一个专题报道。

我很幸运,在过去的几年里,一些作家朋友听我谈论了关于这本书的进展和不足,并提供了必不可少的同情和建议。他们是雷切尔·卡达兹·甘萨(Rachel Kaadzi Ghansah)、克莱尔·古特雷斯(Claire Gutierrez)、伊桑·米夏埃利(Ethan Michaeli)、迈卡·梅登伯格(Micah

Maidenberg)、马特·鲍尔(以《库利高中》的方式向你敬酒)、马克·比内利(Mark Binelli)、梅格·拉比诺维茨(Meg Rabinowitz)、保罗·克雷默(Paul Kramer)、威尔·豪厄尔(Will Howell)、尤瓦尔·泰勒(Yuval Taylor)、阿曼达·利特尔(Amanda Little)。马娅·杜克马索瓦(Maya Dukmasova)和比尔·希利(Bill Healy)帮助我进行研究和观察。我非常感谢吉迪恩·刘易斯-克劳斯(Gideon Lewis-Kraus)在本书写作早期的重要帮助,以及流行音乐节目主持人帕特·罗森(DJ Pat Rosen)在接近收尾时的重要帮助。我有幸结识了罗伯特·戈登(Robert Gordon),还结识了摄影师乔恩·洛温斯坦(Jon Lowenstein)。非常感谢韦尔斯·托尔(Wells Tower)和奥德丽·佩蒂(Audrey Petty),他们阅读了本书的部分内容,坚定地支持着我、给予我灵感。我难以报答亚当·罗斯(Adam Ross)的帮助,在我努力撰写本书的过程中,他始终陪伴着我。

我深深感谢乔纳森·饶(Jonathan Jao)的编辑、鼓励和指导。我感谢索菲亚·格罗普曼(Sofia Groopman)和哈珀·柯林斯出版社(Harper Collins)的其他人,是他们促成了这本书的出版。许多人都认为这家出版社有最好的文学代理人,我认为克里斯·帕里斯-兰姆(Chris Parris-Lamb)确实如此,他仔细阅读了我的作品,对这本书充满热情,让我相信这本书值得完成。

最衷心地感谢我的家人。感谢我同父异母的两个兄弟、同行作家、有洞察力的读者,还有在我一生中永远的伙伴:哈利勒·穆罕默德(Khalil Muhammad)和萨沙·佩恩(Sascha Penn)。我聪明的弟弟,杰克(Jake);我的父母,拉尔夫(Ralph)和欧内斯廷(Ernestine);杰奎琳·斯图尔特(Jacqueline Stewart)、迈娅(Maiya)和诺布尔·奥斯汀

（Noble Austen），还有卡罗尔·豪斯（Carol House）。我还要感谢那些我愿意为之付出一切的人：丹妮尔（Danielle）、露西亚（Lusia）和乔纳（Jonah），是他们让一栋房子成为一个家。

参考书目和资料说明

2010 年，我开始为《哈泼斯》杂志撰写一篇文章，报道 23 栋卡布里尼-格林高层住宅中最后一栋高楼的关闭。在那之后不久，我开始写这本书。我花了几百个小时采访出现在这些文章中的人。我还与许多其他卡布里尼-格林住宅的居民、芝加哥住房管理局和其他城市机构的官员、当地政治家、教师和校长、社会服务提供者、可负担住房倡导者、社区活动家、律师、建筑师、警察、神职人员、企业主、开发商、建筑经理人和周边地区的居民进行交谈。我的报道让我接触到社区会议、公共论坛、法庭记录、警方笔录，来到人们的家中。

我创作这本书的动力，很大程度源自此前媒体长期以来对卡布里尼-格林和近北区贫民窟的迷恋。我参考了《芝加哥论坛报》《芝加哥太阳报》、《芝加哥保卫者报》、《芝加哥记者报》(Chicago Reporter)、前《芝加哥每日新闻》(Chicago Daily News)、《芝加哥读者报》(Chicago Reader)、《芝加哥基因信息》(DNAinfo Chicago)、《居民日报》、《芝加哥》杂志(Chicago Magazine)、《克莱恩的芝加哥》(Crain's Chicago)、"被遗忘的芝加哥"(Forgotten Chicago)网站和芝加哥公共广播电台的报道。关于卡布里尼-格林住宅的电视新闻和其他视频片段，我使用了广播通信博物馆(Museum of Broadcast Communications)、范德堡大学电视新闻档案馆(Vanderbilt University's Television News Archive)和"媒体之灼"独立视频档案[①]的收藏。我在芝加

---

① "媒体之灼"独立视频档案(Media Burn Archive)保存了美国早期的独立录像带和电视作品。"媒体之灼"将其视频数字化，免费在线播放，主题包括芝加哥历史、美国政治、大众媒体和城市生活。"媒体之灼"独立视频档案位于伊利诺伊州芝加哥的河西社区(River West)。

哥房屋管理局的档案、大都会规划委员会的记录,以及芝加哥公共图书馆、芝加哥历史博物馆、芝加哥大学和伊利诺伊大学芝加哥分校的馆藏中找到了报告、信件、小册子、地图和其他历史文件。

在这里,我将更加具体地介绍每一章最有指导意义的资料来源。

1 芝加哥贫民窟的肖像

在写这一章时,我参考了芝加哥住房管理局早期的小册子和出版物,芝加哥当地报纸上的大量报道(有些可以追溯到 19 世纪),J.S.富尔斯特的笔记和记录(他的女儿露丝·富尔斯特好心允许我借阅),当然,还有我与多洛雷丝·威尔逊的多次对话。以下出版的资料很有帮助。

Abbott, Edith. *The Tenements of Chicago, 1908–1935*. Chicago: University of Chicago Press, 1936.

Bowly, Devereux, Jr. *The Poorhouse: Subsidized Housing in Chicago, 1895–1976*. Carbondale: Southern Illinois University Press, 1978.

Chicago Housing Authority. *Cabrini Extension Area: Portrait of a Chicago Slum*. Chicago Housing Authority, 1951.

Cronon, William. *Nature's Metropolis: Chicago and the Great West*. New York: W. W. Norton, 1991.

Drake, St. Clair, and Horace R. Cayton. *Black Metropolis: A Study of Negro Life in a Northern City*. New York: Harcourt, Brace and Company, 1945.

Fuerst, J.S., and D. Bradford Hunt. *When Public Housing Was Paradise: Building Community in Chicago*. Westport, Conn.: Praeger, 2003.

Guglielmo, Thomas A. *White on Arrival: Italians, Race, Color, and Power in Chicago, 1890–1945*. New York: Oxford University Press, 2003.

Hunt, D. Bradford. *Blueprint for Disaster: The Unraveling of Chicago Public Housing*. Chicago: University of Chicago Press, 2009.

Meyerson, Martin, and Edward C. Banfield. *Politics, Planning, and the Public Interest: The Case of Public Housing in Chicago*. Glencoe, Ill.: Free Press, 1955.

Michaeli, Ethan. *The Defender: How the Legendary Black Newspaper Changed America: From the Age of the Pullman Porters to the Age of Obama*. Boston: Houghton Mifflin Harcourt, 2016.

Petty, Audrey. *High Rise Stories: Voices from Chicago Public Housing*,

Voice of Witness. San Francisco: McSweeney's, 2013.

Philpott, Thomas Lee. *The Slum and the Ghetto: Immigrants, Blacks, and Reformers in Chicago, 1880 – 1930*. Belmont, Calif.: Wadsworth Pub. Co., 1991.

Vale, Lawrence J. *Purging the Poorest: Public Housing and the Design Politics of Twice-Cleared Communities*. Chicago: University of Chicago Press, 2013.

Wright, Richard. *12 Million Black Voices: A Folk History of the Negro in the United States*. New York: Viking Press, 1941.

Zorbaugh, Harvey Warren. *The Gold Coast and the Slum: A Sociological Study of Chicago's Near North Side*. Chicago: University of Chicago Press, 1929.

2 红楼与白楼

在这一章中,我使用了芝加哥住房管理局在 20 世纪 40 年代、50 年代和 60 年代的出版物,包括该机构的年度统计报告,以及那个时代的数百份报纸报道。特别有用的是玛格丽特·史密斯(Margaret Smith)在《芝加哥保卫者报》上的"北区观察者"专栏。我还采访了多洛雷丝·威尔逊和其他早期居住在芝加哥高层公共住房的居民,以及理查德·M.戴利和许多公共住房专家。

Art Institute of Chicago, et al. *Chicago Architecture and Design, 1923 – 1993: Reconfiguration of an American Metropolis*. Chicago: Art Institute of Chicago, 1993.

Black, Timuel D. *Bridges of Memory: Chicago's Second Generation of Black Migration*. Chicago: Northwestern University Press, 2007.

Bowly, Devereux, Jr. *The Poorhouse: Subsidized Housing in Chicago, 1895 – 1976*. Carbondale: Southern Illinois University Press, 1978.

Butler, Jerry, and Earl Smith. *Only the Strong Survive: Memoirs of a Soul Survivor*. Bloomington: Indiana University Press, 2000.

Cohen, Adam, and Elizabeth Taylor. *American Pharaoh: Mayor Richard J. Daley: His Battle for Chicago and the Nation*. Boston: Little, Brown, 2000.

Fuerst, J. S., and D. Bradford Hunt. *When Public Housing Was Paradise: Building Community in Chicago*. Westport, Conn.: Praeger, 2003.

Guglielmo, Thomas A. *White on Arrival: Italians, Race, Color, and Power in Chicago, 1890 - 1945*. New York: Oxford University Press, 2003.

Hirsch, Arnold R. *Making the Second Ghetto: Race and Housing in Chicago, 1940 - 1960*. Chicago: University of Chicago Press, 1998.

Hunt, D. Bradford. *Blueprint for Disaster: The Unraveling of Chicago Public Housing*. Chicago: University of Chicago Press, 2009.

Mayfield, Todd, and Travis Atria. *Traveling Soul: The Life of Curtis Mayfield*. Chicago: Chicago Review Press, 2016.

Meyerson, Martin, and Edward C. Banfield. *Politics, Planning, and the Public Interest: The Case of Public Housing in Chicago*. Glencoe, Ill.: Free Press, 1955.

Royko, Mike. *Boss: Richard J. Daley of Chicago*. New York: Dutton, 1971.

Vale, Lawrence J. *From the Puritans to the Projects: Public Housing and Public Neighbors*. Cambridge, Mass.: Harvard University Press, 2000.

—————. *Purging the Poorest: Public Housing and the Design Politics of Twice-Cleared Communities*. Chicago: University of Chicago Press, 2013.

Werner, Craig Hansen. *Higher Ground: Stevie Wonder, Aretha Franklin, Curtis Mayfield, and the Rise and Fall of American Soul*. New York: Crown Publishers, 2004.

Whitaker, David T. *Cabrini-Green in Words and Pictures*. Chicago: W3, 2000.

3 躲猫猫

凯尔文·坎农和其他于 20 世纪 60、70 年代在威廉·格林"白楼"长大的人,向我讲述了他们在奥格登大道立交桥下的冒险经历,以及他们对传说中的女巫的恐惧。"被遗忘的芝加哥"网站深入研究了奥格登大道部分地区的历史和被抹去的痕迹。我还采访了杰西·怀特和他的几位前童子军成员,包括理查德·布莱克蒙和佩里·布劳利。我采访过的许多卡布里尼-格林住宅的居民和社区学校的老师分享了他们对马丁·路德·金遇刺后的骚乱的记忆,但我也从下面引用的大卫·惠特克的回忆中了解了很多东西。《芝加哥保卫者报》报道了金的卡布里尼-格林住宅之行以及那里的学校抵制活动。我再次受益于芝加哥住房管理局的历史记录,我需要特别感谢我在下面列出、并串联整个参考书目的布拉德福德·亨特（D. Bradford Hunt)关于芝加哥公共住房兴衰的权威历史著作《灾难的蓝图》[①]。

Cohen, Adam, and Elizabeth Taylor. *American Pharaoh: Mayor Richard J. Daley: His Battle for Chicago and the Nation*. Boston: Little, Brown, 2000.

Hunt, D. Bradford. *Blueprint for Disaster: The Unraveling of Chicago Public Housing*. Chicago: University of Chicago Press, 2009.

Vale, Lawrence J. *Purging the Poorest: Public Housing and the Design Politics of Twice-Cleared Communities*. Chicago: University of Chicago Press, 2013.

Whitaker, David T. *Cabrini-Green in Words and Pictures*. Chicago: W3, 2000.

4　战士帮

在这一章中,我使用了 1970 年两名警察在卡布里尼-格林住宅被谋杀之后媒体关于那里的报道。媒体创作了数百个故事,芝加哥住房管理局仔细记录了其改善当时臭名昭著的公共住房的举措。卡布里尼-格林住宅的居民与我分享了他们对这一关键时刻亲身经历的回忆。凯尔文·坎农的回忆对这一章来说是无价的,就像我对多洛雷丝·威尔逊、杰西·杰克逊、伯特·纳塔鲁斯和许多其他人的采访一样。纳塔鲁斯长期担任卡布里尼-格林住宅地区的市议员,他把自己的论文捐给伊利诺伊大学芝加哥分校,这些档案帮助我完成了这一章和其他章节。

Blackmon. Richard, Jr. *Pass those Cabrini Greens, Please!!! (With Hot Sauce)*. Chicago: 714 Productions, Inc., 1994.

Cohen, Adam, and Elizabeth Taylor. *American Pharaoh: Mayor Richard J. Daley: His Battle for Chicago and the Nation*. Boston: Little, Brown, 2000.

Dawley, David. *A Nation of Lords: The Autobiography of the Vice Lords*. Garden City, N.Y.: Anchor Press, 1973.

[①] 《灾难的蓝图》,全名《灾难的蓝图:芝加哥公共住房的解体》(*Blueprint for Disaster: The Unraveling of Chicago Public Housing*)讲述了芝加哥公共住房计划的历史。这本书试图通过详细的历史来解释芝加哥公共住房的问题,2009 年由芝加哥大学出版社出版。

Freidrichs, Chad, Brian Woodman, and Jaime Freidrichs. *The Pruitt-Igoe Myth*. DVD. [United States]: First Run Features, 2011.

Hagedorn, John, and Perry Macon. *People and Folks: Gangs, Crime and the Underclass in a Rustbelt City*. Chicago: Lake View Press, 1998.

Hirsch, Arnold R. *Making the Second Ghetto: Race and Housing in Chicago, 1940–1960*. Chicago: University of Chicago Press, 1998.

Hunt, D. Bradford. *Blueprint for Disaster: The Unraveling of Chicago Public Housing*. Chicago: University of Chicago Press, 2009.

Jacobs, Jane. *The Death and Life of Great American Cities*. New York: Random House, 1961.

Marciniak, Ed. *Reclaiming the Inner City: Chicago's Near North Revitalization Confronts Cabrini-Green*. Washington, D.C.: National Center for Urban Ethnic Affairs, 1986.

Vale, Lawrence J. *Purging the Poorest: Public Housing and the Design Politics of Twice-Cleared Communities*. Chicago: University of Chicago Press, 2013.

5 市长的临时住所

简·伯恩在卡布里尼-格林的暂住引起了轰动,媒体从各个角度对其发表了成千上万的报道。与我交谈过的在卡布里尼-格林住宅生活或工作的人,以及在那段时间关注新闻的人,都提供了关于伯恩市长的故事或观点。"媒体之灼"独立视频档案藏有伯恩在卡布里尼-格林住宅停留的精彩纪录片片段。除了采访多洛雷丝·威尔逊之外,我还从与塔拉·斯坦普斯和瓜纳·斯坦普斯、斯利姆·科尔曼、海伦·希勒(Helen Shiller)、迪米特里厄斯·坎特雷尔、吉米·威廉姆斯、卡萝尔·斯蒂尔和查尔斯·普雷斯(Charles Price)的谈话中学到了很多东西。同时,资料也来自下面列出的来源。

Byrne, Jane. *My Chicago*. New York: W.W. Norton, 1992.

Cohen, Adam, and Elizabeth Taylor. *American Pharaoh: Mayor Richard J. Daley: His Battle for Chicago and the Nation*. Boston: Little, Brown, 2000.

Hampton, Henry, et al. *Eyes on the Prize II: History of the Civil Rights Movement from 1965 to the Present*. Alexandria, VA: PBS Video and Backside,

Inc., 1990.

Marciniak, Ed. *Reclaiming the Inner City: Chicago's Near North Revitalization Confronts Cabrini-Green*. Washington, D.C.: National Center for Urban Ethnic Affairs, 1986.

Stamets, Bill. *Chicago Politics: A Theatre of Power*. Digital file. Chicago: 1987.

United States Commission on Civil Rights. Illinois Advisory Committee. *Housing, Chicago Style: A Consultation Sponsored by the Illinois Advisory Committee to the United States Commission on Civil Rights*. Washington, D.C.: The Commission, 1982.

6　卡布里尼-格林说唱

本章的部分内容基于我对安妮·里克斯的长期采访,以及我对凯尔文·坎农、迪米特里厄斯·坎特雷尔、吉米·威廉姆斯、道格·肖茨、杰西·怀特、杰基·泰勒和其他在《龙虎少年队》中担任小角色的卡布里尼-格林住宅居民的采访。当时,《好时光》剧组成员的采访记录了片场的紧张气氛。下面引用的尼古拉斯·雷曼的书也给我以帮助,并在某种程度上启发了我的创作。

Lemann, Nicholas. *The Promised Land: The Great Black Migration and How It Changed America*. New York: Vintage Books, 1992.

7　集中效应

凯尔文·坎农向我描述了他被捕和入狱的经历,他的部分自述得到其他居民、警察和书面记录的证实,这些记录都证明了他从默默无闻中崛起的过程。到了 20 世纪 80 年代,卡布里尼-格林住宅已经成为市民想象中的刻板形象,所以,我能够找到大量关于它在周围市中心社区振兴过程中进一步衰落的报告。中庭村的开发商带我参观了整个开发项目。我从下面引用的海伦·希勒(以及她帮助出版的《保持坚强》左翼杂志)、杰西·杰克逊、乔恩·德弗里斯(Jon DeVries)和比尔·史塔曼兹(Bill

Stamets)关于芝加哥政治的惊人镜头中，了解到更多关于"芝加哥21计划"的社会活动和哈罗德·华盛顿升任市长的情况。我对笔记做了一次更仔细的调查，把所有的市政官员和顾问都统计出来，他们引用的威廉·朱利叶斯·威尔逊关于集中贫困的有害影响的研究，成为推动拆除芝加哥高层公共住房的理由。

Bennett, Larry. *The Third City: Chicago and American Urbanism*. Chicago: University of Chicago Press, 2010.

Grimshaw, William J. *Bitter Fruit: Black Politics and the Chicago Machine, 1931–1991*. Chicago: University of Chicago Press, 1992.

Hunt, D. Bradford. *Blueprint for Disaster: The Unraveling of Chicago Public Housing*. Chicago: University of Chicago Press, 2009.

Kleppner, Paul. *Chicago Divided: The Making of a Black Mayor*. DeKalb, Ill.: Northern Illinois University Press, 1985.

Marciniak, Ed. *Reclaiming the Inner City: Chicago's Near North Revitalization Confronts Cabrini-Green*. Washington, D.C.: National Center for Urban Ethnic Affairs, 1986.

Rivlin, Gary. *Fire on the Prairie: Chicago's Harold Washington and the Politics of Race*. New York: H. Holt, 1992.

Sampson, Robert J. *Great American City: Chicago and the Enduring Neighborhood Effect*. Chicago: University of Chicago Press, 2013.

Squires, Gregory D., et al. *Chicago: Race, Class, and the Response to Urban Decline*. Philadelphia: Temple University Press, 1987.

Stamets, Bill. *Chicago Politics: A Theatre of Power*. Digital file. Chicago: 1987. Whitaker, David T. *Cabrini-Green in Words and Pictures*. Chicago: W3, 2000.

Wilson, William J. *The Truly Disadvantaged: The Inner City, the Underclass, and Public Policy*. Chicago: University of Chicago Press, 1987.

———. *When Work Disappears: The World of the New Urban Poor*. New York: Knopf, 1996.

8　这是我的人生

本章的部分内容基于我与威利·J.R.弗莱明和其他与他关系密切的卡布里尼-格林住宅居民的大量对话。我采访了文斯·莱恩，通过与记者、研究人员和居民的讨论，以及对他有争议的策略及其对城市危机之影响的广泛报道，我能够更深入地了解他作为芝加哥住房管理局负责人的工作。以下的资料也起到了特别的作用。

Burns, Ken, et al. *The Central Park Five*. DVD. [Arlington, Virginia]: PBS, 2013.

Didion, Joan. "New York: Sentimental Journeys." *The New York Review of Books*. January 17, 1991.

Hunt, D. Bradford. *Blueprint for Disaster: The Unraveling of Chicago Public Housing*. Chicago: University of Chicago Press, 2009.

Kotlowitz, Alex. *There Are No Children Here: The Story of Two Boys Growing Up in the Other America*. New York: Doubleday, 1991.

Popkin, Susan J., et al. *The Hidden War: Crime and the Tragedy of Public Housing in Chicago*. New Brunswick, NJ: Rutgers University Press, 2000.

Vale, Lawrence J. *Purging the Poorest: Public Housing and the Design Politics of Twice-Cleared Communities*. Chicago: University of Chicago Press, 2013.

9 信念指引我们前进

关于比尔林北街 1230 号大楼居民自治的描述，基于我与多洛雷丝·威尔逊和大楼其他租户的谈话；存档在芝加哥住房管理局、大都市规划委员会的记录和报告，以及伯特·纳塔鲁斯在伊利诺伊大学芝加哥分校发表的论文；纪录片《行动起来！》；以及下方列出的媒体报道和大卫·弗莱明（David Fleming）的书。为了这一章，我还采访了罗德内尔·丹尼斯、埃里克·戴维斯、詹姆斯·马丁、彼得·凯勒和韦罗妮卡·麦金托什。

Davis, Eric, et al. *The Slick Boys: A Ten-point Plan to Rescue Your Community by Three Chicago Cops Who Are Making It Happen*. New York: Simon & Schuster, 1998.

Fleming, David. *City of Rhetoric: Revitalizing the Public Sphere in Metropolitan America*. Albany: State University of New York Press, 2008.

Gangland, "Gangster City." History Channel, January 3, 2008.

Martin, James R. *Fired-Up! ublic Housing Is My Home*. Digital File. Oak Park, IL: Cineventure Inc., 1988.

10 恐怖如何运作

本章部分基于对安妮·里克斯和她的家人、威利·J.R.弗莱明(以及他自己的个人视频档案)、伯纳德·罗斯、比尔·托姆斯、吉姆·福格蒂以及许多曾在卡布里尼-格林住宅与比尔弟兄一起共事过的居民的采访。

Macek, Steve. *Urban Nightmares: The Media, the Right, and the Moral Panic Over the City*. Minneapolis: University of Minnesota Press, 2006.

Mann, Nicola. "The Death and Resurrection of Chicago's Public Housing in the American Visual Imagination." PhD. Dissertation: University of Rochester, 2011.

Martin, James. *My Life with the Saints*. Chicago: Loyola Press, 2006.

Richardson, Chris, and Hans Arthur Skott-Myhre. *Habitus of the Hood*. Chicago: Intellect, 2012.

Rose, Bernard, Virginia Madsen, Tony Todd, Xander Berkeley, Philip Glass, and Clive Barker. *Candyman*. DVD. Directed by Bernard Rose. [United States]: Columbia TriStar Home Entertainment, 2004.

11 丹特雷尔·戴维斯路

丹特雷尔·戴维斯之死是 1992 年芝加哥最大的新闻事件,媒体的狂热既是本章的来源,也是本章的主题。我还采访了丹特雷尔的母亲安妮特·弗里曼,以及许多经历过这场灾难的居民、记者和市政府官员。我从"短吻鳄"华莱士·布拉德利、哈尔·巴斯金(Hal Baskin)、莫里斯·珀金斯(Maurice Perkins)、普林斯·阿谢尔·本·伊斯雷尔(Prince Asiel Ben Israel)、塔拉·斯坦普斯、瓜纳·斯坦普斯、凯尔文·坎农、埃里克·戴维斯、詹姆斯·马丁、帕特丽夏·希尔(Patricia Hill)和弗雷德里克·"狼嚎"·沃特金斯(Frederick "Hoggie Wolf" Watkins)那里了解到更多关于随后的帮派休战的情况。

Bennett, Larry. *The Third City: Chicago and American Urbanism*. Chicago: University of Chicago Press, 2010.

Bulkeley, Kelly, et al. *Among All These Dreamers: Essays on Dreaming and Modern Society*. Albany, NY: State University of New York Press, 1996.

Cohen, Adam, and Elizabeth Taylor. *American Pharaoh: Mayor Richard J. Daley: His Battle for Chicago and the Nation*. Boston: Little, Brown, 2000.

Coyle, Daniel. *Hardball: A Season in the Projects*. New York: G. P. Putnam's Sons, 1993.

Michaeli, Ethan. *The Defender: How the Legendary Black Newspaper Changed America: From the Age of the Pullman Porters to the Age of Obama*. Boston: Houghton Mifflin Harcourt, 2016.

Obama, Barack. *Dreams From My Father: A Story of Race and Inheritance*. New York: Random House, 1995.

Pollack, Neal. "The Gang that Could Go Straight." *The Chicago Reader*. January 26, 1995.

Shafton, Anthony. *Dream-Singers: The African American Way with Dreams*. NewYork: J. Wiley & Sons, 2002.

12　卡布里尼芥末和萝卜叶

我从芝加哥住房管理局档案中的文件以及对多洛雷丝·威尔逊和她所在大楼的其他租户的采访中，了解到更多关于比尔林北街1230号大楼居民管理公司和高层住宅改造的信息。彼得·本肯多夫把几乎完整的《卡布里尼之声》报纸收藏寄给了我，我和他、马克·普拉特、彼得·凯勒和吉米·威廉姆斯讨论了社区报纸的问题。当地媒体对卡布里尼-格林住宅断断续续的重建进行了详细的报道，对我来说，《芝加哥记者报》的调查工作尤其有帮助。我还受益于与威廉·威伦（William Wilen）、玛丽莲·卡茨、文斯·莱恩、卡萝尔·斯蒂尔和理查德·惠洛克（Richard Wheelock）的谈话，以及拉里·本内特与我分享的关于不同发展计划的研究。这里有必要强调一下劳伦斯·瓦尔（Lawrence Vale）的《消除贫困》（*Purging the Poorest*），我在下面和其他地方引用了这本书。瓦尔将卡布里尼-格林地区描述为"被二次清除的社区"，尤其是他关于20世纪90年代开始的第二次清除的文章，让我受益匪浅。

Bennet, Larry, Janet. L. Smith, and Patricia A. Wright. *Where Are Poor*

People to Live? Transforming Public Housing Communities. New York: Routledge, 2006.

Bennett and Adolph Reed Jr. "The New Face of Urban Renewal: The Near North Redevelopment Initiative and the Cabrini-Green Neighborhood," in *Without Justice for All: The New Liberalism and Our Retreat from Racial Equality*, ed. Adolph Reed, Jr. (Boulder, Colo.: Westview Press, 1999).

Fleming, David. *City of Rhetoric: Revitalizing the Public Sphere in Metropolitan America*. Albany: State University of New York Press, 2008.

Keller, Pete "Esaun." *Cross the Bridge*. Chicago: Self-published, 2012.

Pattillo, Mary E. *Black on the Block: The Politics of Race and Class in the City*. Chicago: University of Chicago Press, 2007.

Vale, Lawrence J. *Purging the Poorest: Public Housing and the Design Politics of Twice-Cleared Communities*. Chicago: University of Chicago Press, 2013.

Wilen, William P. "The Horner Model: Successfully Redeveloping Public Housing." *Northwestern Journal of Law & Social Policy* 62(2006).

13 如果不住在这里……那么要住在哪儿？

本章部分基于我对凯尔文·坎农、威利·J. R. 弗莱明、安妮·里克斯，以及他们的家人和朋友的采访。我从下面引用的马修·麦圭尔（Matthew McGuire）的论文和纪录片《卡布里尼之声》中，了解到卡布里尼-格林住宅重建会议的具体细节。几位受访者加深了我对"保卫公共住房联盟"的了解，包括卡萝尔·斯蒂尔、珍妮特·史密斯、列吉娜·麦格劳（Regina McGraw）、布鲁斯·奥伦斯坦（Bruce Orenstein）、吉姆·费尔德和威尔·斯莫尔（Will Small）。

Bennet, Larry, Janet. L. Smith, and Patricia A. Wright. *Where Are Poor People to Live? Transforming Public Housing Communities*. New York: Routledge, 2006.

Bezalel, Ronit, and Antonio Ferrera. *Voices of Cabrini*. Digital File. Directed by Ronit Bezalel. Chicago, IL: Facets Video, 1999.

Ehrenhalt, Alan. *The Great Inversion: And the Future of the American City*. New York: Knopf, 2012.

McGuire, Matthew. "Chicago Private Parts: The Relationship Between

Government, Community and Violence in the Redevelopment of a Public Housing Complex in the United States." PhD dissertation: Harvard University, 1999.

Royko, Mike. *Boss: Richard J. Daley of Chicago*. New York: Dutton, 1971.

Vale, Lawrence J. *Purging the Poorest: Public Housing and the Design Politics of Twice-Cleared Communities*. Chicago: University of Chicago Press, 2013.

14 转型

除了依赖下面列出的资料来源和可观的媒体报道外,我对"转型计划"的报道还有赖于与理查德·M.戴利、朱莉娅·施塔施、约瑟夫·舒尔迪纳、素德·文卡特斯、威廉·威伦、亚历克斯·波利科夫(Alex Polikoff)、卡萝尔·斯蒂尔、理查德·惠洛克、沃尔特·伯内特、罗伯特·惠特菲尔德(Robert Whitfield)、刘易斯·乔丹、玛丽莲·卡茨和许多其他人的对话。托马斯·沙利文关于"转型计划"缺陷的报告对我很有帮助。本章关于威利·J.R.弗莱明的部分源自我的采访,并参考了法庭记录和警方笔录。

Bennet, Larry, Janet. L. Smith, and Patricia A. Wright. *Where Are Poor People to Live? Transforming Public Housing Communities*. New York: Routledge, 2006.

Bezalel, Ronit, Catherine Crouch, Judy Hoffman, Brenda Schumacher, Marguerite Mariama, Janet L. Smith, Deidre Brewster, Mark Pratt, D. Bradford Hunt, and Duane Buford. *70 Acres in Chicago: Cabrini Green*. DVD. Directed by Ronit Bezalel. 2015.

Fennell, Catherine. *Last Project Standing: Civics and Sympathy in Post-Welfare Chicago*. Minneapolis: University of Minnesota Press, 2015.

Fleming, David. *City of Rhetoric: Revitalizing the Public Sphere in Metropolitan America*. Albany: State University of New York Press, 2008.

Hunt, D. Bradford. *Blueprint for Disaster: The Unraveling of Chicago Public Housing*. Chicago: University of Chicago Press, 2009.

Kalven, Jamie. "Kicking the Pigeon." *The View from the Ground*. 2005,2006.

Venkatesh, Sudhir Alladi. *American Project: The Rise and Fall of a Modern Ghetto*. Cambridge, Mass: Harvard University Press, 2000.

———. *Chicago Public Housing Transformation: A Research Report*. New York: Center for Urban Research and Policy, Columbia University, 2004.

———, and Larry Kamerman. *Dislocation*. DVD. [S. l.]: Alladi Group, 2005.

15 老城，新城

除了对凯尔文·坎农、多洛雷丝·威尔逊和安妮·里克斯的采访外，本章还基于坎农提供给我的文件和信件、卡布里尼-格林住宅有争议的租户委员会选举的法庭记录，以及在卡布里尼-格林住宅和老城公园畔生活和工作的许多人的回忆，包括卡萝尔·斯蒂尔、查尔斯·普雷斯、彼得·霍尔斯滕、阿布·安萨里、戴尔德丽·布鲁斯特（Deirdre Brewster）、理查德·肖尔蒂诺（Richard Sciortino）、肯尼思·哈蒙德和蒂龙·伦道夫（Tyrone Randolph）。从 2010 年开始，我也开始参加卡布里尼-格林住宅的公开会议和芝加哥住房管理局举办的其他论坛，在这些论坛上，新的混合收入开发项目始终是争论的焦点。在我们的研究和交谈中，罗纳特·比撒列的纪录片《芝加哥 70 英亩》发挥了很大作用。

Bennet, Larry, Janet. L. Smith, and Patricia A. Wright. *Where Are Poor People to Live? Transforming Public Housing Communities.* New York: Routledge, 2006.

Bezalel, Ronit, and Antonio Ferrera. *Voices of Cabrini*. Digital File. Directed by Ronit Bezalel. Chicago, Ill: Facets Video, 1999.

Bezalel, Ronit, Catherine Crouch, Judy Hoffman, Brenda Schumacher, Marguerite Mariama, Janet L. Smith, Deidre Brewster, Mark Pratt, D. Bradford Hunt, and Duane Buford. *70 Acres in Chicago: Cabrini Green*. DVD. Directed by Ronit Bezalel. 2015.

Chaskin, Robert J., and Mark L. Joseph. *Integrating the Inner City: The Promise and Perils of Mixed-income Public Housing Transformation*. Chicago: University of Chicago Press, 2015.

Vale, Lawrence J. *Purging the Poorest: Public Housing and the Design Politics of Twice-Cleared Communities*. Chicago: University of Chicago Press, 2013.

16 他们来自项目

我参加了比尔林北街 1230 号大楼拆除开始的前一天晚上在大楼外举办守夜仪式。杨·蒂希向我提供了他的"卡布里尼—格林项目"中的诗歌，以及他在高层住宅被清理的单元内拍摄的照片。德洛雷丝·威尔逊和安妮·里克斯向我讲述了她们的搬家经历，并向我展示了她们被重新安置的公共住房开发项目。有大量关于公共住房家庭的重新安置以及他们最终居住的社区内暴力事件增加的报道。我还就搬迁采访了刘易斯·乔丹、埃里克·戴维斯等人。

Feldman, Roberta M., Sheila Radford-Hill, and Susan Stall. *The Dignity of Resistance: Women Residents' Activism in Chicago Public Housing*. New York: Cambridge University Press, 2004.

Rosin, Hanna. "American Murder Mystery," *The Atlantic*, July/August 2008.

17 人民的公共住房管理局

我亲历了本章中描述的许多事件，我也从对威利·J. R. 弗莱明、图森特·洛西尔、雪莉·亨德森、玛莎·比格斯、托马斯·特纳、爱德华·沃奇（Edward Voci）、拉姆·伊曼纽尔、卡萝尔·斯蒂尔、帕特丽夏·希尔和艾玛·哈里斯的采访中受益。

Emanuel, Ezekiel J. *Brothers Emanuel: A Memoir of an American Family*. New York: Random House, 2013.

Gottesdiener, Laura. *A Dream Foreclosed: Black America and the Fight for a Place to Call Home*. Westfield, N.J.: Zuccotti Park Press, 2013.

18 未来的芝加哥社区

过去十年里，我亲眼目睹了卡布里尼-格林住宅的许多变化。我碰巧参加了在东岸俱乐部举办的午宴,主题是"从卡布里尼-格林到芝加哥大道以北"。自 2012 年以来,我断断续续地参加了"近北区联合计划"的月例会,出席了一些讨论卡布里尼-格林住宅的詹纳小学和黄金海岸的奥格登国际学校的合并事宜的公共论坛。我访问了这两所学校,并与来自两个社区的家长和教师交谈。杰西·怀特让我旁听了他每周一次会见选民的选区委员之夜,凯尔文·坎农每次都尽职地出席了会议。在安妮·里克斯和她的家人试图搬离温特沃斯花园时,我也跟进了一段时间。我去医院看望了里克斯;她去世的时候,我在场,也参加了她的葬礼。同样,我出现在本书最后几页描写的 J.R.弗莱明、雷蒙德·理查德和吉姆修士一起乘坐的船上。虽然我在芝加哥出生和长大,住在城市的南区,但这是我第一次在河上航行。

译后记

杨　宏

　　住宅是生活的容器，关注住宅设计，实则是关注居住其中的人能否过上舒适、体面的生活。高层住宅是 20 世纪 30 年代末引入我国的住宅类型。改革开放后，因其单地块住宅面积产出较高、基础设施建设集约、易于快速复制和建设管理，得到迅速普及，对城市面貌产生巨大影响，也间接影响了大众都市审美。时至今日，无论大、中、小城市，都可以看到它们的身影。高层住宅在帮助改善居住质量的同时，也暴露出一些问题，诸如造价高、碳排放量高、高安全隐患、破坏城市自然和历史风貌、不利于邻里交往、难以更新改善，等等。近年，随着人们日益增长的对美好生活的追求，高层住宅逐渐成为社会议论的焦点。党的十九大报告、多份住房与城乡建设部委文件，以及新版《城市居住区规划设计标准》，均提出针对住宅建设高度的限制性要求。

　　接触这本书其实是很偶然的机缘。2019 年，天津被列为全国第二批城市设计试点城市，编制新型居住社区导则被列为试点工作之一。为了更好地筹备导则编制，读书群在大家的热情推荐下，选择了一系列住房规划的相关书目共同学习，其中既有如霍华德的《田园城市》、彼得·卡尔索普的《新都市主义宪章》之类的经典著作，也选择了一部分最新出版的相关图书开阔视野。《住在高楼里：卡布里尼-格林和美国公共住房的命运》就属于这类，2018 年英文版刚刚问世，是一位美国记者撰写的关于高层住房和居民的纪实性书籍。当然，让所有人在繁忙的工作之余，都去阅读和讨论一本 40 万字的英文书并不现实。在大家的信任下，我自告奋勇承担起了翻译和领读的工作，这也让我有机会从使用者的视角，理解城市规划和政策对真实居民生活带来的巨大影响。

《住在高楼里：卡布里尼-格林和美国公共住房的命运》并非专业书，它将一个高层公共住宅项目从落成、衰落直至全部拆除的故事，也将居民们由幸福搬入到饱受痛苦，再到最终被迫迁出的命运娓娓道来，文中大量生动细腻的描写。我被书中多洛雷丝·威尔逊、凯尔文·坎农妮·里克斯、J.R.弗莱明等多位主人公跌宕起伏的命运深深吸引，也从作者绘制的这幅宏大的众生相中感受到高层住宅问题的复杂性。作者并没有给我们提供明确的解决办法，但让更多的人看到问题、理解问题，始终是解决问题的第一步。

为了让中文读者更好地理解各中情景，我阅读了芝加哥城市规划历程、美国住房制度演变和美国城市政治等方面的作品，并结合书中记载、地图资料和同时期同类项目资料，尽力推演，绘制了芝加哥社区地图、街区平面图和主人公威尔逊一家的居住变迁史。

我并非职业译者，在语言表达方面难免经验不足，面对似乎没有尽头的翻译工作，总是不自觉地希望自己能斟酌得再好一些。但总要有个节点，让这本书与读者见面。我也只得带着忐忑的心情，将本书呈现给大家。

在此，我要感谢霍兵参事和朱雪梅朱总，是他们让我有机会与本书结缘；感谢刘昭吟博士的无私引荐，感谢上海文化出版社江岱副总编、张悦阳老师一年多以来的帮助、鼓励和陪伴；感谢许正言先生对书中相关文化知识的耐心解答；感谢杨波、蔡勇、王学勇等书友对他们在芝加哥所见所闻的无私分享；也感谢所有一直以来支持我、鼓励我的亲人和朋友。

图书在版编目(CIP)数据

住在高楼里:卡布里尼-格林住宅和美国公共住房的命运/(美)本·奥斯汀著;杨宏译. —上海:上海文化出版社,2025.1

ISBN 978-7-5535-3002-4

Ⅰ.①住… Ⅱ.①本…②杨… Ⅲ.①住宅区规划-社会史-美国 Ⅳ.①TU984.12-097.12

中国国家版本馆 CIP 数据核字(2024)第 108049 号

图字:09-2024-0344

出 版 人:姜逸青
责任编辑:江 岱 张悦阳
封面设计:赵 琦
版式设计:王 伟

书　　名:住在高楼里:卡布里尼-格林住宅和美国公共住房的命运
著　　者:[美]本·奥斯汀
译　　者:杨 宏
出　　版:上海世纪出版集团 上海文化出版社
地　　址:上海市闵行区号景路 159 弄 A 座 3 楼 201101
发　　行:上海文艺出版社发行中心
　　　　　上海市闵行区号景路 159 弄 A 座 2 楼 206 室 201101 www.ewen.co
印　　刷:上海安枫印务有限公司
开　　本:889×1194 1/32
印　　张:11
版　　次:2025 年 1 月第一版 2025 年 1 月第一次印刷
书　　号:ISBN 978-7-5535-3002-4/TU.025
定　　价:78.00 元
告 读 者:如发现本书有质量问题请与印刷厂质量科联系 021-64348005